国家社科基金项目（20BGL235）

科研经费“包干制”的
创新激励效应与推进机制研究

KEYAN JINGFEI “BAOGANZHI” DE
CHUANGXIN JILI XIAOYING YU TUIJIN JIZHI YANJIU

赵立雨 / 著

中国矿业大学出版社
· 徐州 ·

图书在版编目(CIP)数据

科研经费“包干制”的创新激励效应与推进机制研究 / 赵立雨著. — 徐州：中国矿业大学出版社，2024. 8.
ISBN 978-7-5646-6364-3

Ⅰ. G322

中国国家版本馆 CIP 数据核字第 2024Q0L050 号

书　　名　科研经费“包干制”的创新激励效应与推进机制研究
著　　者　赵立雨
责任编辑　姜　翠
出版发行　中国矿业大学出版社有限责任公司
（江苏省徐州市解放南路　邮编 221008）
营销热线　(0516)83885370　83884103
出版服务　(0516)83995789　83884920
网　　址　http://www.cumtp.com　**E-mail**:cumtpvip@cumtp.com
印　　刷　苏州市古得堡数码印刷有限公司
开　　本　710 mm×1000 mm　1/16　**印张** 17.5　**字数** 315 千字
版次印次　2024 年 8 月第 1 版　2024 年 8 月第 1 次印刷
定　　价　78.00 元
（图书出现印装质量问题，本社负责调换）

前言

高水平科技自立自强是国家发展的重要战略支撑。从“跟跑”“并跑”到“领跑”，从破题突围到战略引领，科技自立自强始终是关键。习近平总书记高度重视我国科技自立自强与科技创新，提出了一系列新思想、新论断和新要求。为了提高科研人员创新积极性，解决科研项目和科研经费管理中的难点和堵点，党中央、国务院相继出台了一系列政策文件，对科研项目资助碎片化、管理不透明、财政性科技投入效能不高等问题采取对应改革措施，以期提高科研经费管理的制度化、科学化、规范化和精细化水平，营造以人为本、公平竞争的科研环境，充分激发科研人员的创新积极性。

2022 年，在党的二十大报告中，习近平总书记明确提出，深化科技体制改革，深化科技评价改革，加大多元化科技投入；提升科技投入效能，深化财政科技经费分配使用机制改革，激发创新活力，这为新时期推进科技体制改革和加强科研经费管理指明了方向。2023年，李克强在《政府工作报告》中提出，完善国家和地方创新体系，推进科技自立自强；改革科研项目和经费管理制度，赋予科研单位和科研人员更大自主权。党中央、国务院关于科技创新的论述，深刻回答了中国科技创新的一系列根本性、全局性、战略性重大问题，对于深入实施创新驱动发展战略，建设世界科技强国具有十分重要的意义。

基于此，关于科研经费改革的多项政策相继出台，科研项目和科研经费管理改革进一步向纵深发展。党的十八大以来，针对“管得太死”“管得太细”这一制约科研人员创新活力的绊脚石问题，国家大力推进科技体制改革。通过改革完善科研经费管理，优化科研组织方式，开展减轻科研人员负担的专项行动，采取“揭榜挂帅”“赛马制”等新型项目组织方式，有力激发了科研人员的创新活力。科研经费“包干制”是我国科技体制改革中的一项重要措施，旨在简化科研经费管理流程，赋予科研单位和科研人员更大的自主权，从而激发创新活力。2021年，《国务院办公厅关于改革完善中央财政科研经费管理的若干意见》出台，文件在扩大科研项目经费管理自主权、完善科研项目经费拨付机制和加大科研人员激励力度方面进行了详细规定，推动了科研经费改革的深入。

然而，自党中央和国务院提出推行科研经费“包干制”以来，在该政策试点和推广过程中还存在亟待解决的系列问题，例如，部分课题依托单位对放权政策落实不到位，落地推广难，对科研人员激励缺失使得科研人员获得感不强等。深入剖析科研经费“包干制”改革的逻辑动因和激励效应，设计推进科研经费“包干制”，在优化科研经费配置、提高科研经费使用效率、调动科研人员潜能等方面具有重要意义。

科研经费管理改革应成为科研经费"包干制"实施过程中的重点。为了优化科研经费配置，打破科研经费"管得太死""管得太细"的枷锁，确保有限的科研经费真正用在刀刃上，还需要优化科研经费使用流程，减少不必要的行政审批程序，使职能部门的工作重心更有效地集中在服务监督上，以推动科研经费"包干制"的落地与推广，促进我国科技体制的进一步完善。

赵立雨

2024 年 1 月

Chapter 1

第1章

绪　论

本章从当代世界科技管理发展趋势和特征出发，分析了国内外的科技体制和科研经费管理政策的演变，并介绍了本书的具体研究内容、研究方法、现实可行性及创新之处。

1.1 研究背景

高水平科技自立自强是国家发展的重要战略支撑，从“跟跑”“并跑”至“领跑”，从破题突围走向战略引领，都离不开科技自立自强这个基石。习近平总书记高度重视我国科技自立自强与科技创新，提出了一系列新思想、新论断、新要求。国家高度重视创新驱动与科研人员创新积极性提升，先后制定了一系列政策文件，并针对科研项目和科研经费管理中的难点堵点提出了指导性方针，尤其是针对科研项目重复资助且“碎片化”管理不够科学透明、财政性科技投入效能不高等突出问题，进行系统化、全过程的配套改革，提高了科研经费管理的制度化、科学化、规范化、精细化水平，营造了以人为本、公平竞争、充分激发科研人员创新热情的良好环境。

2014 年以来，党和国家领导人在历次全国科技会议以及科学家座谈会上发表的重要讲话中都对科技创新进行了全面论述。习近平总书记在 2016 年“科技三会”上发出“建设世界科技强国”的号召。《国家创新驱动发展战略纲要》提出科技强国建设三步走战略，即 2020 年进入创新型国家行列，2030 年跻身创新型国家前列，2050 年建成世界科技创新强国。2017 年，党的十九大报告修正“2030 年跻身创新型国家前列”为“2035 年跻身创新型国家前列”，并提出加快建设创新型国家，为建设科技强国提供有力支撑。2020 年，习近平总书记在科学家座谈会上指出：“希望广大科学家和科技工作者肩负起历史责任，坚持面向世界科技前沿、面向经济主战场、面向国家重大需求、面向人民生命健康”[1]。由此，“2050 年建成世界科技创新强国”成为全国人民的基本共识[2]。当前，我国已成功进入创新型国家行列，向着建设世界科技创新强国的新征程迈进。2019 年，李克强在《政府工作报告》里明确提出，赋予创新团队和领军人才更大的人财物支配权和技术路线决策权。进一步提高基础研究项目间接经费占比，开展项目经费使用“包干制”改革试点，不设科目比例限制，由科研团队自主决定使用。[3] 2021 年，习近平总书记在两院院士大会①、中国科协第十次全国代表大会上讲话时指出：“推进科技体制改革，形成支持全面创新的基础制度。要健全社会主义

---

① 两院院士大会指中国科学院院士大会和中国工程院院士大会。

市场经济条件下新型举国体制，充分发挥国家作为重大科技创新组织者的作用，支持周期长、风险大、难度高、前景好的战略性科学计划和科学工程，抓系统布局、系统组织、跨界集成，把政府、市场、社会等各方面力量拧成一股绳，形成未来的整体优势。要推动有效市场和有为政府更好结合，充分发挥市场在资源配置中的决定性作用，通过市场需求引导创新资源有效配置，形成推进科技创新的强大合力”[4]；2021 年，李克强在国家科学技术奖励大会上讲话时指出，要强化国家战略科技力量，推动科研力量优化配置和资源共享，着力打造协同高效、能打硬仗的科技“尖兵”，大力提升自主创新能力[5]；2022 年，李克强在《政府工作报告》中指出，实施科技体制改革三年攻坚方案，强化国家战略科技力量，加强国家实验室和全国重点实验室建设，发挥好高校和科研院所作用，改进重大科技项目立项和管理方式，深化科技评价激励制度改革。支持各地加大科技投入，开展各具特色的区域创新。[6] 2022 年，习近平总书记在《求是》杂志上发表文章指出：“推进科技体制改革，形成支持全面创新的基础制度……按照抓战略、抓改革、抓规划、抓服务的定位，转变作风，提升能力，减少分钱、分物、定项目等直接干预，强化规划政策引导，给予科研单位更多自主权，赋予科学家更大技术路线决定权和经费使用权，让科研单位和科研人员从繁琐、不必要的体制机制束缚中解放出来！”[7] 2022 年，在党的二十大报告中，习近平总书记明确提出“深化科技体制改革，深化科技评价改革，加大多元化科技投入”“提升科技投入效能，深化财政科技经费分配使用机制改革，激发创新活力”[8]。习近平总书记的论断道出了广大科技工作者的心声，为新时期推进科技体制改革指明了发力方向，描绘了宏伟蓝图，有利于深入推进科研经费改革。2023 年，李克强在《政府工作报告》中提出，完善国家和地方创新体系，推进科技自立自强；改革科研项目和经费管理制度，赋予科研单位和科研人员更大自主权[9]。党和国家领导人关于科技创新的论述深刻回答了中国科技创新的一系列根本性、全局性、战略性重大问题，对于深入实施创新驱动发展战略，建设世界科技创新强国具有十分重要的意义。

由于受过去科技体制机制的影响，科技管理还存在条块分割、科研项目重复申报、项目资助碎片化、科研经费使用效能不高等问题，这些问题也是科技界难以破解的难题。针对这些问题，党中央、国务院不断推进科技体制改革。党的十八大以来，以习近平同志为核心的党中央对科技体制改革作出了一系列重要战略部署，强化创新驱动的顶层设计，搭建科技体制改革的“四梁八柱”。习近平总书记多次提出要推进科技体制改革，推动科技管理职能转变；要改革重大科技项目立项和组织管理方式，实行“揭榜挂帅”“赛马”等制度，让有真才实学的科技人员英雄有用武之地。当前我国科技体制改革全面发力、多点突破、持续向纵深推进。2021年，李克强在国家科学技术奖励大会上提出，要以更大决心和力度打破制约创新创造的繁文缛节，深化科研领域“放管服”改革，既要在完善政策、建章立制方面持续用力，更要确保政策落实不打折、不走样，切实给科研人员“松绑减负”。要建立健全完善的管理和监督体制，落实责任制，确保各项下放权责接得住、管得好。[5]这表明了国家将科技体制改革推向纵深的决心。我国科技体制及科技管理改革工作取得了明显效果，据科技部官网消息，截至2020年年底，我国143项科技体制改革任务已经完成，重点领域和关键环节改革得到实质性进展。①科技体制改革极大释放了创新引擎的动能，助推了国家创新体系整体效能显著提升。

科技体制机制改革已经吹响号角。习近平总书记于2021年5月在两院院士大会、中国科协第十次全国代表大会上指出，科技管理改革不能只做“加法”，要善于做“减法”。要拿出更大的勇气推动科技管理职能转变，创新不问出身，英雄不论出处。要研究真问题，形成真榜、实榜，让那些想干事、能干事、干成事的科技领军人才挂帅出征，推行技术总师负责制、经费包干制、信用承诺制[4]。因而科研经费“包干制”改革势在必行，也必将向纵深方向推进。

科技体制改革是一项系统工程，涉及的层面和内容较广，其中科研经费管理及改革问题成为党中央、国务院重点推进的工作之一。2023年，李克强在《政府工作报告》中再次指出，要改革科研项目和经费管理制度，赋予科研单位和科研人员更大自主权[9]。党的十八大以来，关于科研经费改革的多项政策相继出台，科研项目和科研经费改革向纵深方向发展。“管得太死”“管得太细”是制约科研人员创新活力的绊脚石。改革完善科研经费管理，优化科研组织方式，开展减轻科研人员负担专项行动，采取“揭榜挂帅”“赛

---

① 在重点领域和关键环节取得实质性进展 科技体制改革向纵深推进[EB/OL].(2022-03-24)[2023-05-06]. https://www.gov.cn/xinwen/2022-03/24/content_5680964.htm.

马制"新型项目组织方式等，有力激发了科研人员的创新活力。

科学技术是第一生产力，大多数国家非常重视对科研的经费投入。近年来，我国科技投入力度不断加大，国家统计局、科学技术部、财政部2023年9月18日发布的《2022年全国科技经费投入统计公报》显示，2022年全国研究与试验发展(R&D)经费投入总量首次超过3万亿元，达到30 782.9亿元，比上年增加2 826.6亿元，增长10.1%。① 我国科技创新实力从量的积累迈向质的飞跃，从点的突破迈向系统能力的提升，角色不断转向引领者、贡献者。

伴随科技投入的不断加大，党中央、国务院多次强调改革完善科研经费管理制度，先后出台《关于进一步完善中央财政科研项目资金管理等政策的若干意见》《国务院关于优化科研管理提升科研绩效若干措施的通知》等政策文件，优化科研组织方式，开展减轻科研人员负担专项行动，采取科研经费"包干制"等新型项目组织方式，给科研人员松绑减负，调动和激发了科研人员的热情与动力。2021年，中央经济工作会议提出科技政策要扎实落地，进一步凸显了科技创新在现代化经济体系建设中的重要位置，也明确了今后科技工作的重点。

这些改革举措，充分体现了中国共产党领导下的制度优越性，充分说明了党和国家对科技体制机制改革的高度重视。但笔者在前期调研与研究中发现，当前在实践中我国在科研经费管理方面还存在政策落实不到位、管理刚性、经费拨付机制不完善、间接费用比例偏低、经费报销难等问题。为有效解决难点痛点堵点问题，党的十八大以来，党中央、国务院出台了一大批涉及科技改革发展方方面面的政策措施，确定了科技改革发展的各项重大部署、重点任务。为贯彻落实党中央、国务院决策部署，探索项目管理改革，相关高校和科研机构实施"揭榜挂帅"、首席科学家负责制、青年科学家项目制等制度，进一步激励科研人员多出高质量科技成果，为实现高水平科技自立自强作出巨大贡献。2021年，《国务院办公厅关于改革完善中央财政科研经费管理的若干意见》出台，该文件在扩大科研项目经费管理自主权、完善科研项目经费拨付机制和加大科研人员激励力度方面进行了详细规定，并

① 研发投入首超3万亿元说明什么[EB/OL].(2023-09-20)[2023-10-11]. https://www.gov.cn/yaowen/liebiao/202309/content_6905019.htm.

具体落实到相关管理部门，推动了科研经费改革的深入[10]。

当前，各高校和科研机构积极贯彻落实关于推进科技领域“放管服”改革的要求，建立并完善以信任为基础的科研经费管理制度，充分调动科研工作者的创新能力，提高科研积极性，以达到激励从业人员敬业报国、潜心研究、攻坚克难的目的，从而提升国家的原始创新能力和各关键领域核心技术的攻关能力，为中国实现经济高质量持续发展、建设世界科技强国作出更大贡献。那么，我国当前实施的各项科技政策及科研经费“包干制”所产生的激励效应到底如何？在推进科研经费“包干制”过程中还存在哪些瓶颈？如何在各大高校及科研院所进一步推广和落实科研经费“包干制”？这些命题的解决对于当前我国打通科研经费“包干制”的“最后一公里”、提升科研人员积极性、释放科研潜能等具有深刻意义。

1.2 研究意义

1.2.1 学术价值

科研经费“包干制”是指在科研经费管理中，将科研资金的使用自主权更多地下放给项目承担单位和项目负责人，减少管理部门的过多干预，对科研经费实施柔性化管理。第一，本书对科研经费“包干制”改革进行系统性研究，对推进我国科技体制机制和科技政策机制研究缺位的理论困境进行积极探索，研究成果有助于从理论上廓清科研经费改革与管理的行为规律。第二，本书的相关研究剖析科研经费“包干制”改革过程中影响科研人员积极性的相关因素，揭示科研经费“包干制”促进科研人员创新激励效应的作用机理，可为我国科研经费管理模式创新提供理论依据。第三，科研经费“包干制”改革试点后，关于科研绩效评价方面的方法还不健全，如何有效评价科研经费政策改革后的效应和绩效是未来科研经费评价需要解决的重点问题之一。本书的相关研究有利于丰富和拓展科研经费绩效评价与绩效提升的方法体系，为我国科研经费改革后的绩效评价和绩效提升可提供方法参考。

1.2.2 应用价值

自党中央和国务院提出推行科研经费“包干制”以来，在该政策试点和推广过程中还存在亟待解决的系列问题。本书的相关研究在实践中的意义主要体现在三个方面。第一，研究成果对如何加快推进科研经费管理改革、使相关政策尽快得到落实、提升科研经费使用绩效、将有限的科研资金用于科学研究等具有重要的借鉴意义。第二，从制度设计来看，科研经费“包干制”有助于打破科研经费严格管理的框架，研究成果有利于优化科研经费配置，从而使科研经费更加符合实际支出需求，使有限的科研经费真正用在“刀刃”上。第三，从经费管理来看，“包干制”有利于科研经费得到有效统筹，科研项目组针对自身研究特点，优化经费使用流程，减少不必要的行政审批程序，使职能部门的工作重心更有效地集中在服务监督上。第四，本书研究设计出一套符合高校和科研院所实践情况的科研经费包干体系和方案，并提出相关建议和保障措施，可为全面推广科研经费“包干制”提供借鉴和参考。

一方面，科研经费“包干制”界定了课题承担单位和科研人员的权责，使科研任务与经费使用直接挂钩，在合理权限范围内最大程度提高科研经费利用率，产生最大效益。另一方面，在实际推广中产生了一些亟待解决的问题，例如，部分课题依托单位对放权政策落实不到位、落地推广难，对科研人员激励缺失使得科研人员获得感不强等。因此，深入剖析科研经费“包干制”改革的逻辑动因和激励效应对优化科研经费配置、提高科研经费使用效率、调动科研人员潜能、推动科研经费“包干制”真正落地见效等方面具有重要意义。

1.3 国内外研究综述

当前，国内外学术界和实践界针对科研经费管理相关的体制机制、预算管理、资助模式等方面进行了有益研究和探索，为本书的相关研究提供了有益借鉴。

1.3.1 国外研究综述

1.3.1.1 科研经费管理体制机制研究

国外一些发达国家的科技创新管理活动走在前列，无论是在制度供给方面还是在政策改革方面，均积极与科技活动实践相结合，其科研经费管理体制大致划分为两种：以美国为代表的“分数型”和以英法德等为代表的“集中型”。由于各个国家的科研拨款制度与其政治体制、经济体制以及科研体制的相关程度较大，故尚没有统一可行的最优模式。目前，大多数西方国家科研经费拨付采用的是预算拨款制度，即国家通过制定科技战略与辅助性的政策，科技主管部门及其下属的司局和科研院所依照国家的科技指导方针和部门政策统筹管理年度科研项目和预算，科研预算报送批准后应严格执行。Halpern认为，美国的科研经费分配方式是由联邦政府制定投资准则，通过科研项目的相关性、实施质量和绩效结果三个方面来评估科研经费的使用计划、管理方式以及实施前后的绩效[11]。Sav指出，政府的科研经费拨款需要平等地兼顾每个高校。经研究，Sav发现由于各高校科研经费拨付量不同，因此造成各高校绩效产出不均，应全面统筹资金[12]。Marinova等认为，高校科研应制定科研经费管理政策且应体现灵活性和多样性，以更好地激发科研院所和机构的创新意识[13]。Hicks通过深入研究高校科研氛围的变化趋势指出，为进一步提升科研人员的学术水平，应建立同行评审机制以及完善的科研资金管理系统[14]。

1.3.1.2 科研经费预算管理研究

在财政管理中，通过预算管理提升科研经费使用效率是常见的管理方式之一。在科研经费预算方面，美国国立科研机构每年要提交经费预算，由主管部门如国家科学基金会、国防部、能源部、卫生与公众服务部和商务部等部门分别综合汇总，利用整合的资料编制科研预算并报送总统预算办公室，获准后再交给国会审批；法国由科研部具体负责科研经费预算和管理，科研部在接收科研经费预算申请后，征求其他部门的意见并交由参议院讨论后通过；德国的科研经费管理较为严格，例如，科研项目的经费预算编制严格且在项目结题时资金使用方案与最初预算变动不得超过10%[15]；比利时每年4月便开始根据科研计划，编制第二年的科研经费预算；日本的科研经费预算采取年度四次拨款制度;俄罗斯政府采取年度预算拨款制度。这些国家科研经费管理的共同点有以下三个方面:一是采取政府和议会两级预算审批制度;二是科研资助计划、预算分配渠道及管理按照大行业分类,实行部门代理制度;三是各个国家严格执行预算。Dzieżyc 等对欧洲研究委员会和波兰国家科学中心科研经费使用有效性进行分析,研究得出机构预算的逐年增加是效率保持的重要原因[16]。

1.3.1.3 科研经费资助模式研究

Solesbury 指出,英国 20 世纪 80—90 年代对高校科研经费资助模式进行改革,由企业资助科研机构研究的资金比例逐渐加大,非营利机构和海外的科研投入也在不断上升。在这样一种科研资金投入多样化的背景下,研究资助者的角色更多地表现为研究“客户”,83%的科研经费由政府和企业提供[17]。澳大利亚的科研经费管理模式采用的是基于绩效评价的“一揽子”科研资助模式,在对各个大学获取科研资源能力、研究生毕业人数以及高校科研投入与产出绩效进行评价后,确定每所大学科研经费的资助额度。德国要求高校应在设立规范的“科学行为”机制并认定“非正当科研行为”程序后,然后方可获得科研资助。英国、日本等国家的科研经费资助模式较为灵活,如通过模块式的科研资助等。Bloch 等认为,应将项目逐级划分为各个模块,然后根据模块的数量和内容决定科研经费资助的方式和规模,使每个模块可以独立享受资助,此外,在资助过程中模块与模块之间互不干涉,稳定与竞争性支持相结合,推动提升科研成果产出[18]。Muscio 等认为,科研经费“包干制”这一概念虽然在国外的科研管理实践中没有具体明确,但是一些国家同样采取类似于科研经费“包干制”的管理模式且包干的方式种类繁多[19]。在美国,科研经费“包干制”主要以实验室为主体,美国霍华德·休斯医学研究所对研究人员的资助主要采取经费包干方式,将科研经费分到各资助单位进行资助,并选择有科研激情和实力的科研人员给予其较长时间的科研包干资助[20]。

1.3.1.4 科研经费管理模式研究

日本科研经费由“一般会计”的明细科目——科学振兴费以及“特别会计”中的二级科目——总理大臣科技特殊经费两个部分构成。德国国立科研机构的经费划拨方式可以分为按照单位拨款与按照项目进行资助。在法国,国立科研机构的财政性科技资源主要由政府提供。波兰科学院预算拨款和项目经费可以占到其年度科研经费总额的65%。俄罗斯科学院的经费由政府拨款和项目资助构成,政府拨款能够占到总经费的55%,其余部分通过项目竞争等方式获得。Cameron等指出,英国科研管理模式的特点,科研管理权以及科研经费的分配权由研究理事会和英国高等教育拨款委员会进行管理,即"双重支持体系"。研究理事会和英国高等教育拨款委员会是英国重要的科研经费管理机构,它们通过同行评审的科研竞争机制,向大学及其他科研机构提供科研资助。英国高等教育拨款委员会依据每年进行的质量评估结果对科研经费进行分配,各高校科研机构根据科研和教育计划对经费自由安排[21]。Nicholls等强调,美国"分散型"科学研究经费管理模式的特点为:一是不单独设置专门的科技主管部门,科技事务按照职责分工和相关部门所管辖的范围完成;二是将科技权力进行下放,各地政府可因地制宜制定本级政府科研预算并按照实际情况分部门执行完成;三是除有必要设立专门科研统筹管理机构外,所有具体的科研项目由各部门负责[22]。

1.3.1.5 科研经费监督管理研究

Fox等认为,科学研究是一种职业,需要根据这一职业的特点制定专业准则,以便对科研过程中的不当行为进行控制。Fox为此进行了深入探讨,提出改进科研经费审计方式、建立科研经费外部监督机制及增加同行评审机制等建议,指出不同国家的科研经费监管模式不同[23]。Winnacker指出,德国无论是科研道德还是科研经费管理与分配均设有较为严格的监督程序,科研人员的收入、实验仪器设备采购以及差旅费等都会受到严格的监督[24]。Frølich认为,英国基于质量评估的问责制对高校科研经费资助监管产生了深远影响[25]。Myers等指出,美国的科研经费由国会采用听证制度对经费的预算、分配、使用进行监督,政府部门和经费使用单位采取备案、审计、调查等方式对科研经费进行内部监督。美国的监督机制范围较为广泛,不仅对科研经费使用的全过程进行监督,对科研人员的学术不端和学术腐败行为也要进行调查[26]。澳大利亚科研经费监管大致分为两种模式,即通过政策导向和同行评审来进行监管,以确保科研经费能够顺利支持科研机构运行。日本采取严格的审批程序来进行管理,相关审计机关依照法律开展独立的审计监督活动,其审计的计划性和目的性都较强。

1.3.1.6 科研经费绩效评价研究

Franssen 等指出，科研是维持和提高国际竞争力的关键因素，可以通过直接和间接效应进行组合，改进对科研绩效的影响[27]。Eisenberg 研究发现，政府对科研的资助具有明显的外溢效应，政府对科研资金的投入会对公民社会生活产生较为积极的影响[28]。Álvarez-Bornstein 等通过双变量分析将受科研经费资助人员和未受科研经费资助人员进行比较，结果发现：受科研经费资助人员相较未受科研经费资助人员来说发表论文的质量更高、论文引用率更高，合作也更为广泛[29]。Bendiscioli 指出，英国接近 95％的公共医学科研经费通过同行评审进行分配；2019 年美国国立卫生研究院的科研经费预算约 390 亿美元，通过同行评议将经费预算的 80％资助于科研人员[30]。基于绩效的科研资助，一方面可平衡同行评审，以适应领域之间的差异；另一方面涉及与学术界的冗长磋商和结果的透明度。Davis 等指出，美国国家科学基金会将科研经费分配给影响更为“广泛”的科研人员，以是否促进教学研究、在多大程度上促进了基础研究、是否促进社会对科学研究的广泛理解、研究结果为社会带来了多少好处等为标准进行评判，相比美国 1981—1997 年的资助标准来说，结果更为清晰和透明[31]。

1.3.1.7 科研经费对科技创新能力的影响研究

Musiolik 等提出，实践、惯例或过程能够培养科技创新能力[32]。Fagerberg 等认为，地方科技创新与区域经济规模存在着空间匹配性分布特征，强调科技创新能力的重要性，指出科技创新能力对国家提升综合国力、促进科技发展及经济发展方面的重要性。科研经费的投入为科技创新能力的提升提供了良好的条件，因此进行科研经费的柔性化管理，使其有效地提高科研人员的创新能力是科技发展的第一要务[33]。Miyata 采取实证研究方法评估科研管理效率，并对如何提高学校和科研院所创新能力给出了对策[34]。Koschatzky 等研究了高等教育机构在构建区域创新体系中的作用[35]。Demirel 等分析了美国制药公司的数据，发现制药行业内企业专利的获得与持续的科研经费投入密不可分，说明企业科研经费投入不仅提升了生产效益，还在很大程度上增进了企业的创新能力[36]。

Kaplan等梳理了美国1980—2016年的科研资助与科研行为，认为联邦科研经费资助模式能激发科研人员的激情并对科学创新产生重大影响，建议进一步增加科研经费投资[37]。

1.3.2 国内研究综述

1.3.2.1 科研经费制度研究

科研经费制度作为科研制度的一个重要组成部分，它的公平合理能够有效激发科研人员的科研热情，从而提升科研创造力。学术界对此十分关注，相关学者围绕科研经费的制度展开了一系列讨论。杨得前等的研究证实了科研经费分配的公平、公正会对科研绩效产生正向影响，认为呆板的科研经费管理能够衍生出科研人员道德、科研人员诚信等方面的问题，如科研经费配置不合理等[38]。徐孝民利用人力资本投入补偿理论，以科研人员项目经费开支范围的有关规定作为切入点，通过研究指出，高校科研项目经费在不断扩大的同时，其相配套的人力资本投入补偿政策具有不合理性。徐孝民认为应对高校财政性拨款制度进行改革并对科研经费管理办法进行进一步完善[39]。殷献民等总结和概括了我国现行财政科研经费制度的两大问题：一是制度缺陷导致经济利益长期与短期不同步，从而扭曲科研本质；二是导致科技资源配置经济化与市场化之间矛盾的产生[40]。冷静等利用问卷调研，对当前科技体制改革和科技政策落实过程中的制度性障碍进行深入剖析，认为影响科研人员科研活力和创造力的障碍主要是制度、观念和部门三者之间“不相恰”，进而针对三种“不相恰”问题提出了有效的政策建议[41]。

1.3.2.2 科研经费预算管理研究

预算管理被认为是科研项目立项阶段的一项有效的经费管理办法。实行预算管理有利于提高经费使用效率、落实项目组成员的责任并在决算时辅助科研管理部门进行监管。但由于科学研究的不确定性，在实际科学研究过程中，预算执行难度较大，科研经费或多或少存在浪费现象。此外，科研人员受制于过度的行政干预以及较为严格的经费管理手段，科研创新活力和能力大为下降。陶楠等认为，科研经费预算管理存在预算编制不符合科研经费的使用规律、预算执行与科研活动的进度不匹配等问题[42]。“十二五”时期以来，科研经费预算管理方面存在的问题受到了国家高度关注，随着预算管理制度改革的推进，科研项目类别进行了大幅度整合，科研经费预算的科学性也在逐步提升。薛澜从宏观、中观、微观三个层面提出我国科研经费预算管理改革的有效路径，包括由国家科教领导小组进行指挥，设立相对独立的预算咨询机构，针对不同的项目类型编制预算指南，针对不同的预算环节制定详细规定，对科研预算进行结构性调整，提升科研经费预算中间接成本的比例[43]。赵立雨等基于较为"强硬"的预算管理模式，提出预算编制"柔性化"这一思路，进一步增加科研人员预算使用的自主权并在预算项目中设立"不可预见费"[44]。眭依凡等总结了美国五所一流高校的科研经费资源配置经验，提出通过建立预算系统和模型，采取混合制的科研经费资源分配模式，以进一步提升科研经费资源的配置效率[45]。

1.3.2.3 科研经费资助模式研究

吴建国通过对比德国与我国科研经费资助管理模式，提出我国政府应该从完善保障机制、间接成本补偿机制和支出预算体系三个方面对大学科研资助体系进行改革，进一步改善政府经费在科研方面的支出格局，使政府经费被充分利用[46]。汪国平等认为科研资助研究基础和国家政策导向有显著关系[47]。寇明婷等选取教育部直属高校作为样本，利用随机前沿分析进行深入研究后发现：科研经费来源结构会对高校的产出效率产生异质性影响，相较应用性知识的产出效率，政府资金的投入对基础知识产出效率提升更为显著，纵向资金占比与横向资金占比与高校基础知识和应用性知识的产出呈现"倒U形"关系[48]。赵立雨等通过梳理和对比英美等发达国家的科研经费管理模式，认为科研经费投入与产出结果不对等，由于当前科研自主权未完全下放、经费报销手续较为繁杂琐碎等问题突出，无法有效调动科研人员的积极性[49]。刘文军等认为，我国科技发展的主要矛盾已由科研经费投入不足转变为服务于高质量发展的科研经费支撑与科技资源投入产出效率不高，如何准确理解和把握我国科技发展主要矛盾转变的原因、切实促进科技投入效能提升是当前学者们需要关注的重点问题[50]。

1.3.2.4 科研经费管理模式研究

随着我国科学技术发展战略和"创新型国家"战略的深入推进，政府加大了科研经费的投入，但现行经费管理模式与经费投入存在不匹配的情况。贺德方通过比较国内外的财政性科技资源管理方式，研究发现我国财政性的科研经费管理较为刚性，主要依赖制度和条条框框，限制过多、过死，不利于科研人员主观能动性的有效发挥。若想避免重复支出，我国政府需要借鉴英美日等国家科研经费管理经验，实行政府主导、企业辅助的竞争性与福利性科研经费资助模式，与此同时，可通过出台相关法律法规等方式加强科研经费事前、事中、事后的审计与监督[51]。目前我国科技资源尤其是财政性的科技资源配置模式过于注重项目的技术性而忽视了项目的创新性，下一步我国应“两手抓”科研项目的技术性与创新性，通过产学研深度融合的方式，在科技资源整合与分配过程中融入创新，以此推动创新驱动发展战略。张川等从制度、监督和预算效力三个角度深入研究科研经费管理问题并指出，制度较为僵硬将会造成科研资金使用效率低下、人员活力不足，进而导致科研腐败、体制僵化等后续问题。因此，应加强审计部门的监督管理能力，通过强化制度来避免科研经费使用效能低下的问题[52]。韩凤芹等基于双层治理理论系统，深入分析政府和科研院所在科研治理体系中的作用，提出从政府与科研院所内外双层治理的角度调动科研人员的积极性，增加科研人员的福利[53]。

1.3.2.5 科研经费监督管理研究

科研经费的监管工作主要分为科研经费管理与科研经费监督。科研经费管理是指针对科研经费的使用情况进行管理。科研经费监督包括科研经费管理部门和相关审计部门的监督管理。围绕科研经费监督管理，学者们先后展开了一系列讨论。齐书宇等针对高校科研腐败行为以及科研经费寻租行为，提出规范高校管理部门内部监督机制、加大高校同政府部门的监督管理力度，通过高校管理部门审计、建立违法违规行为责任追究制等措施，确保高校有序开展科研活动[54]。付晔等对科研经费使用过程中违法违规行为的影响因素进行分析，认为科研人员的意识是科研经费使用过程中最关键的影响因素，从而提出加强科研人员的自我约束意识、加大科研经费违法违规使用的处罚力度以及适度调整科研经费使用制度等科研经费的自我监督管理措施[55]。高峰等利用最小颗粒解构的研究方法系统分析了55项国家层面的科研诚信政策，发现科研经费监督方面的政策仍比较欠缺，下一步需要统一各部门科研经费监管与审计的目标，从制度和人员意识等方面解决科研诚信政策落实方面所存在的“最后一公里”的问题[56]。

1.3.2.6 科研经费绩效评价研究

现有科研经费绩效评价模式过于强调结果，针对科研人员付出的时间和精力等过程性的评价不足。此外，项目立项和验收等环节大多依靠专家评审，尤其是在项目立项环节，以成果“论英雄”，造成科研项目的马太效应，不利于发挥青年科研人员的科研积极性。骆嘉琪等为解决我国科研经费分配过程中资源分散、配置不合理等问题，利用德尔菲法得出科研经费使用绩效各项评价指标的权重并通过层次分析法建立综合评价模型[57]。杨敏等针对高校这一复杂系统中的科研绩效评价问题，构建资源与子系统交互共享的两阶段数据包络分析评价方法并将其应用于我国 40 所“双一流院校”科研经费投入与产出的研究上，研究发现与其他院校相比，理工类院校投入与产出的成果转化率较高，其中一个重要原因是理工类院校较容易获取大量的科研经费[58]。俞立平等在分析科研经费的作用机制后发现：科研经费投入力度对科研成果有保障和激励作用，但近年来科研经费投入和产出的效率呈下降趋势[59]。阿儒涵等认为，当前我国科技预算绩效评价主要聚焦于科技投入、产出与管理的效力，针对科技投入效率和效益的评价相当欠缺，无法有效落实党的二十大报告中对科技投入效能的要求。另外，阿儒涵等还基于 3E 评价模型和我国现有实践情况，提出我国科技预算绩效的 3E 理论[60]。因此，建立科学合理的高校科研经费评价体系，有助于科研经费优化配置。

1.3.2.7 科研经费的投入对科技创新的影响研究

研究发现：科研经费的投入可以影响科技创新能力。张治河等认为，增加科技投入是提升科技创新能力的重要手段和有效途径，有利于提升国家创新能力[61]。目前，随着科研经费投入力度的加大，我国科学技术的研究总体上取得了快速发展，科研投入和产出均位于世界前列，但存在基础性科学研究不足、区域科技创新不平衡等问题。陶春华等认为，我国纵向科研投入主要以直接支持和间接激励为主，虽然在一定程度上可以推进科研创新活动，但是没有很好地起到激励科研创新的作用[62]。高洁等选取 2003—2017 年 31 个省（自治区、直辖市）的样本数据，使用多元回归分析法研究各样本区域科研经费投入与科技创新的关系，结果发现：科研经费投入能够较好地促进科研产出数量的增加，但对于科研产出的质量提升并不显著，科研经费投入与科技创新之间存在区域性的差距，相比中部和西部地区，我国东部地区科研经费投入能够较好地促进科技创新[63]。杨柏等的研究同样也印证了这一发现：当科研经费投入接近饱和时，科研经费投入会降低区域科技创新效率[64]。郑舒文等以北航长鹰无人机为例，利用扎根理论深入探索有组织科研中的关键影响因素，提出科研经费的投入对重大科研项目成果具有正向激励作用。因此，优化科研经费资源配置，深化管理体制改革，加快建立责任明确、科学评估、开放有序、规范管理的现代科研院所体系可为科研机构技术创新能力提供借鉴[65]。

1.3.2.8 科研经费“包干制”相关研究

谢永佳等认为在改革开放初期，我国曾采取过“科研项目承包制”“科研课题预算包干制”等做法，但由于当时条件局限等因素而导致“流产”，长期以来采取预算制和报销制，刚性较强，缺乏弹性[66]。2019 年，李克强在《政府工作报告》中提出，开展项目经费使用“包干制”改革试点，不设科目比例限制，由科研团队自主决定使用。科研经费“包干制”体现出我国科研经费改革的新思路、新理念，同时学术界也开始对科研经费“包干制”进行研究和探讨，将促进科研经费管理迈向新台阶。赵慧认为，科研经费“包干制”的试点有效地促进了我国科技创新体制的改革[67]。赵立雨等通过双重差分方法，分析科研经费“包干制”所产生的创新激励效应，并指出科研经费“包干制”在实践过程中出现了一系列亟待解决的问题[68]。高阵雨等认为，科研经费“包干制”在执行过程中存在监管较为困难、科研腐败行为风险增加、现行科研经费管理制度不健全等问题[69]。张耀方认为，目前科研经费“包干制”在政策落实、风险控制及经费监管体系建设、科研结余经费管理等方面存在问题。长期以来我国科研项目经费主要采取预算制管理模式，与科研活动的不确定性、未知性等特征不符，已不能满足新时代科研活动的要求[70]。

1.3.3 国内外研究评析

通过国内外相关研究总结发现：在党和国家高度重视下，我国科研经费管理改革虽取得了一定成效，但在资助模式、经费预算编制和监管评估等方面仍需要改进。国内外对科研经费管理的研究主要表现在对已有相关代表性成果及观点展开分析评价和相对于已有研究的独到价值两大方面上。

1.3.3.1 对已有相关代表性成果及观点展开分析评价

综上所述,国内外学者对科研经费研究十分关注,研究成果也相当丰富。学术界主要从科研经费政策体系、体制机制、经费资助方式、预算管理以及监督和绩效评价等多方面进行探讨。既有研究拓展了科研经费"包干制"的研究框架,为本书的研究提供了重要的支撑。同时,既有研究对科研经费"包干制"这一科研经费管理模式的理论分析、难点堵点及原因等方面的系统性梳理和分析、政策实施效果的实证研究以及高质量的"咨政建言"等方面的研究较为欠缺,需要对其进行系统研究。

第一,缺乏对科研经费"包干制"的理论分析。通过对国内外科研经费相关文献进行梳理发现,国外的科研经费管理模式具有一定的弹性,而我国的科研经费管理模式则呈现出刚性的特征。科研经费监管需要依靠严格的制度规范,不符合科学研究自身的规律,可能导致管理僵化,同时也打击了科研人员的科研热情。在自主创新与科技自立自强的背景下,科研经费"包干制"这一改革是为了以科研人员为本,扩大科研机构和科研人员的经费使用自主权,改进科研经费管理中存在的主要问题,进而提升科研绩效,推动国家科技创新战略。目前针对中国情境下的科研经费"包干制"理论分析框架较为缺乏,导致理论支撑力度不够,因此从理论上系统研究科研经费"包干制"改革的逻辑动因,对指导科研经费"包干制"改革实践尤为重要。

第二,针对科研经费"包干制"难点堵点及原因等方面缺乏系统性梳理和分析。长期以来,我国的科研项目经费管理主要采取预算管理的方式,与科研活动自身所存在的特征不符,不能满足科技自立自强背景下科研活动的需要。虽然近年来我国科研经费"包干制"改革取得了一定的成效,但是在资助模式、预算编制和绩效评估等方面仍需要不断改进,目前科研经费"包干制"在政策落实、科研结余经费管理等方面还存在问题。如何根据科研实际需要对科研经费进行"包干",激发科研人员内在的科研动力和科研热情是亟须破解的难题。

第三,科研经费"包干制"缺乏系统性的针对"包干制"政策实施效果的实证研究。自2019年中国科学院启动科研经费"包干制"试点以来,学术界对其试点改革进行了一系列探讨,在现有研究中,学者主要是从定性层面进行分析,而围绕高校财务工作、绩效预算、创新绩效等多个维度进行研究,并提出科研经费“包干制”政策的改进和实施路径，针对科研经费“包干制”政策实施效果的实证研究较少。定性研究虽然能够有效地解释、说明科研经费“包干制”实施过程中的一些现象，但是缺少研究的标准性和系统性，实证研究则更相当于一种科学的范式，能够对科研经费“包干制”的现有研究进行补充。

第四，缺乏高质量的科研经费“包干制”的咨政建言。早在改革开放初期，我国曾经采取过类似于科研经费“包干制”的项目经费管理模式，但由于当时条件的局限性等原因，最后未能有效落实。科研经费“包干制”是科技领域“放管服”改革下的一项重要措施，其目的在于建立以信任为前提的科研经费管理制度，以进一步提升国家的原始创新能力及关键领域核心技术攻关能力。学者们虽然从多个维度提出科研经费“包干制”的政策建议，但是忽略了在当前推进科技自立自强转变的大背景下较为宏观的、系统的科研经费管理改革的顶层设计，缺乏高质量的科研经费“包干制”研究方面的咨政建言。

1.3.3.2 相对于已有研究的独到价值

第一，突出选题背景——以科技自立自强下的关键核心技术联合攻关、深化“放管服”改革为时代背景。科研领域的“放管服”改革，能够有效推动科技自立自强。科研经费改革是科技领域“放管服”改革的重要内容，也是党中央、国务院重点推进的工作之一，科研经费“包干制”可以视为深化科技体制改革的一个“撬点”。本书的研究有利于落实创新驱动发展战略和科技强国战略、推动科研经费管理模式改革、发挥科研经费杠杆效应、转变科研经费管理理念和管理模式。本书通过对科研经费政策进行梳理，对科研经费“包干制”改革的逻辑动因深入剖析，并进一步提出推进机制，以便更好地指导实践。

第二，选取突出的研究问题——系统性地梳理和分析科研经费“包干制”的难点痛点及原因。虽然社会各界意识到科研经费管理改革的紧迫性、重要性，科研经费“包干制”也在稳步推进，但在改革和落实方面仍暴露出了一些问题。已有研究虽然涉及对科研经费“包干制”痛点、难点及原因的分析，但是系统性有待提升。本书围绕科研经费“包干制”进行了千余份问卷调查，对不同地区、不同高校的专家学者进行访谈，剖析科研经费“包干制”落实过程中所存在的问题及影响因素，构建理论框架并进行验证，同时根据所建立的理论模型提炼各地区、各高校科研经费有效落实的最佳实践，为科研经费改革部门制定有效改革措施、推动科研经费“包干制”落实提供有益借鉴。

第三，强化科研经费管理模式转变——加强科研经费“包干制”实施。科研经费“包干制”是新时代科技强国战略下的新型科研经费管理模式。随着科技发展的不断推进和演化，科研工作者的能动性和创造性在基础研究中起着至关重要的作用。在科技自立自强的背景下，应优化科研经费使用自主权，调动科研人员的主观能动性，充分发挥科研经费的杠杆效应。

1.4 科技体制演变

1.4.1 科技体制改革历程简要回顾

不断推进科研经费管理改革，某种意义上可以说是深化科技体制改革的重要支点。1978 年 3 月，我国召开首届全国科学大会，科学发展事业从此进入了一个新的阶段。1985 年我国科技体制改革全面启动，迄今为止，改革历程可划分为四个阶段。1985—2023 年科技体制改革的代表性文件见图 1-1。

1.4.1.1 第一阶段(1985—1994 年)

科技体制改革的主要目标是使科研人员充分发挥积极性，使科学技术成果能够应用于产品生产与经济建设。1985 年 3 月，中共中央颁布《中共中央关于科学技术体制改革的决定》，提出经济建设必须依靠先进的科学技术，科学技术工作也必须面向经济建设的科技指导方针，同时也描绘出了我国科技体制改革的轮廓，由此揭开了我国科技体制改革的序幕。1985—1994 年科技体制改革代表性文件见表 1-1。

表 1-1 1985—1994 年科技体制改革代表性文件

时间	文件名称
1985 年 4 月 1 日(施行)	《中华人民共和国专利法》
1986 年 2 月 14 日	《国务院关于成立国家自然科学基金委员会的通知》
1987 年 1 月 20 日	《国务院关于进一步推进科技体制改革的若干规定》
1988 年 5 月 3 日	《国务院关于深化科技体制改革若干问题的决定》

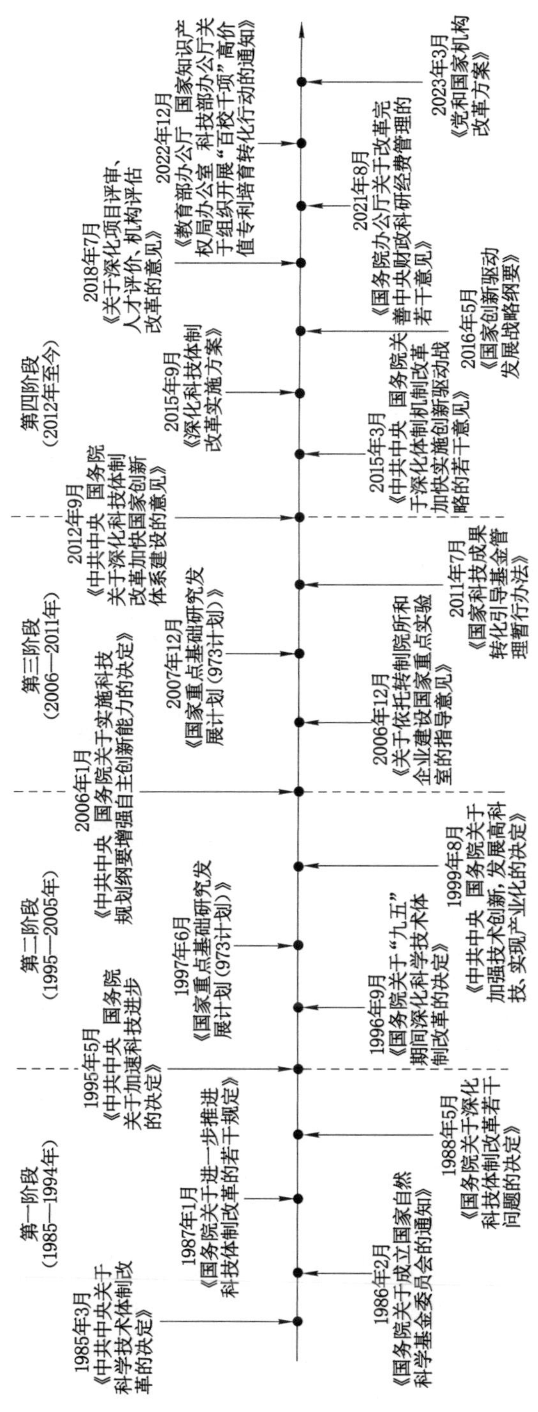

图 1-1 1985—2023年科技体制改革的代表性文件

科技体制改革第一阶段的重点，主要集中在四个方面：① 改革科研经费的分配机制，对传统依靠行政拨款的研发经费管理体制进行改革；② 科研机构逐步下放，从国家直接管理科研机构转变为间接管理科研机构，科研机构的自主权增大；③ 创建技术市场，以更好地辅助经济建设，推动经济发展；④ 建立配套制度支持科研人员创业，促进知识和科技成果在经济活动中不断转化和落实。

1.4.1.2 第二阶段(1995—2005 年)

1995 年 5 月，中共中央、国务院印发《中共中央 国务院关于加速科学技术进步的决定》，“科教兴国战略”首次被提出，开启了第二轮科技体制改革。此次改革是为了加快建成我国科技创新体系，将科研成果推向产业化，促进“科教兴国”战略发展目标的顺利实现。1995—2005 年科技体制改革代表性文件见表 1-2。

表 1-2　1995—2005 年科技体制改革代表性文件

时间	文件名称
1996 年 9 月 15 日	《国务院关于“九五”期间深化科学技术体制改革的决定》
1997 年 6 月 4 日	《国家重点基础研究发展计划(973 计划)》
1999 年 8 月 20 日	《中共中央 国务院关于加强技术创新，发展高科技、实现产业化的决定》

这一阶段的改革重点主要集中在四个方面：① 重视科技系统结构调整，引进和分流人才；② 从体制上真正解决科技产出与经济建设脱节、科研机构力量薄弱与重复设置等问题；③ 推动产学研相结合，打通科技研发成果与产业发展之间的阻碍；④ 建设国家创新体系，推动企业科技研发机构建设。

1.4.1.3 第三阶段(2006—2011 年)

2006 年，中共中央、国务院出台《中共中央 国务院关于实施科技规划纲要增强自主创新能力的决定》，标志着我国第三轮科技体制改革的开始。经过多年的科技体制改革，我国国家科技实力得到了较大幅度的提升，但仍面临科技投入不足和自主创新能力弱等问题，难以对国民经济发展提供支撑。因此，这一阶段我国不断深化科技体制改革，更加注重科技创新，出台了一系列促进科技体制改革创新的新政策。2006—2011 年科技体制改革代表性文件见表1-3。

表1-3 2006—2011年科技体制改革代表性文件

时间	文件名称
2006年12月31日	《关于依托转制院所和企业建设国家重点实验室的指导意见》
2007年12月29日	《中华人民共和国科学技术进步法》(第一次修订)
2011年7月4日	《国家科技成果转化引导基金管理暂行办法》

第三轮科技体制改革的重点主要集中在两个方面:① 鼓励企业建立科研机构,研发费用加计扣除,同时各部委出台相关配套文件保障企业研发中心的建设;② 推动科技创新成果转化落实,引导地方政府和社会组织加大科技投入。

1.4.1.4 第四阶段(2012年至今)

2012年9月,中共中央、国务院印发了《中共中央 国务院关于深化科技体制改革加快国家创新体系建设的意见》,提出创新驱动的国家发展战略,拉开了我国科技体制第四轮改革的大幕。2012年至今科技体制改革代表性文件见表1-4。

表1-4 2012年至今科技体制改革代表性文件

时间	文件名称
2015年3月13日	《中共中央 国务院关于深化体制机制改革加快实施创新驱动发展战略的若干意见》
2015年9月24日	《深化科技体制改革实施方案》
2016年5月19日	《国家创新驱动发展战略纲要》
2018年7月3日	《关于深化项目评审、人才评价、机构评估改革的意见》
2020年5月9日	《赋予科研人员职务科技成果所有权或长期使用权试点实施方案》
2021年8月13日	《国务院办公厅关于改革完善中央财政科研经费管理的若干意见》
2022年12月28日	《教育部办公厅 国家知识产权局办公室 科技部办公厅关于组织开展“百校千项”高价值专利培育转化行动的通知》
2023年3月16日	《党和国家机构改革方案》

2015年3月,中共中央、国务院发布《中共中央 国务院关于深化体制机

制改革加快实施创新驱动发展战略的若干意见》,明确了对我国科技创新体系、创新主体、创新环境等进行优化、深度融合开放与创新。2016 年 5 月,中共中央、国务院颁布《国家创新驱动发展战略纲要》,围绕科技体系、经费管理、科研机构自主权、成果转化等进行改革,进一步对科研环境以及计划体系进行调整。2018 年 7 月《关于深化项目评审、人才评价、机构评估改革的意见》和 2020 年 5 月《赋予科研人员职务科技成果所有权或长期使用权试点实施方案》等一系列政策文件发布后,各项人才计划纷纷出台,改善科研人员评价制度,采取"揭榜挂帅""有组织科研"等新型科研项目的组织方式,进一步激发了科研人员的创新热情。此外,2021 年 5 月召开的两院院士大会明确提出,把科技自立自强作为国家发展的战略支撑[4],体现了加快构建国家创新体系,提高我国自主创新能力的目标和决心。除此之外,2023 年 3 月,中共中央、国务院联合印发《党和国家机构改革方案》,为强化国家科技自立自强能力,推进实施创新驱动发展战略,我国重新组建科学技术部,以便更好地统筹科技创新体制。

1.4.2 科技体制改革经验总结

经过近 40 年的科技体制改革,我国科技力量的结构和布局不断得以优化,科研成果与经济发展得到了较为紧密的结合,科技实力大幅度提升,体制改革取得了重要进展。回顾改革所积累的历史经验,大致体现在以下四个方面。

1.4.2.1 充分发挥政府对科技体制改革的主导作用

在我国科技体制改革进程中,政府发挥着不可替代的作用,政府通过强制力,推动我国的科技体制改革。第一,制定发展战略。自 1985 年起,政府在不同的经济发展时期对科技体制改革的方针、重点任务以及相应的配套措施作出具体部署,先后确立"科教兴国""自主创新""创新驱动"等科技发展战略。同时,将有限的财政资源进行整合,向国家经济发展战略中所需求的科技领域进行集中。第二,积极探索改革路径。在原有的经验路径上,政府不断探索新的改革方式,从科技体制改革试点城市建设、世界一流大学建设或以高新区为载体的管委会建设等各个方向出发,进一步探索突破关键性体制障碍、促进科技体制改革的重要手段。

1.4.2.2 坚持经济科技一体化

科技体制改革与经济体制改革密不可分，科技体制改革对经济体制改革有着重要的促进作用。在改革初期，科技体制改革是为了更好地促进经济增长，发展生产力，围绕引进国外先进技术、建立国家科研机构等措施，形成科技战略和政策的发展主基调。但在改革开始的很长一段时间，科研产出成果与经济相脱离，科研产出成果难以促进经济发展。政府意识到这个问题并不断出台相关政策文件，以更好地促进经济同科技深度融合，如推动产学研相结合、科研成果转化落实等。近年来，随着经济与科技的深度融合，我国在战略性新兴技术、高新技术产业、数字经济等领域取得突破性进展，在推动科技进步的同时，也更好地促进了经济发展。

1.4.2.3 优化资源保障体系

科技资源是科技体制改革中的一个重要方面，同时也是科技发展的基本保证。随着国家对科技的重视，我国的科研经费投入不断增长，自2000年以来我国科研经费投入的增长幅度一直高于国内生产总值的增长，位于世界前列。较高的科研经费投入有效地提升了我国的科研产出，我国每年所发表的论文数量和申请的专利数量均达到了世界先进水平。同时，科研经费的管理模式也在不停地进行调整优化，诸多不合理的科研经费管理机制对科研工作形成的束缚逐步被破除，我国科研经费管理体现出四个重要特点：第一，从严格监管向人性化监管转变，过去主要通过制度和政策实施刚性的严格管理，但慢慢呈现出人性化监管趋势；第二，从项目负责人制向法人责任制转变；第三，从过程导向向结果导向转变，赋予科研人员更多自主权；第四，从依靠规章制度的刚性管理逐渐向释放人性的柔性化管理转变。

1.4.2.4 充分激发科研人员主观能动性

人是科研活动中最活跃的因素，在推动科技发展的过程中，科研人员发挥着至关重要的作用。从第一轮科技体制改革开始，我国就致力于为科研人员营造一个良好的科研环境，1988年国务院发布《国务院关于深化科技体制改革若干问题的决定》明确建立配套制度支持科研人员创业，促进知识和科技成果在经济活动中的转化和落实。此后政府根据每个发展阶段的特点出台相关科技政策，激发科研创新活力，不断修改科研资金管理方案、完善科研人员的分配和激励机制等，充分调动科研人员的积极性，使其在科研活动中能够发挥主观能动性。

1.5 科研经费管理政策演变

1.5.1 科研经费管理演变阶段梳理

随着科研经费管理制度改革的稳步推进，诸多不合理的传统科研经费管理机制对科研工作形成的束缚逐步破除，我国科研经费管理体现出明显的三个特征：一是从严格监管逐步向灵活性监管转变，二是从项目负责人向法人责任制转变，三是从过程导向向结果导向转变。该过程转变充分体现了从刚性管理向灵活性、柔性化管理转变。

这些政策把科研活动中的突出问题作为改革的重点，建立了统筹协调、职责清晰、科学规范、公开透明、监管有力的科研项目和资金管理机制，科技对经济社会发展的支撑引领作用不断增强，为实施创新驱动发展战略提供了有力保障。为了适应科技发展，我国适时调整国家科技战略，加快实现科技治理体系和治理能力现代化，加大科研投入，依据科技政策环境变化和科研经费管理目标，不断调整国家科研经费管理政策。

1.5.1.1 探索阶段(1978—1994 年)

在改革开放大背景下，我国政府不断探索合理的科研经费管理政策。探索阶段科研经费管理的代表性文件见表 1-5。

表 1-5 探索阶段科研经费管理的代表性文件

时间	文件名称
1987 年 2 月 27 日	《关于科学事业费管理的暂行规定》
1987 年 8 月 18 日	《国家科委“八六三”计划经费管理实施细则(试行)》
1990 年 1 月 8 日	《民政部科学技术三项经费管理暂行办法》

由表1-5看出，改革开放后我国处于科研经费管理探索阶段，总体来看，这一时期出台的政策文件数量不多。政策内容主要体现出以下特征：一是在适应市场经济特点的同时仍存在计划经济的桎梏；二是突出科研项目经费管理中“专款专用”和“独立核算”的原则。这一时期对科研经费管理政策的探索，为后来制定和完善相关政策奠定了基础。

1.5.1.2 建立阶段(1995—2005年)

1995年5月，全国科学技术大会明确了科学技术和教育是振兴国家发展的手段与基础准则，将“科教兴国”上升为国家战略。明确科研经费管理是科技发展的必要组成部分，应采用适当方法管理科研经费，这一时期科研经费管理取得了新的成就。建立阶段科研经费管理的代表性文件见表1-6。

表1-6 建立阶段科研经费管理的代表性文件

时间	文件名称
1997年3月25日	《关于印发〈科学事业单位财务制度〉的通知》
2001年9月27日	《关于颁发〈国家社会科学基金项目资助经费管理办法〉的通知》
2002年3月27日	《关于印发〈中国科学院重点实验室择优支持经费管理办法〉的通知》
2005年6月26日	《教育部 财政部关于进一步加强高校科研经费管理的若干意见》

该阶段逐步建立科研经费管理绩效评估机制，提出科技部和财政部实施绩效考评制度来审核专项科研经费，并将考评结果作为重要依据，单位申报专项科研经费时要接受资格审查。

1.5.1.3 发展阶段(2006—2012年)

我国强调创新发展战略，科学技术发展的重点逐渐由科教兴国战略向自主创新转变。为更好促进科研人员自主创新，建设创新型国家，国家有针对性地采取了各项支持措施进一步提升财政科研经费管理效益，我国科研经费管理政策进入不断优化阶段。发展阶段科研经费管理的代表性文件见表1-7。

表 1-7 发展阶段科研经费管理的代表性文件

时间	文件名称
2006 年 8 月 21 日	《国务院办公厅转发财政部科技部关于改进和加强中央财政科技经费管理若干意见的通知》
2007 年 4 月 10 日	《财政部 全国哲学社会科学规划领导小组关于印发〈国家社会科学基金项目经费管理办法〉的通知》
2008 年 12 月 26 日	《财政部 科技部关于印发〈国家重点实验室专项经费管理办法〉的通知》
2011 年 12 月 2 日	《教育部关于进一步贯彻执行国家科研经费管理政策加强高校科研经费管理的通知》
2012 年 12 月 17 日	《教育部 财政部关于加强中央部门所属高校科研经费管理的意见》

该阶段强调以绩效为导向，加强高校科研经费管理，科研经费管理中的绩效意识进一步增强。各高校和科研院所以国家出台的政策为导向，纷纷出台相关管理政策，规范科研经费使用，科研经费管理制度日趋完善。

1.5.1.4 健全阶段(2013 年至今)

为了加快创新型国家建设，我国科研经费管理政策经过不断优化，进入相对健全阶段。健全阶段科研经费管理的代表性文件及主要观点见图 1-2。

2013 年是全面深化改革的元年，科技界也进行全面改革。2014 年以后国家陆续出台了一系列科研经费管理政策。2014 年 3 月，国务院发布《国务院关于改进加强中央财政科研项目和资金管理的若干意见》，明确了改进科研资金管理方式、加强科研资金监管、加强相关科研经费制度建设等多项举措，意在把财政科研经费切实用到"刀刃"上。2014 年 12 月，国务院印发《关于深化中央财政科技计划(专项、基金等)管理改革的方案》，将中央管理的科技计划(包括各类专项、基金等)进行调整和整合，形成新的五类科技计划，一场被视为科技体制突破口的科技计划改革大幕就此拉开。2016 年 7 月，中共中央办公厅和国务院办公厅印发了《关于进一步完善中央财政科研项目资金管理等政策的若干意见》，要求提高间接费用比例、下放调剂权限、明确劳务费不设比例限制等。2018 年 7 月，国务院印发《国务院关于优化科研管理提升科研绩效若干措施的通知》，针对科研人员反映突出的经费管理繁杂琐碎、项目多、帽子多、牌子多等问题，提出建立完善以信任为前提的科研管理机制。2021 年 8 月，国务院办公厅印发《国务院办公厅关于改革完善中央财政科研经费管理的若干意见》，从扩大科研项目经费管理自主权、完

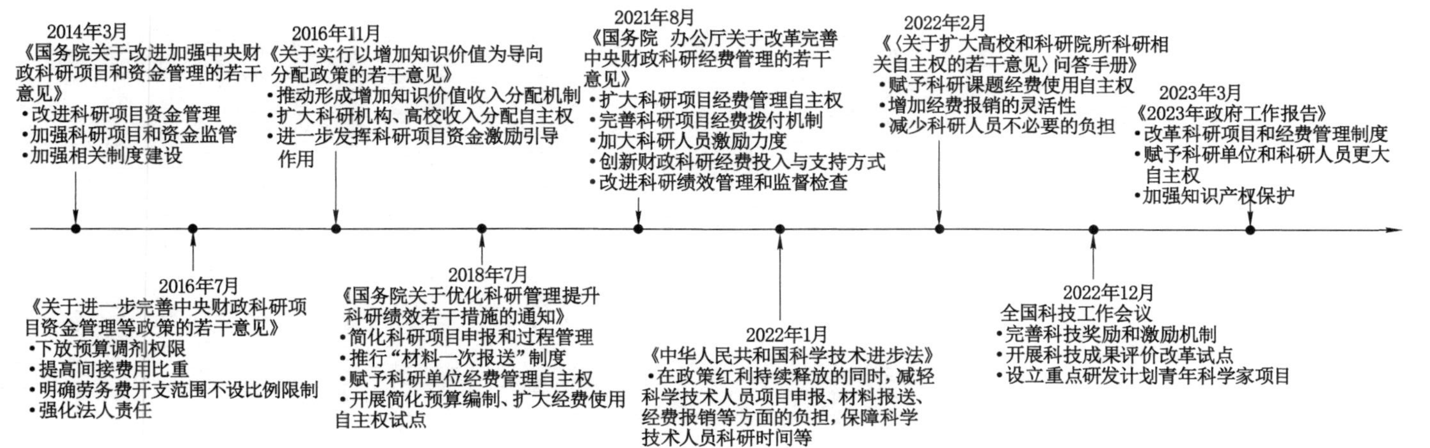

图1-2 健全阶段科研经费管理的代表性文件及主要观点

善科研项目经费拨付机制、加大科研人员激励力度等7个方面，提出25条“松绑+激励”措施，及时回应科技界关切，引发了社会各界特别是科技界热议，其中最明显的地方是提出了扩大科研经费管理自主权、提高间接费用比例、项目承担单位可将间接费用全部用于绩效支出等措施。从简化预算编制到扩大科研经费“包干制”实施范围，从改进结余资金管理到推进无纸化报销，从减少分钱、分物、定项目等直接干预到赋予科研人员更大的技术路线决定权和经费使用权，《国务院办公厅关于改革完善中央财政科研经费管理的若干意见》做足了“减法”，能减则减、应放尽放。2022年1月，国家施行修订后的《中华人民共和国科学技术进步法》，通过颁布问答手册、召开全国科技工作会议等途径，推进科研经费管理和使用自主权下放，使科研人员获得更多、更大的科研经费自主权。

在此阶段，我国科技政策和科研经费管理日趋科学化和规范化，科研经费管理政策逐步完善，明显呈现出由刚性管理向柔性化管理转变、由重视财务管理向重视人性化关怀方向转变的趋势，科研经费管理质量得到提高，经费使用绩效导向较为明显，政策内容在实践中得到充分应用。

1.5.2 科研经费管理演变分析

1.5.2.1 科研经费管理政策文件类型分析

我国科研经费管理的政策文件涉及多种形式，主要包括办法、规定、细则、意见、制度、通知等(图1-3)。国家出台的科研经费管理政策以意见、办法类文件居多，具体配套性政策措施相对缺失，导致科研经费管理执行力度不够，缺乏对经费用途的监管，使得科研经费管理政策出现不同程度的“目标悬空”现象。

从政策类型来看，“办法、意见、通知”类文件颁布数量排在前3位，分别占比37%、27%和17%，说明国务院及各部委主要承担国家科研发展相关战略的制定和部署，在科研管理活动中主要是宏观层面的指导；“制度、规定”占比不足10%，侧面反映出国家对科研项目经费管理的回应性和跟进不足。2019年，国家提出科研经费“包干制”，明确要重视科研人员在经费管理中的作用，加强科研经费“包干制”以帮助科研人员减负，激发关键核心技术的创新研发能力。

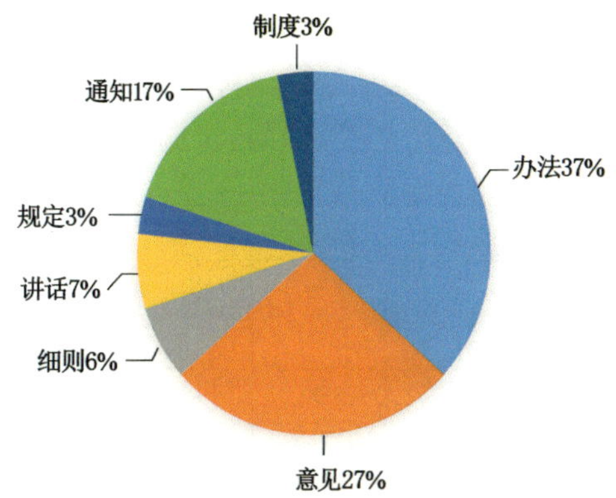

图 1-3　科研经费管理政策文件类型分布

1.5.2.2　词频统计与分析

为遵循科学性、完备性和准确性等原则，借助中国政府网、中华人民共和国科学技术部网站等，以“科研经费”“经费”为关键词，整理得到与科研经费相关的政策样本 35 份。利用 ROSTCM 6 软件，对筛选出的 29 项科研经费管理政策进行文本分词处理，剔除与政策分析无关的主题词，如“应当”“按照”“重大”等，形成有效的文档集并做词频统计，据此绘制政策文本关键词社会网络图谱。科研经费管理政策社会网络图谱见图 1-4。

从图 1-4 可以看出，“项目”“科研”“经费”“国家”“单位”等词语高频出现，客观验证了科研经费管理政策聚焦于科研经费改革及管理权下放等特点。按照词频高低排列，本书列出了前 60 个高频词。前 60 个高频词及词频统计见表 1-8。

表 1-8　前 60 个高频词及词频统计

序号	词语	词频	序号	词语	词频	序号	词语	词频
1	项目	1 496	21	费用	188	41	社科	117
2	经费	935	22	科学	178	42	绩效	114
3	科研	927	23	财政部	144	43	开支	108
4	单位	836	24	诚信	144	44	完善	105
5	管理	781	25	制度	141	45	基金	104
6	预算	467	26	主管	140	46	企业	100

表1-8(续)

序号	词语	词频	序号	词语	词频	序号	词语	词频
7	部门	389	27	编制	134	47	过程	95
8	科技	365	28	任务	133	48	评价	94
9	研究	360	29	财政	131	49	高校	93
10	国家	353	30	发展	131	50	实验室	92
11	课题	325	31	成果	130	51	标准	92
12	财务	309	32	调整	130	52	学校	91
13	人员	258	33	科技部	129	53	政策	91
14	专项	243	34	重点	127	54	评审	90
15	技术	229	35	事业	127	55	社会	86
16	创新	228	36	收入	124	56	资助	85
17	计划	206	37	机制	124	57	严格	83
18	支出	206	38	检查	122	58	资产	81
19	办法	197	39	机构	122	59	合理	81
20	资金	189	40	监督	120	60	规划办	80

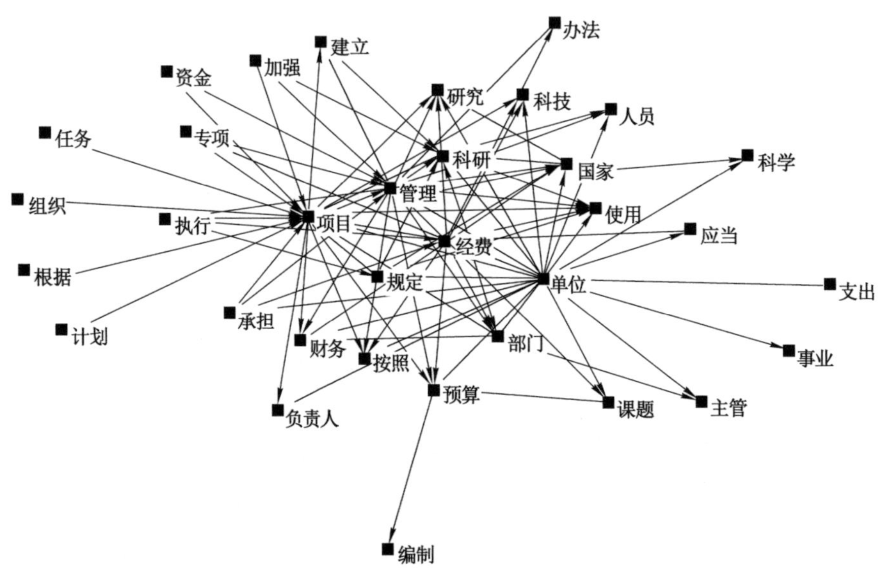

图 1-4　科研经费管理政策社会网络图谱

由表1-8可以看出，排名前10的词语依次为项目、经费、科研、单位、管理、预算、部门、科技、研究、国家，表明科研经费管理涉及的主体主要有国家、研究机构、各职能部门和单位，主要过程包括项目申报、预算编制、经费使用等。其他高频词体现出以下特点：一是在政策设计理念中，高频词有创新、发展，表明科研经费管理遵循创新发展、协调发展理念；二是从强化科研经费政策落实与管理来看，高频词有机制、完善、评价、收入、支出、开支、监督、检查、诚信，表明为了确保科研经费管理政策发挥显著成效，要从完善考核机制和审计监督机制、加强科研诚信建设等方面提供保障；三是从政策亮点来看，高频词有成果、基金、标准，表明科研经费管理与以往相比，更加注重政策柔性化和基础研究成果发表。

近年来，为了进一步推进科技领域"放管服"改革，我国出台了一系列政策措施和政策文件，在科研经费管理方面，体现出较新趋势：提出由预算制和报销制逐渐向"包干制"转化，给予科研人员更多尊重和信任，确保科研经费合理高效使用。这对调动科研人员的积极性具有重要作用。另外，对于直接费用中除设备费用外的其他科目费用调剂权全部下放给项目承担单位，赋予科研单位科研项目经费管理使用自主权。在创新绩效较好、创新能力较强、诚信良好的单位开展"绿色通道"改革试点，允许适当提高间接费用比例，对于创新绩效突出的团体和个人从稳定支持科研经费中提取20%以下作为奖励经费，补偿科研人员智力成本。科研经费管理与"互联网+"相结合，构建了各部门之间沟通交流平台，大多数高校及科研院所能够实现网络快捷报销，科技部门与财务部门也建立了沟通机制。

虽然我国科研经费管理制度及管理机制在不断完善，但科研经费管理中仍存在科研经费报销困难、经费管理条条框框过多、信息化程度低、监管机制复杂琐碎、灵活性较差等问题，从而致使科研经费使用绩效较低、部分科研人员积极性不高。针对目前我国科研经费管理存在的问题，对国外多个国家科研经费管理进行对比研究，以期寻找适合我国科研经费管理改革的可借鉴的方法。

既有研究成果前瞻性地拓展了科研经费管理理论框架，为本书的相关研究提供了较新视角和重要支撑。通过对国内外现有文献进行梳理和分析，本书认为以下四个问题应深入研究。

(1) 科研经费"包干制"改革的逻辑动因分析欠缺。在西方一些国家类似“包干制”的做法较为常见，例如美国以实验室为主体对科研经费进行包干，采取项目合同制，激发了科研人员的科研热情。由于国情不同，我国不能照搬西方的做法。长期以来我国科研经费管理主要采取预算制，与科研活动的不确定性、未知性等特征不相符，管理刚性较强，放权不到位，预算制已无法满足新时代要求。因而应从理论上系统研究科研经费“包干制”改革的逻辑动因，激发科研人员内在动力和热情。

(2) 科研经费“包干制”对科研人员所产生的创新激励效应研究不足。科研经费“包干制”是我国科研经费改革的一项新举措，此项改革如何动态影响科研人员积极性的机理尚不明确，试点后对科研人员所产生的创新激励效应如何，目前缺乏理论和实证研究。因而，应剖析科研经费“包干制”对科研人员激励的作用机理，并对创新激励效应进行测度。

(3) 清晰的科研经费“包干制”内容体系及具体包干方案有待完善。虽然我国在相关单位已开展科研经费“包干制”试点，明确了放权松绑的总体方向，但是对于包干的内容、范围、程度及具体包干方案尚不完善，需要对科研经费“包干制”内容体系及包干方案进行丰富和优化设计，以更好地激发科研人员的内生动力，产生更好的激励效果。

(4) 科研经费“包干制”的推进机制尚未形成。当前我国科研经费“包干制”顶层设计较好，社会各界非常赞同科研经费“包干制”，但科研经费“包干制”的“最后一公里”没有打通，相关系统理论研究滞后于实践发展的需求，很多项目承担单位还没有在真正意义上实施科研经费“包干制”，实践中亟待构建科研经费“包干制”的系统推进机制和辅助性政策。因而为避免实践中出现“一包就灵”“一包就放”或“一包了之”等现象，应深入系统研究科研经费“包干制”的推进机制和具体推进对策。

1.6 主要研究内容

1.6.1 研究对象

本书以部分高校和科研院所为研究对象，总结当前科研经费“包干制”试点及推行过程中存在的主要问题，通过测度科研经费“包干制”的创新激励效应，进一步优化设计科研经费“包干制”的内容体系和包干方案，构建科研经费“包干制”落实的推进机制。

1.6.2 总体框架及技术路线图

(1) 绪论部分。绪论部分主要包括八个方面内容。第一,研究背景。该部分阐述了我国科技活动的开展情况和科研经费近几年的投入和使用情况,并进一步说明了我国财政性科研经费是如何进行管理的。第二,研究意义。研究意义分为理论意义和现实意义,主要说明对我国财政性科研经费管理进行研究在学术上和实际应用上有什么价值。第三,国内外研究综述。该部分分别从财政性科研经费资助模式、预算管理、监督管理、绩效评价等方面对科研经费管理进行研究,在总结和借鉴其他学者的研究经验的基础上对财政性科研经费的柔性化管理进行具体研究。第四,回顾了科研体制改革的历程,总结了改革经验。第五,梳理了科研经费管理的政策演变,并对政策文件进行了分析。第六,主要研究内容。该部分主要包括研究对象、总体框架、重点难点和主要目标等。第七,研究方法。研究方法包括调查与访谈研究法、随机对照试验法、文献研究法等。该部分通过介绍柔性化管理、科研经费绩效基本概念及内涵,进而展开机理分析,采用上述研究方法进行实证分析,对规范研究提供支持。第八,介绍了研究的可行性分析及创新之处。

(2) 概念界定及基础理论。首先,本书对科研经费概念进行科学界定,并对其主要特征进行分析,进一步对科研经费管理模式进行分析。其次,介绍了“包干制”的概念,“包干制”主要包括经费用途包干、经费使用包干和项目实施包干三个方面。再次,介绍了绩效的相关概念,界定了绩效的含义,从定性和定量方面对科研人员的绩效进行了阐述。最后,本书介绍了科研经费柔性化管理中运用的相关埋论。

(3) 科研经费“包干制”实施现状及主要问题分析。首先,本书通过采用分层整群随机抽样方法,在全国范围内随机抽取样本(由省到市,根据研究需要按比例抽取适量的高校或科研机构),进行问卷调查,辅之焦点组座谈和个体访谈,获取数据资料。其次,本书基于前期资料分析及调研结果,运用动态博弈理论方法分析科研经费管理中多元主体的演化博弈行为,总结科研经费刚性管理所产生的各类乱象、原因及规律,分析科研经费管理重点需求。最后,本书从管理制度缺陷、主体缺陷、客体缺陷等方面分析科研经费管理中刚性管理所带来的风险，绘制具体风险源图谱，揭示科研经费腐败“生态链”。

(4) 科研经费“包干制”对科研人员创新激励效应的作用机理分析。本书首先从组织行为学和心理学角度探寻科研团队及科研人员进行科研活动的内生动力，分析影响科研人员积极性发挥的关键因素；其次分析科研经费“包干制”改革与创新激励效应二者之间的重要中介变量和调节变量，剖析科研经费“包干制”改革对科研人员的作用机理，总结科研经费管理政策演变对科研绩效的作用机理和规律；最后结合相关激励理论，通过逻辑推理构建科研经费“包干制”改革对科研人员产生创新激励效应的作用机理和计量模型，为实证研究奠定基础。

(5) 科研经费“包干制”所产生的创新激励效应测度。本书以研究内容为基础，采用随机对照试验和双重差分倾向得分匹配法测度科研经费“包干制”开展试点后的政策效果。本书首先采用德尔菲法构建创新激励效应的测度指标体系及其指标权重；其次建立实验组(随机抽取科研经费“包干制”部分试点单位)和对照组(随机抽取部分未实施科研经费“包干制”单位)，通过对两组样本对象进行再次深度调查和访谈，建立样本数据库；最后动态优化一般均衡模型，将实验组和对照组细化为四组子样本(即科研经费“包干制”试点前的处理组、科研经费“包干制”试点后的处理组、科研经费“包干制”试点前的控制组和科研经费“包干制”试点后的控制组)，采用双重差分倾向得分匹配法(PSM-DID)对比分析科研经费“包干制”所产生的创新激励效应。

(6) 科研经费“包干制”方案优化设计。为明确课题管理部门、承担单位和课题负责人之间的权责关系和包干范围，提升科研经费“包干制”的创新激励效应和科研绩效水平，以信任和激励为出发点优化设计科研经费“包干制”内容体系和包干方案。本书从时、空两个维度展开研究：一是从时间维度深入分析科研经费“包干制”的历史渊源和时代嬗变，总结历史经验；二是从空间维度根据自然科学和社会科学不同特征，将学科差异、学校差异纳入考虑范围，基于科研项目的跨学科、跨单位和联合攻关等特征，优化科研经费“包干制”内容体系，明确科研经费使用范围，设计符合实践需求的具体包干方案(拟从模块式资助包干、单项包干、以实验室为主体包干、以个人为主体包干等方面进行优化设计)，充分激励科研人员,提升科研绩效。

(7) 科研经费“包干制”推进机制构建与对策建议。科研经费“包干制”的推广要破旧立新就会与相关政策产生碰撞,涉及部门多,难度大,应遵循试点起始、局部推广和全面推进三阶段的规律来开展。本书总结了国外科研经费管理的成功经验,为我国推进科研经费“包干制”提供国际借鉴,并基于复杂系统理论构建了六大推进机制。一是考核机制。为提升科研经费使用绩效,需要强化主体责任,加强绩效考核,优化考核指标体系和考核方法。二是激励机制。激励机制具体包括科学测算科研人员的隐性付出价格和间接经费比例,释放政策红利;根据考核结果进行后补助和二次奖励;为鼓励科研人员潜心基础研究,探索以科研经费“包干制”为基础的延续资助。三是容错机制。科研活动具有周期长、不确定性等特征,传统预算制过于刚性,需要设计弹性化的容错机制。四是人性化审计与监督机制。在科研经费监管过程中,要体现人性化特征,重视过程监管和后续追责。五是防控预警机制。为确保科研经费“包干制”稳步推进,需要对包干过程中的风险点进行动态识别与预警、跟踪监控与动态处理。六是协同机制。应构建包括管理部门、高校和科研院所及个人在内的多主体协同机制,形成合力,在试点中优化,在优化中推进。另外,本书提出了科研经费“包干制”推进的保障措施和对策建议。

本书从不同学科类型、不同科研阶段等方面提出科研经费“包干制”的内容体系和方案、推进机制及相关对策实施的保障措施,以期在实践中能够尽快推进科研经费“包干制”,使广大科研人员能够享受到科技政策改革带来的红利,促进我国科技资源优化配置,为实现我国高水平自立自强奠定基础。

总之,本书以我国科研经费改革需求和科研经费“包干制”试点中存在的相关问题为切入点,运用随机对照试验法,通过创新激励效应测度、科研经费“包干制”内容体系和方案优化设计、推进机制构建等环节,最终实现科研经费“包干制”落地推广、激发科研人员内在动力等目标。本书的基本研究思路如图 1-5 所示。

1.6.3 重点难点

1.6.3.1 研究重点

一是具体测度科研经费“包干制”产生的创新激励效应。目前学术界部

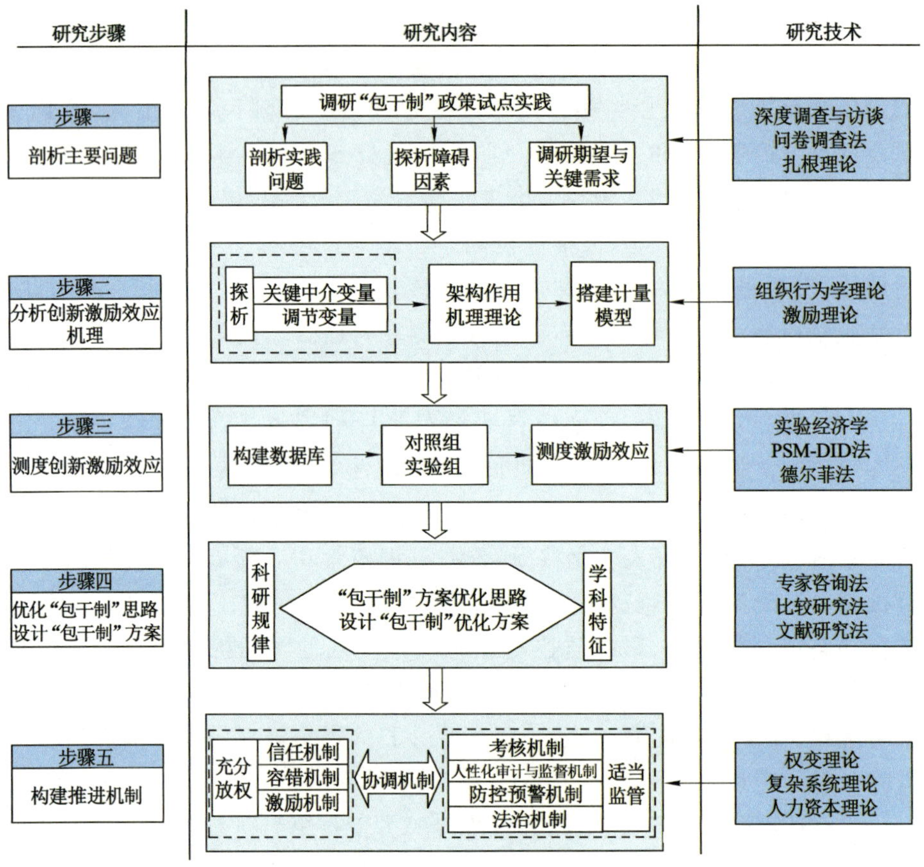

图 1-5　基本研究思路

分研究成果主要是定性分析科研经费"包干制"的意义、作用及相关对策建议,对于该项科技政策改革到底会带来多大程度的激励效应和科研绩效水平等缺少实证研究。本书通过实证研究,重点分析科研经费"包干制"所产生的创新激励效应和科研绩效。二是优化设计科研经费"包干制"内容体系和具体包干方案。当前,虽然我国总体上明确了包干的方向,且在不同类型的科研项目中进行了试点,但是对于不同学科、不同科研阶段特征的具体包干方案或体系比较欠缺,因而需要对切合实际的包干方案和内容体系进行思考和研究。三是根据实践需要,科学提出科研经费"包干制"推进机制。虽然当前实践界和学术界已经达成共识,认为科研经费"包干制"具有重要意义,但是在实践中推广难点和堵点还是比较多。本书重点设计推进机制和对策建议及保障措施，促使科研经费“包干制”早日在实践中进行推广。

1.6.3.2 研究难点

一是获取实验组和对照组数据难度大，拟通过访谈和调研解决。本书的研究课题自2020年9月份获批以来，因受新冠疫情影响，在线下调研和访谈、参加国内外学术会议等方面受到了较大影响，数据采集方面存在较大困难。本书课题组积极转换研究思路，通过微信、电话和短信、问卷星等方式采取线上访谈和调研，尽可能获取翔实数据资料；二是采用PSM-DID法对创新激励效应进行实证分析。本书在研究过程中尝试通过PSM-DID法实证分析科研经费“包干制”给科研人员所产生的激励效应，在研究过程中，实证分析方面还存在一定的难度。本书课题组通过搜集、吸收消化大量理论资料以及通过咨询相关领域专家等方法来解决这些难点。

1.6.4 主要目标

1.6.4.1 理论目标

本书通过分析相关影响因素，探明科研经费“包干制”对科研人员的作用机理，建立符合国情的科研经费“包干制”逻辑理论框架；探索适应科研院所、高校特征的科研经费“包干制”内容体系、科研经费“包干制”方案和推进机制，为推行科研经费“包干制”提供理论依据。

1.6.4.2 应用目标

一方面，本书的研究成果（即科研经费“包干制”的具体包干方案和体系）有望在高校和科研院所进行推广和应用，以创造宽松自由的学术环境，调动科研人员积极性、焕发科技创新的热情和活力，产生创新激励效应，提高科研经费使用效率。另一方面，本书所提出的推进机制、相关对策建议和保障措施等可为高校和科研院所全面推进科研经费“包干制”提供借鉴和参考。

1.7 研究方法

1.7.1 调查与访谈研究法

本书随机抽取科研经费“包干制”试点单位，采用问卷调查和访谈相结合的方式调查科研经费“包干制”实施总体现状和存在的主要问题，分析障碍因素，归纳管理层面和科研人员层面对科研经费改革的重点需求。由于受到新冠疫情影响，原本计划开展大规模线下调查较为困难，后经过课题组探讨，主要采用线上调研和访谈，通过与高校、科研院所及企业界相关专家进行访谈调研，就科研经费管理有关问题和对策访问相关科研单位财务管理人员、科研资产管理人员、审计人员、科研项目负责人、项目组成员及财务管理专家等，为科研经费“包干制”落地推广提供新的不同思考角度。

在本书研究过程中，共发放问卷200余份，同时为深入了解科研人员对科研经费“包干制”的直观理解和意见建议，课题组主要采取访谈方式开展研究，前后通过线上会议和线下会议、面对面访谈各类高校和科研院所的各类人员约300人，尤其是在调研后期通过各类会议开展大规模访谈，获得了宝贵的第一手资料。

1.7.2 随机对照试验法

本书基于随机对照试验法建立实验组和对照组，并采用双重差分倾向得分匹配法(PSM-DID)分析科研经费“包干制”对科研人员所产生的影响。倾向得分匹配法(propensity score matching，PSM)是当前经济学界用来处理自选择偏误的主要工具，经常和双重差分法(differences in differences，DID)进行组合使用(PSM-DID)。

1.7.3 文献研究法

文献研究法是一种常用的科学研究方法，在社会科学领域被广泛采用。本书研究中对国内外发表和出版的科学论文、著作、相关的学位论文等进行查阅，并结合网站资料数据加以综合分析，即对当前科研经费管理有关研究成果进行文献上的整理概括、演绎和推理，以剖析科研经费管理中的症结所在。

1.8 可行性分析及创新之处

1.8.1 可行性分析

(1) 研究目标明确，内容设计合理，研究方法恰当，技术路线可行。本书立足前沿和实践问题，源于当前我国科技管理体制改革领域亟待解决的科研经费管理这一重大现实问题，结合本书的相关研究课题申请人前期的科研成果，以实现科研经费“包干制”落地推广见效、激发科研人员内在动力为目标，研究内容和方案经过科学设计和反复论证，研究方法科学合理，技术路线清晰，因而本书的相关研究具有迫切性和重要性，结合公共管理学、公共经济学相关学科领域知识，具有一定的理论可靠性和现实可行性。

(2) 研究团队结构合理，研究基础良好。团队成员在职称、学科和知识等方面结构合理，成员中有2名正高、2名副高、1名高级工程师、1名讲师、1名博士生、4名硕士生，均具有公共经济学或公共管理学学科背景。本书的研究方向主要集中在公共管理和财务管理方面，团队前期研究基础较扎实。本书的相关研究课题申请人具有承担国家级和省部级课题研究经历，主持完成国家社会科学基金一般项目1项，省部级项目10项，厅局级项目8项，在CSSCI来源期刊公开发表学术论文30余篇，出版学术专著3部。

(3) 所需要的文献和数据来源有充分保障。本书的相关研究课题申请人及课题组成员能够动态掌握该领域学术前沿，前期已查阅400余篇国内外重要期刊文献，并围绕科研经费管理开展了大量的调研和访谈(尤其是通过线上方式进行详细访谈，如对清华大学、中国科学院大学、浙江大学、南京大学、南京理工大学、西安交通大学、华南理工大学及上海科学技术政策研究所等高校、科研院所内的一批专家学者进行翔实访谈)，建立了资料数据库，有关部门同意课题立项后在课题调研、数据获取等方面提供支持。本书的相关研究课题依托单位拥有现代化的图书资料系统，资料保障充分。

1.8.2 创新之处

(1) 学术思想和学术观点方面。① 科研经费“包干制”改革应立足于创新型国家建设和科研生态优化需要，遵循试点起始、局部推广和全面推广三阶段的规律来开展，做到“包干制”与“放管服”相结合，促进科研经费“包干制”落地生根，以激发科研人员内在动力，提升科研经费使用的整体效能，提高科研成果质量和效益。② 在实施科研经费“包干制”过程中，应采取刚柔并济的方式，在不触犯相关法律规章制度底线、科研经费使用红线的前提下，做到应放尽放，促进科研经费使用权下移，在坚持相关制度刚性管理的前提下，尽量实施科研经费柔性化和人性化管理，充分释放科研人员潜能，调动科研人员积极性，使其愿意进行科研、能够安心和精心进行科研。

（2）研究方法方面。采用随机对照试验法和 PSM-DID 法进行研究。随机对照试验法最初用于医疗卫生领域，是对某种疗法或药物的效果进行检测的一种工具。随机对照试验法的基本思路是将研究对象随机分组（实验组和对照组），再对不同组实施干预，以对比分析不同效果。本书基于随机对照试验法构建实验组和对照组，并进一步划分为四组子样本，即科研经费“包干制”试点前的处理组、科研经费“包干制”试点后的处理组、科研经费“包干制”试点前的控制组和科研经费“包干制”试点后的控制组，采用 PSM-DID 法进行对比分析科研经费“包干制”所产生的创新激励效应，并对结果进行稳健性检验，有效测度科研经费“包干制”改革对科研人员的影响。

（3）研究内容方面。① 创新性地对目前科研经费“包干制”所产生的创新激励效应进行实证分析，以证实科研经费“包干制”改革的重要意义。② 创新性地构建科研经费“包干制”体系和内容。从不同学科、不同项目类型等角度构建科研经费“包干制”体系和具体内容。主要从学科分类、人才类别、实验室类别、科研活动不同阶段尝试性地提出科研经费“包干制”方式，避免包干过程中产生“一刀切”问题，为高校和科研院所推行科研经费“包干制”提供借鉴和参考。③ 系统性地构建科研经费“包干制”推进机制。从多个层面、多个角度提出科研经费“包干制”推进机制并系统分析机制之间的相互关系，为深入推进科研经费“包干制”提供方案。

Chapter 2

第 2 章

概念界定及基础理论

本章介绍了科研经费、科研经费“包干制”、绩效和激励效应等基本概念，同时为本书的相关研究提供了基础理论支撑和科研经费管理模式，并力争在理论上为科研经费管理提供依据。

2.1　科研经费

2.1.1　科研经费的概念

科研经费是科学技术事业和科研活动的原动力，主要分为纵向科研经费和横向科研经费。科研经费总体包括科研项目在研究与开发过程中产生的所有直接费用和间接费用，一般包括人员费、设备费、技术引进费、知识产权保护费、设备设施费等费用。科研经费是开展科学研究、推动创新工作的重要基石，其投入规模和投入结构能够积极影响科研规模和成果产出，为科技事业发展提供坚强的经济保障。

纵向科研经费是指通过承担国家、地方政府常设的计划项目或专项项目取得的，具有公共性质的项目经费，政府财政拨款是纵向项目的主要经费获得渠道，因而也称之为财政性科研经费。横向科研经费是指承接企事业单位的科技协作、转让科技成果、科技咨询及其他涉及技术服务的项目。

在我国，科研经费来源渠道较广泛，除政府以外，企业、社会捐赠、第三部门等都是科研经费的投入主体。科研经费投入可以切实提高我国基础性研究的科技创新能力，突破重大科技攻关及“卡脖子”问题，以此推动我国科技强国目标的顺利实现。在本书研究中，财政性科研经费的主体是政府，因政府资源的公共性和有限性，科研经费的分配需要对学者进行不同程度筛选，根据学者们的科研实力和科研方向选择合适的受资助人员，以使科研经费能够真正分配给有潜力、有实力的科研人员，并以此作为“撬棍”吸引外部支持，发挥科研经费最大效用并不断反复形成良性循环。

我国正处于高质量发展的重要时期，加大对科研经费的投入是社会发展的需要。高校作为重要的科研部门，是学术界关注的重点。高校科研指高等学校的科研人员，包括教师和学生基于高校平台所进行的科研活动。高校在国家科技创新领域扮演着重要的角色，其科研活动具有明确的目的性，在时间、预算、资源有限的情况下，依据一定的规范进行。由于高校集教学、科研于一体的职责特殊性，其科研活动也具有科研与教学相融合的特点。根据相应的学科性质，高校的科研项目分为自然科学类项目和社会科学类项目。相比于其他科研机构而言，高校综合性较强，因此在科研活动中既能够保证专业性,同时又能够建立学科间的交叉。另外,高校的实验室平台等硬件支撑、优秀人才与科研氛围等软件支撑,都为高校进行重大综合性科研活动打下了基础。

高校科研经费,指高校进行科研活动的专项经费,由政府、企业、民间组织、基金会等作为项目发起方,高校教职工为获得项目、解决特定问题,结合自身研究方向和已有研究经验,编写项目申请报告,以学校的名义或利用学校的资源进行申请,政府、企业等项目资助者根据申请者前期工作情况和申报书,选择合适的受资助者并对项目进行立项。高校科研经费作为一项专用于科学研究的资金,主要为财政性科研经费,是科研项目的重要组成部分。为了保障科研活动顺利进行和推动科研成果顺利产出,需要对科研经费进行全过程监督管理。高校科研职能部门、科研项目的总负责人以及项目组的各个成员需要进行协同合作来保证提高科研经费使用的有效性。科研经费并不能直接转化为经济效益,因此高校科研经费具有一定的隐含价值,科研成果产生的社会效益和经济效益不会直接、迅速地体现出来,而是经过一段时间的市场化后才能转化为收入。

2.1.2 科研经费的特征

从广义上讲,科研经费是指用于支持科技发展的费用,它通常拥有政府、企业等多个委托方,通过委托、筛选立项等方式选择科研人员划拨经费,以激发科研人员的积极性,解决特定科学和技术问题。众所周知,科技是经济社会发展的第一生产力。世界上多数国家对科研经费的投入非常重视,科研经费投入强度可以反映一个国家或地区对科学研发的重视。科研经费体现出主观性、公开性、规范性、阶段性和行政性的特点。

2.1.2.1 主观性

高校科研经费是由政府、企业、民间组织、基金会等进行资助,主要用于支持高校及其下属的科研院所的科研活动,从而产出科技成果,培养科技高水平人才。科研人员的行为受到科研资助方的影响,资助方因其资金优势对科研活动具有绝对的主导性,即项目的立项和选择需要遵循资助方的意愿和计划,科研人员需要向资助方提供合理的预算清单。在项目实施与结项时,科研人员也同样会受到相关部门的审查,项目的全过程都有着规范的操作程序。科研经费的使用应该遵照拨付主体对该经费的要求进行安排，与此同时，拨付主体为提高经费的使用效率应制定科研经费资金使用政策。高校科研经费的获取和应用事关国家各部门与行业的发展，国务院及其下属部门应采取部门协同等方式联合参与科技政策尤其是科研经费管理政策的制定。此外，科学技术部要全程参与政策的制定并对政策效率和公正性进行监督。由于科研项目的资助费由科研职能部门来决定，因此科研经费管理具有较强的主观性。

2.1.2.2　公开性

科研经费体现了政府对支持科技发展、创新驱动的重视。由于政府资金是由税收、国有资产收益、国债等构成的，所以科研经费使用的全过程都需要接受公众和管理职能部门的监督，做到经费使用公开透明，最大限度发挥科研经费的“杠杆效应”，实现经费利用最大化。2006 年，财政部、科技部共同制定了一系列相关经费管理办法，指出应该积极推进信息公开，不仅要公开申请科研经费项目组人员的相关信息，而且要公开科研经费项目申请书中的细节信息，包括费用明细、项目所需设备购置、经费预算情况等。除了涉密信息外，财政部计划并安排将信息进行公示，逐渐建立现实可行的课题绩效情况公示制度。公开时，不仅对项目申请信息进行公开，同时也对违规申请科研经费的行为进行公开，以对其他学者起到警示作用。在研究科学技术的同时，把握科研经费原则，接受单位及公众的监督。

2.1.2.3　规范性

科研经费是由政府组织筛选拨款，具有较强较细致的规范性，为规范科研经费的管理，国家制定了《关于进一步完善中央财政科研项目资金管理等政策的若干意见》《关于调整国家科技计划和公益性行业科研专项经费管理办法若干规定的通知》等规定意见，争取每个问题规范化、落到实处，规范课题经费的支出范围。课题经费分为直接费用和间接费用，直接费用一般指科研过程中直接相关性支出的费用，主要包括材料费、设备费、差旅费、劳务费、专家咨询费、会议费、国际合作与交流费等 10 类支出。直接费用中每个科目的支出都有严格的规定，每个科目的预算不得超过它的上限，这使得课题负责人需要在范围内合理地预算经费科目的预算支出。间接费用是课题组不能直接用于组织和实施项目的成本，主要包括相关的管理成本和费用。

间接成本主要取决于研究主体和资金，基于项目负责人协商后确定的金额决定了最终的预算支出。

2.1.2.4 阶段性

科研经费的管理通常是按照不同阶段来执行的。在申请科研项目时，需要进行预算编制，其中包括专项资金、自筹资金和经济指标完成数。在科研项目立项后，需要进行相应的会计核算。会计核算分为会计制度核算和会计准则核算两种类别。在科研项目结题验收时，需要进行专项审计，依次经历按照国家、省、市库中的审计结构聘请符合条件的会计师事务所对项目资金进行审计、前期准备与过程配合、沟通与交换意见、解决分歧、审计披露问题、出具正式的审计报告等流程。根据任务书(合同)、预算书、预算调整资料、监督检查资料(中期评估)、内部制度与流程、专账核算、会计凭证和原始凭证等材料对审计对象的内控制度建设与法人责任制的落实、会计核算(专项经费纳入单位财务统一管理、单独核算、专款专用、核算方法与会计科目使用)、经费外拨(违规外拨和合作单位应拨未拨)、经费支出、预算调整、结余经费等情况进行审计。因此，在科研经费的每一个管理阶段都需要有相关的政策制度和管理流程来约束科研人员，这在一定程度上也体现了科研经费阶段性的特征。

2.1.2.5 行政性

基于国家的科技发展战略需要，国家每年都会从财政划拨一定数量的经费用于支持科学研究活动，以此推动国家科技发展。对于纵向项目，课题负责人统筹负责项目申请和科研经费管理。政府部门需要根据项目申请情况，合理选择申请人和划拨经费，并对申请人进行全过程监督，申请人与政府之间的关系具有行政性质。项目申报的程序需要符合相关规定，经费严格按照预算编制支出，项目结束时政府职能部门会对预算执行情况和项目支出情况进行审计，以此保障财政资金使用合理、有效。项目的总负责人应严格按照政府的有关规定，规范使用科研经费，对科研经费支出的合理性和合法性负责，经费使用不得超出项目的科研范围，一经发现存在科研腐败等行为，应自觉接受政府部门的审查及后续的相关行政处罚。

财政性科研经费具有较强的行政性，属于典型的公共产品，来源于国家财政，接受行政监管和审计，以确保科研经费真正用于科学研究活动。

2.1.3　科研经费的管理模式

高校科研经费由于资金的来源和性质不同,可以划分为纵向科研项目、横向科研项目、自筹配套项目,三者的区别如表 2-1 所示。

表 2-1　科研项目分类(按资金的来源和性质)

科研项目分类(按资金性质)	定义	立项	资金拨付	资金管理	管理形式	经费管理复杂程度
纵向科研项目	承担国家各级政府委托的科研项目,分为国家级、省部级和市级(不含县级)课题	一般由财政拨款立项	先行拨付项目和后续补助项目	拨付至高校后,必须全部纳入高校财务统一管理,单独核算,专款专用,接受上级相关部门、科研经费资助部门和学校的监督和检查,任何单位和个人无权截留和挪用	一般采用课题制	较复杂
横向科研项目	承担企事业单位科研合作、科研咨询、科研成果转化等所取得的专项经费和合作经费	一般由企事业单位出资立项	合作单位直接拨付给学校	必须全部纳入高校财务统一管理,单独核算,专款专用,接受上级相关部门、科研经费资助部门和学校的监督和检查	一般采用合同制	复杂
自筹配套项目	为保证项目的顺利进行,配套立项的启动经费	高校配套立项	高校自筹资金给予相应配套	高校通过自身途径进行筹集,并纳入统一管理	—	一般

《关于进一步完善中央财政科研项目资金管理等政策的若干意见》明确指出在管理科研经费时,坚持“放管服”的管理方式。我国目前科研经费管理模式分为纵向管理模式、横向管理模式及自筹配套管理模式。科研经费在各个学校的管理模式有所不同,本书主要分析纵向管理模式和横向管理模式。

纵向科研项目一般带有一定的指导性,是指国务院各部委及各级地方政府计划安排的科研项目。纵向科研经费属于财政拨款性质,主要由国家、部委、省市等各级政府科研管理部门作为项目发起方,由对应的科研主管部门拨付给高校科研人员,其项目必须按照一定的程序依托于高校,用于国家基础研究项目,包括"863"计划项目、"973"计划项目、国家自然科学基金、国家社会科学基金等。纵向科研经费的公共性使得政府会通过政策法律等方式规范该经费的使用,项目的主管部门负责预算批复和开支比例裁定,同时依法对经费使用进行审计与监督。与横向科研经费相比,纵向科研经费的资助经费较多且不易获取,往往被认为是个人和高校科研实力的体现。纵向科研经费的数量和质量可以衡量一所高校的科研实力与水平,在现有的科研绩效评价中,纵向科研经费占有相对更高的权重。

在科研经费管理中,可以将纵向科研经费理解为科研经费的管理权限集中于上级职能部门,上级职能部门严格按照经费管理流程,监管经费使用和科研人员行为,但在一定程度上也制约了科研人员的科研热情。为保证科研经费使用效用、扩大科研自主权,2021 年国务院办公厅印发《国务院办公厅关于改革完善中央财政科研经费管理的若干意见》,要求简化预算编制,按照三大类一级科目编制预算,使得预算编制更为人性化、更符合科研研究的性质。与此同时,将预算的调剂权进一步下放给承担项目的单位,预算与实际支出情况的限制进一步放松,科研人员不再疲于应对由于预算与费用之间差异较大而造成的审计,科研积极性和产出能力进一步提升。财政性科技资源可以根据投入项目时的性质分为直接费用和间接费用。直接费用的比例往往要高于间接费用,适当提升间接费用的占比,扩大科研活动的灵活性,使其更符合科研的性质。此外,也可根据项目的性质和地区特点,适当提升间接费用中科研人员的福利费,通过直接和间接的方式提高科研人员的积极性和主动性,在一定程度上也提高了科研人员的绩效产出。但增加科研绩效产出应避免盲目性,要理顺间接费用支出与科研绩效提高之间的关系并进一步实施相应措施。劳务费是在非雇佣关系的情况下,对科研活动付出人力、物力等劳动形式的劳务所得,科研项目的立项至结题,除申请人付出努力之外,科研团队尤其是研究生和科研辅助人员的付出与劳动也是巨大的。《国务院办公厅关于改革完善中央财政科研经费管理的若干意见》要求,预算编制中不再设劳务费比例限制,可按实行情况和团队成员的工作难易、完成程度等方面综合评定团队成员个人绩效并发放劳务费。除此之外，该意见就项目完成后的剩余经费也同样进行了一定的优化处理，原有的科研经费管理由 6 月份后获得，必须在年终花完，否则收回转变成了年底的结余资金才可进行结转，留作后面使用。科研项目验收合格后，剩余经费会留给单位，用于项目结束后 2 年内的相关直接费用支出，如果 2 年后科研项目资金仍有剩余，则按照科研经费的有关规定收回。

我国的创新驱动发展战略和国家科技体制改革强调政产学研深度融合，共同实现创新型国家的建设目标。在课题负责人申请课题时，首先要关注国家经济社会的发展走向，通过研究推动国家经济社会更高质量、更高速度发展。财务审计部门及科研相关部门是科研项目运行中科研人员接触最多的部门，更加注重科研经费使用的合理性与合法性，以财务和审计制度规范经费支出，防止科研腐败行为；科研部门则更加强调科研的效率和质量，两者的目标与观念存在冲突，造成科研人员和项目多头管理。统一两者目标，加强科研与财务部门的沟通与交流，整合科研经费与科研活动管理，为科研活动提供资金上的支持，推动科技成果转化能力的提高，使得科研成果与经济社会发展不断相互促进，从而形成科研与经济发展的良性循环。

2.2　科研经费“包干制”

科研经费“包干制”是指政府在财政性科研项目经费管理中将科研资金的使用自主权更多地下放给项目承担单位和项目负责人，不预设支出科目限制及科目间支出比例限制，由项目负责人基于经费管理、科研成果、科研团队的稳定性、科研伦理道德和作风诚信等要求，根据科研实际需要自主决定经费使用方向的管理方式。

“包干制”对科研经费管理体制改革提出了新的思路。从制度设计来看，“包干制”有助于打破经费比例的长期调整和严格管理框架，使科研资金更加符合实际支出需求；从经费管理来看，“包干制”有利于科研经费得到有效统筹，科研项目组可以针对自身研究特点，设计一套合理的经费使用流程，减少不必要的行政审批程序，使职能部门的工作重心更有效地集中在服务监督上。科研经费“包干制”中的包干可从经费用途包干、经费使用包干、项目实施包干三个方面进行理解。

2.2.1 经费用途包干

首先，应充分尊重科研性质和规律，根据科研活动的实际情况据实开支即可，科研经费的支出科目和比例可以柔性调整。其次，可扩大课题负责人的经费管理和使用权。最后，无须按照明细科目编制预算，在项目各个阶段只需要确定财政性科研经费的总额，这样，科研人员可从繁杂琐碎的预算编制中解脱出来。

2.2.2 经费使用包干

强化项目负责人责任制，实行项目负责人签字报销制，简化报销流程。在对项目负责人充分放权的基础上，强化项目负责人责任制。项目负责人需要签署科研诚信和防止科研腐败承诺书，同时可以自主调整项目技术路线、实施方案、项目组成员，提升其科研责任感。科研项目的实施需要科研人员自身遵守法律法规和科研道德规范，不得将科研经费用于非科研项目实施的其他方面。

2.2.3 项目实施包干

项目负责人可以在不改变项目指标的前提下，自主调整项目实施方案、项目参与成员等。此外，应强化法律监督与检查的作用，项目承担单位应当根据国家法律法规及经费管理相关条例认真履行科研经费支出审核、科研人员行为监督的责任与义务，严格监管经费支出与使用情况，依法依规开展财务审查，一旦发现科研人员在项目实施中存在违法行为，将报送司法机关，经审查核定后严肃处理。在项目实施期满后，项目承担单位也应对科研项目实施情况开展评价，作为后续继续支持和奖惩科研人员的依据。对于经费结算、人员考核等相关信息，项目承担单位应自觉披露给单位内部的科研人员并接受其监督。此外，国家自然科学基金委员会(基金委)还应定期对科研项目实施情况和科研经费使用情况展开抽查。

随着直接经费和间接经费比例不断优化调整，经费调剂权、使用权下放，科研人员获得的自主权不断扩大。学术界研究表明，我国科研经费管理政策的宽松和灵活程度已经在很多方面超过了一些发达国家。科研经费

“包干制”界定了科研项目承担单位和科研人员的权责，使科研任务与科研经费使用直接挂钩，在合理权限范围内最大程度提高科研经费利用率，产生最大效益。

（1）科研经费“包干制”的实施跳出了科研经费管理的既定框架。长期以来，科研经费的管理较为刚性，存在人为设置科目比例限制的行为，不符合科学研发的特质，给财务管理和科研活动带来了困扰，造成了资金的巨大浪费；同时，引发了科研人员的道德困境，存在“用打酱油的钱来买醋”的现象。科研经费越来越充盈，却无法很好地用在刀刃上。科研经费“包干制”的实施，为科研经费注入柔性管理因素，以此应对科研活动的不确定性，从而解决“有钱不能花、有钱不好花”的问题。

（2）科研经费“包干制”的实施改变了科研经费的预算管理模式。科研经费“包干制”下，项目负责人在申报科研项目时，不再编制明细经费预算，只需要提供项目资金需求总额。科研经费下达后，也不再像以前那样严格按照明细科目预算安排支出，而是根据实际需要，在规定的开支范围内自主安排使用，实现了由刚性管理向柔性管理的转变。

（3）科研经费“包干制”的实施有助于“放管服”改革政策的真正落地。科研经费“包干制”的实施是“放管服”改革的深入，可谓松绑再松绑，放权再放权。比如，包干试点项目不再分间接费用，学校与项目负责人协商确定管理费用提取比例，项目负责人根据实际需要按照现行工资制度要求自主确定绩效支出，等等。这些举措将有助于改革政策真正全面落地。

（4）科研经费“包干制”的实施大大减轻了科研人员的压力。科研经费“包干制”给了科研人员更大的自主权，是对科研人员的充分尊重和信任。改革的最大成效是大力减负增效，把科研人员从编制繁杂琐碎的预算和报表以及复杂的报销审批程序中解放出来，让他们有更多的时间、精力，潜心投入科研、创新突破。

总之，要进一步发挥创新主体国家队作用，持续推进战略科技与战略人才力量以及战略科技任务一体化改革，顺利实施科技体制改革 2021 年至 2023 年三年攻坚方案，进一步优化项目形成机制改革，强化目标管理属性的评价方案，全面贯彻和落实科研经费政策改革的新要求，更好地探索科研经费“包干制”的可操作性方案，以进一步增强科研人员的获得感和满足感。

2.3 绩效与激励效应

2.3.1 绩效

"绩"是指成绩,"效"是指效果,绩效是指个人或团队组织从事一项活动得到的成绩和效果。绩效具有成绩和效益两个方面的含义,可以反映公共资源和权力投入与产出的关系,在活动中投入各方面的要素后,得到相应的产出,产出的结果能够达到绩效指标,同时绩效也涉及产出和结果的合理性、有效性。学者们围绕绩效的定义,分别从绩效结果、行为和能力三个角度展开研究。

从结果角度上讲,绩效可以等同于结果,这一论断深受目标管理理论的影响,是目标管理理论影响下的产物。Bernardin 等认为绩效是一段时间内工作或活动的产出,与组织的战略目标、顾客满意度及成本等密切相关,各部分工作绩效的总和构成了整体绩效[71]。Lebas 等倾向于关注最终的产出是否达到了组织预期的战略目标,对于过程性因素不予过多考虑[72]。龙晓云将绩效看成一种源于某些产品、服务和过程的输出结果,认为绩效可以作为衡量预期目标实现程度、标准值等横向和纵向比较的评价变量[73]。Hedjazi 等以论文、项目数量和质量以及专利申请数量作为衡量科研绩效的标准。基于结果作导向的绩效理论进一步明晰了科研人员的目标,但科研存在不确定性,科研结果产出也具有偶然性,过分强调结果导向,会造成科研人员将研究集中于短期内可以产出结果的科研项目,易忽视基础研究、"卡脖子"技术等短期不易出成果的研究[74]。

从行为角度上讲,绩效体现的不是最后显现出的结果,而是过程和行为中组织或个人为实现目标所作出行为的总和。Becker 等认为绩效是个人或组织的活动过程,其行为与目标之间密切相关[75]。有学者提出科研工作具有不确定性,科研工作的结果不以个人意志而改变,在很多情况下不可控因素会改变科学研究的结果,在科研过程中科研人员个体的行为也可能与目标相违背,所以需要利用与目标相符合的行为衡量科研人员的绩效。科研人员的行为和行动可视作一种形式的科研产出,科研产出理应作为科研绩效。

从能力角度上讲，科研人员的能力由行为和结果构成，是个人或组织具备的某些能力，比如知识、技能或行为能力，且能够通过这些能力将工作任务付诸实施并取得一定的成果。这一观点最早是由美国哈佛大学的学者McClelland于1973年在研究学生成绩时提出。该观点认为学生的学习成绩与能力是密切相关的，而且学生能力是学习成绩的决定性因素。[76] Ikävalko等利用海明威的冰山原则提出员工个人潜力的冰山模型，将员工的能力划分为自我概念、行为动机、个人特质、个人知识素养与操作技能等五种要素[77]。这一观点既是对绩效结果导向和绩效过程导向的补充，又实现了两者的结合，既承认绩效是一种产出，也认可过程是产出的一部分。

财政部在2011年颁布的《财政支出绩效评价管理暂行办法》及2015年颁布的《中央部门预算绩效目标管理办法》等文件中，明确了绩效目标是指财政预算资金在一定时期内所实现的产出和效益，绩效评价则是指运用适当的绩效评价指标体系，以绩效目标的实现与否作为评判标准，对财政支出的经济性、效益性和效率性开展综合评价。

由于高校科研人员科研工作的特殊性质以及不同科研项目的难易程度不同，如何考核科研人员绩效是科研部门绩效考核存在的困难之一。对高校科研人员实行绩效考核，进一步了解科研人员的工作内容，能够合理地对工作进行划分，既是对过去阶段工作的考核，也是对科研人员的一种激励，可以提高科研人员的积极主动性。考核科研人员绩效时，主要从定性和定量两个大方向指标来考核，定性方面，考核科研人员在科研活动中的素质、能力和行为，科研人员都具有较高的知识素养，但是进行科研活动，除了注重知识素养，还要注重知识管理、创新过程、团队协作和沟通能力的培养与锻炼；定量方面，选取的是科研人员可量化的科研工作指标，从论文数量、论文质量、专利数量、学术期刊等方面统计描述科研人员的绩效。应结合定量与定性两个大指标综合考核科研人员绩效，总结过去科研工作中的成果，提高科研人员绩效。对科研人员的绩效评估不仅是对个人绩效进行评估，而且结合了科研人员的个人成就和科研团队的绩效，关注科研过程、结果和反馈，通过提高个人绩效，最终达到提高团队绩效的目标。

2.3.2 科研创新

科学研究是人类对自然界和人类世界等客观知识认识和开展探索的活

动，在此过程中，人类可以深入了解事物内部的问题、进一步探寻事物的本质规律[78]。高校作为科学研究和高水平人才培养的主要阵地，不仅具备以学科建设为基础的综合保障优势，而且还具备专业性、前沿性知识的领先优势。在高校内部，创新是高校科研活动开展的核心目标，就科研人员来讲，科研创新是实现其个人价值的体现。本书分别从内容和过程两个方面来理解科研创新。

(1) 从科研创新内容的角度来看，高校科研创新可以表现为人才、技术和知识三个方面的创新。一是人才创新。高水平研究型人才是高校科研活动有效开展的必要前提。研究型人才具有探究精神和创新能力，其意识和思想在科研创新中必不可少。高校人才大致可分成三个类型：学术型人才，擅长科研并在长期科研活动中积累了较为丰富的理论知识和科研经验；应用型人才，擅长理论联系实际，其科研活动致力于应用性技术研发，同时将科研产出用于社会经济发展；储备型人才，主要是指研究生，他们通过参与导师的科研项目，学习专业知识并贡献力量。二是技术创新。大多数人认为技术创新与企业有关，研发新产品和新流程是企业生存发展的责任。然而，由于经济技术迅速发展，科技创新不再是人们简单的想象。企业因营利性质和能力限制，无法承担技术研发的重任，高校却因其所具有的学科和专业优势，在科研创新领域发挥着重要作用。三是知识创新。从狭义上来讲，知识创新是科研活动发现事物原有本质、获得新知识的过程；而从广义上来讲，知识创新涵盖了新知识的发现以及社会财富产生的一系列活动。简单来讲，知识创新的目的是更好地探索事物的本质及其特征，获取新的知识。

(2) 从科研创新过程的角度来看，高校科研创新主要包括高校创新投入能力、科研成果产出能力以及科研成果的转化能力。① 创新投入能力是指有效开展科研活动投入科技资源的能力，高校投入资源越多，其创新投入能力也会越高。狭义的创新投入能力主要指人力、物力和财力投入；广义的创新投入能力，还包含了信息资源投入能力。② 成果产出能力是高校科研活动创新能力的基本表现形式。科研成果有着多种多样的表现形式，包括学术论文、专利技术、学术专著等。③ 成果转化能力指科研成果通过直接或间接的渠道进行转化，成为实际的生产力并在此过程中创造社会财富的一种能力。成果转化能力能够体现研究型大学的科研创新能力。

2.4　相关基础理论

2.4.1　公共财政理论

由于市场存在失灵状态,因此需要市场以外的力量弥补失灵状态带来的公共产品缺失,公共财政理论中所依靠的市场以外的力量是政府。公共财政是指政府为履行职能与责任使用强制性的手段分配国民收入。财政性的公共支出是公共财政的主要内容,也是国家利用财政性手段为公众提供公共物品和公共服务的行为,公共财政的管理目标是满足社会的公共需求,进而实现经济发展和社会稳定。公共财政将政府提供公共物品和基本服务作为准则,将公共选择和公众监督作为运行机制,并将分权管理与分层组织作为结构模式,具有一定的民主性、公共性和效率性[79]。公共财政支出是为保证公众可以享有其提供的公共产品,在某种程度上能够表现出社会福利的全覆盖,进而反映财政运行的公共性。公共财政与经济市场机制存在关联,政府通过实施宏观调控,对缺失的公共产品进行弥补或者对现有的资源进行重新分配,这种弥补或重新分配是面向全社会的。

对于高校而言,政府的财政支持是其运行的基本保障,教育事业、科研事业等均属于公共财政支持的重要主体,本书研究的主要对象——财政性科研经费是公共财政的重要构成。

2.4.2　人力资本理论

人力资本是相对于物力资本提出的一个新概念。物力资本包括原材料、固定资产等;人力资本主要是指个人的资本,综合体现为个人智力劳动、体力劳动等方面的资本。人力资本与物力资本存在着一定的相同之处,它们都有可变性、稀缺性等特点,但由于人的特质,人力资本具有依附性、周期性和能动性等特点,两者最大的不同在于产权的性质。物力资本除可以通过投资获得外,还可以通过劳动、受赠等方式获得,人力资本则主要通过投资和学习获得。

人力资本是个人通过后天学习所得到的技能和知识等质量之和,其特征主要有:① 个人的产权一旦受到威胁或侵犯,那么个人的人力资本就会面临消失或贬值的威胁；② 个人会自觉寻找对个人有利、能够实现其价值的机会；③ 人力资本依附于个人而存在，不可转移。人力资本按照潜能发挥的程度划分可以分为高级层次人力资本和初级层次人力资本。高级层次人力资本是指个人的精神和智慧，综合体现为已被释放的才华和天赋，而初级层次人力资本的综合表现形式则是自然人的知识、能力和经验。

从产权角度来说，人力资本与物力资本最大的不同是人力资本的产权属于个人，如果想促进人力资本发挥潜能就需要给予个人一定的激励。同样，科研人员是普遍拥有较高文化的群体。该群体经过长时间的研究，积累了丰富的知识和经验并掌握了相关研究方法和技术，能够运用自身的人力资本发现并解决科学问题。在项目申报和实施过程中，项目负责人还需要承担科研团队管理的重任。经费和工作分配、团队人员沟通与交流、科研合作有效性等都可以体现出科研人员的管理能力。虽然国家、社会、家庭及个人都对科研人员的人力资本进行了投资，但是由于人力资本的不可分割性，其他投资主体无法完全控制和占有科研人员。

2.4.3 激励理论

激励最早源于心理学，是持续激发个体内在行为动机的心理过程，代表个人实现特定目标时的主动程度。管理学中的激励是指如何利用适当的手段调动个体的积极性，以便于充分发挥人的主观能动性，并进一步提高工作绩效。有效且适当的激励可以实现组织和员工的双赢。

随着经济社会与科技创新的加速演进，如何以适当的手段正向激励员工人力资本的有效发挥在管理实践中显得格外重要，且被越来越多的组织当作未来发展的核心要点。激励的实质是以个体未满足的需要为基础，当个体产生某种需要时就会通过努力来满足自己的需要，从而产生与动机一致的行为，最终实现目标，激励提供从行动到产生绩效的连续心理或者行为。激励的基础流程见图 2-1。

科研情境中的激励主要是在物质上为科研人员提供科技资源及设备、良好的工作环境和氛围。除此之外，在精神上给予科研人员更多的鼓励和肯定，实行科研绩效奖励制度，充分调动科研人员的科研激情，以便更好地促进科研人员完成科研项目。

在行为科学中，激励理论主要用于处理个人需要、目标、动机和行为之

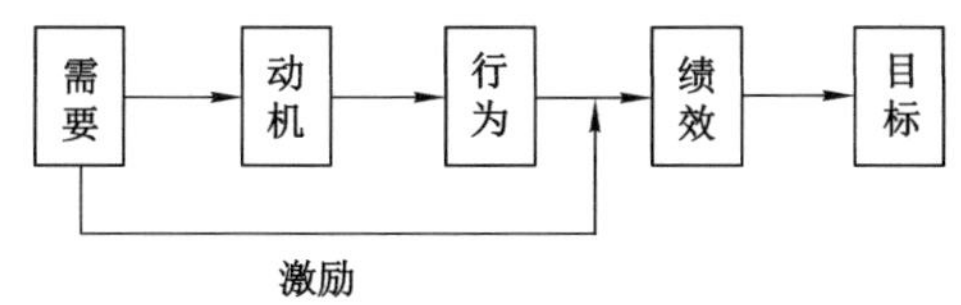

图 2-1　激励的基础流程

间的关系，学者们通过对激励理论展开研究，形成了内容型激励理论、过程型激励理论和修正型激励理论。

2.4.3.1　内容型激励理论

内容型激励理论立足于“人的需要”，通过研究如何影响员工工作行为动机的构成因素和个人需求，更好地满足个体需要，从而激发人的行为动机。内容型激励理论紧紧围绕着个体需要展开研究，主要包括需求层次理论、ERG 理论、双因素理论和成就需要理论。内容型激励理论主要内容见表 2-2。

表 2-2　内容型激励理论主要内容

激励理论类型	主要内容
需求层次理论	人的价值体系有不同的需求，马斯洛的需求层次理论将人类的需求从低到高分为：生理、安全、社会、尊重和自我实现等需求
ERG 理论	人的基本需求可以划分为：生存、关系和成长三种类型。生存对应层次需求理论中的生理和安全需求，关系对应社会需求，成长对应尊重和自我实现需求。ERG 理论下的三种需求可以同时或分别对人的行为动机产生作用。ERG 理论提出“挫折—回归”假说，在试图满足一种需求时，受挫的个体可能会倒退到另一种需求
双因素理论	保健因素和激励因素是影响个体满意程度和积极性的关键因素，工作给员工带来满足感为激励因素；使员工获得满足感的工作氛围等外部因素为保健因素
成就需要理论	基本生理需求得到满足后，将会产生更高层次的需求

ERG 理论与需求层次理论相比，有某些方面存在共同性，但两者也存在不同：需求层次理论描述的是需求被满足后的渐进，ERG 理论强调在个人需求受到挫折后而产生的弱化。成就需要理论研究的是个人的高水平需求，认为个人工作的保健因素得到有效保障后，社会需求就会获得满足。

2.4.3.2　过程型激励理论

过程型激励理论的主要研究内容是个体产生动机的原因以及从动机到

行动的过程。过程型激励理论采用理性分析来表现个人积极行为的思想过程，主要包括期望理论、公平理论和目标理论。过程型激励理论主要内容见表2-3。

表2-3 过程型激励理论主要内容

激励理论类型	主要内容
期望理论	激励的大小由期望值和目标价值决定，个体对目标的期望值越大，动力就越强，积极性也越高
公平理论	公平是激励的重要动力来源，个体是否受到激励，不但受到自身所得的绝对值的影响，还受到自身所得相对于别人是否公平的影响
目标设置理论	目标本身就是激励，要遵循具体性、挑战性和认同性三大原则来设置目标，只有合适的目标才能正确影响个体产生动机

2.4.3.3 修正型激励理论

修正型激励理论的主要研究内容是如何有效纠正和转化个人的不正当行为以及如何转化消极的生理状态使之成为积极的生理状态。修正型激励理论主要包括强化理论、挫折理论和归因理论。修正型激励理论主要内容见表2-4。

表2-4 修正型激励理论主要内容

激励理论类型	主要内容
强化理论	外部环境会影响人的行为，对人的行为产生调节和控制作用。积极的强化能够促进行为的发生，消极的强化通过进行惩处，防止不良行为的发生
挫折理论	研究个体的动机行为受阻且无法满足其需求的心理状态
归因理论	研究行为产生的后果，强调对事件因果关系的深层次理解过程

以上三种激励理论从人的需求出发，按照人性假设和需求，采用科学的激励方式来达到激励目的。就科研经费管理制度而言，在设计制度时应该先从理论出发，深入研究科研人员行为背后的动机及需求并根据研究制定合理的制度措施，以此更好地推动科研创新发展。

2.4.4 协同治理理论

协同治理是指通过政府、企业、社会组织等多个主体共同享受权利、承担责任，利用协商合作、参与治理等方式，共同提供公共产品与服务并不断改进和提升其质量，保障社会正常有序运行，推动社会和谐发展。

协同治理理论的核心是持续性，政府等多主体可以利用协商和合作的方式，提升资源利用效率，尽可能规避利益冲突，使得各方可以通过分工合作自觉承担责任并履行义务，最终实现改革治理体系、提升治理水平的目的。对于高校学术研究过程中所涉及的科研经费，离不开各个主体之间的相互协作。协同治理主要存在以下五个特征。

（1）治理主体的多元化。协同治理强调相关主体都应该参与治理活动，在科研治理中，虽然项目职能部门在科研治理的过程中发挥着主导作用，但除此之外，政府、企业、社会等多个主体在科研治理中也同样发挥着不可替代的作用。

（2）治理系统的协作性。在协同治理中，各科研主体享有同等的地位与机会，能够在同一平台上交流合作，各科研主体都有自己的责任和义务，通过自觉承担自己的职责，共同整合科技资源，进而实现协同增效。

（3）治理方式的动态化。协同治理是一个动态化的过程，动态协作能够有效解决科研政策执行偏差的问题。在此过程中，各科研主体之间相互依赖、相互影响，共同遵循动态和权变原则，通过共同探索科研协作治理的权力运行方式，发挥各方优势，使科研系统得以创建并在不断转化的过程中实现平衡。

（4）治理目标的趋同性。各方面力量的融合会带来利益差异，这是治理中最大的问题，如何兼顾各方主体利益，提升其包容性，使各主体同方向协同发力是运用协同治理理论综合考虑和解决实际问题时的重点。在协同治理过程中，这种趋同性体现为：各科研主体通过协作，共同利用权力整合科研资源，进而形成合力，推动和实现治理目标。

（5）共同规则的制定。协同治理可以等同于一种共同治理行为，各个主体不得违背其共同制定的规则，同时协同治理也是各方利益表达的体现，必须构建规范、合法的管理路径来支持和保障多重利益诉求。在协同治理过程中，这种共同治理行为体现为：各科研主体通过协商，共同制定和遵守相应的规则。

科研活动涉及的治理主体较多，包括财政部门、项目管理部门、项目牵头单位、项目参与单位、项目负责人等，要根据各个主体的特点推动相互之间的功能协调，借助多元化的运作举措，提高协作效率，进而从制度层面不断提升科研经费的高效利用，最终实现资源配置优化。

2.4.5 内部控制理论

内部控制理论由于起源较早，目前已经经历了内部制衡、内部控制制度、内部控制结构和内部控制框架等四个阶段。内部控制理论在 21 世纪进入了风险管理框架阶段，主要强调利用内部控制方法，纠正个体不良行为并提升工作效率，进而实现组织整体绩效的提升。

高校内部控制同属于内部控制的范围，相较于企业的内部控制，高校内部控制主要是通过构建统一完善的管理机制，统一管理高校各个部门，使部门之间能够相互制约、相互发展，提升对高校人力、物力、权力等方面的监督和控制能力，进而降低高校运行成本，促进高校工作效率提高。

在科研经费管理方面，科研团队拥有更多的科研经费使用权，但为了保证使用效率，团队内部需要对科研经费使用加强监督，这制约了科研人员的行为。除此之外，科研资金的公共性要求政府、高校等部门对其支出展开审计。高校的经费管理流程较为复杂，因科研活动涉及的科研主体众多，主体与主体之间协调困难，造成科研经费监管难度较大。内部控制理论可以针对科研项目的不同环节设置科研团队内部关键控制点，减少科研经费使用不当和科研腐败行为，提升科研经费管理配置和使用效率。

科研经费“包干制”实施现状及主要问题分析

本章通过问卷调查及访谈等研究方法，分析和总结科研经费“包干制”实施现状和存在的主要问题，剖析主要影响因素。

本章对已经进行科研经费“包干制”的高校实施现状以及存在的问题进行梳理，通过问卷调查和访谈相结合的方式深入了解科研经费“包干制”的推广现状，结合对高校科研人员的访谈，以及对调查结果的实证分析，总结出影响科研经费“包干制”推广的主要因素有制度设计及落实、预算编制与执行、相关部门配合与监督、项目负责人能力与态度，从而为后文分析科研经费“包干制”产生的激励效应提供依据。

在研究过程中，课题组针对不同问题、在不同阶段发放问卷 160 余份，同时为深入了解科研人员对科研经费“包干制”的直观理解和意见建议，课题组主要采取访谈方式开展研究，前后访谈各类高校和科研机构的各类人员共计 300 余人，尤其是通过各类会议开展大规模访谈，为课题研究获得了宝贵的第一手资料。

3.1　科研经费“包干制”实施现状调查分析

本书通过问卷调查的形式对高校科研经费“包干制”实施现状及主要问题进行分析。调研共分为两个阶段，受访者均选取高校中与科研项目直接相关以及与科研经费相关的管理部门人员，第一阶段发放问卷“关于科研人员经费管理自主权情况的调查问卷”，共计回收 132 份，第二阶段发放问卷“我国科研经费‘包干制’实施现状调查”，共计回收 31 份，综合两次的问卷调查结果，共计收回调查问卷 163 份。在研究过程中，课题组共参加各类学术会议 20 余次，邀请国内著名专家召开课题研讨会 1 次，同时，采取线下访谈的形式，与 300 余名高校科研相关人员通过线上、线下方式进行深度访谈，切实了解当前科研经费“包干制”在推广实施中存在的问题与难题。

3.1.1　调查背景和问卷说明

3.1.1.1　调查目的

上文对我国科技体制演变以及科研经费管理政策演变进行了梳理，以此为基础设计调查问卷，选取高校中的科研人员以及相关管理人员作为调研对象，分析高校科研经费“包干制”的推行现状以及存在的问题，通过实证调研找出目前科研经费管理所存在的堵点难点，并通过问卷调查整理结果来确定影响科研经费"包干制"推广的关键因素。

3.1.1.2 调查方法

问卷调查采取线上、线下两种调查方式相结合的方式，来获得更多关于科研经费"包干制"推行现状的数据，问卷调查以不记名的方式展开，调查内容主要包括高校在职人员对科研经费"包干制"的了解情况、影响科研经费"包干制"实施的因素、科研经费"包干制"实施后对科研人员产生何种影响等。线上发放问卷的对象主要是高校参与科研项目的科研教师、研究生以及相关管理人员，发放形式主要为问卷星以及邮箱。线下借助一些学术沙龙以及学术会议来访谈相关科研人员并对其开展问卷调查。但是这种借助学术交流开展的线下调研具有一定的局限性，具体体现在相关受访人员的研究方向较为相似，调研结果可能出现偏颇。因此，本书还借助高校科研管理部门以及其他的人际关系向多所高校的受访者发放问卷和访谈提纲以保证调研结果的普遍性，获得第一手客观原始的研究数据。

3.1.1.3 问卷设计

此次问卷分析的数据主要是基于"关于科研人员经费管理自主权情况的调查问卷"来进行相应的统计分析。根据研究目的，经过多次修改设计，该问卷共分为三个部分，第一部分是对受访者个人基本情况的调查，主要是受访者的工作背景，便于在后续分析一些差异产生的原因。受访者基本情况如表 3-1 所示。第二部分按照科研单位和科研人员划分设计总共 14 个题项，分别了解影响科研经费"包干制"的因素以及在实施过程中存在哪些问题；并按照科研项目经费管理情况，采用李克特 5 级量表针对"各高校在职人员对科研经费'包干制'了解情况"进行打分，包括非常不了解、不太了解、一般了解、比较了解、非常了解等五个选项。另外，根据科研单位和科研人员的回答分析影响科研经费"包干制"的因素主要有哪些，再从提高科研人员经费自主权方面来设计题项。这部分也是问卷调查的核心部分。第三部分设计 2 道开放性问题，让受访者自主提出对科研经费管理、科研经费"包干制"以及科研人员经费自主权管理方面的意见和建议。

调研对象主要包括目前我国已经开展以及未开展科研经费"包干制"试

点的高校；科研项目经费相关的管理人员主要包括：资产管理人员以及科研管理人员。考虑到受访者有不同的职称，对科研经费管理现状的认识程度也有所区别，因此本次受访者的职称涵盖了高级、中级、初级及其他；考虑到受访者的学科丰富性和普遍性，进一步按理科、工科、医学、人文与社会科学、交叉学科等进行分类。

表 3-1　受访者基本情况

<table>
<tr><th>维度</th><th colspan="3">指标</th></tr>
<tr><td rowspan="4">工作背景</td><td rowspan="4">个人基本情况</td><td>专业技术职称</td><td>正高职称、副高职称、中级职称、助教及以下</td></tr>
<tr><td>所属学科领域</td><td>理科、工科、医学、人文与社会科学、交叉学科、其他</td></tr>
<tr><td>单位性质</td><td>高校、科学研究机构、其他</td></tr>
<tr><td>工作性质</td><td>科研单位负责人、科研管理人员、项目负责人、财务管理人员、项目参与者、行政管理人员、其他</td></tr>
<tr><td>科研人员</td><td rowspan="3">科研项目经费管理情况</td><td colspan="2">科研人员对经费自主管理权的满意程度、影响科研人员创新积极性的因素、提升科研人员获得感的方法</td></tr>
<tr><td>科研机构</td><td colspan="2">单位科研经费管理的改进、单位对科研经费“包干制”实施的态度</td></tr>
<tr><td>政策推广</td><td colspan="2">科研管理政策是否了解、科研经费“包干制”政策是否了解、影响科研经费“包干制”推行的因素、科研经费管理存在的问题</td></tr>
</table>

3.1.2　问卷数据收集

为保证数据采集的数量，考虑空间和时间因素，在发放问卷时主要以线上调研为主，采用专业的在线问卷调查平台问卷星，发送给各高校的科研经费管理相关科研人员、财务人员、资产管理人员等进行填写。本次调研问卷的发放范围为随机高校，目的在于保证数据的普遍性、科学性和多样性。

3.1.2.1　问卷发放与回收情况

本次调查共回收“关于科研人员经费管理自主权情况的调查问卷”问卷 132 份，其中有效问卷 120 份，有效问卷回收率为 90.9%。问卷发放与回收情况见表 3-2。

表 3-2　问卷发放与回收情况

问卷发放数量	问卷回收数量	有效问卷数量	问卷有效率
200	132	120	90.9%

3.1.2.2　职称取样情况

本次调研中，受访者 132 人，其中，正高职称 26 人（19.70%），副高职称 53 人（40.15%），中级职称 49 人（37.12%），助教及以下 4 人（3.03%）。受访者职称分布情况见图 3-1。

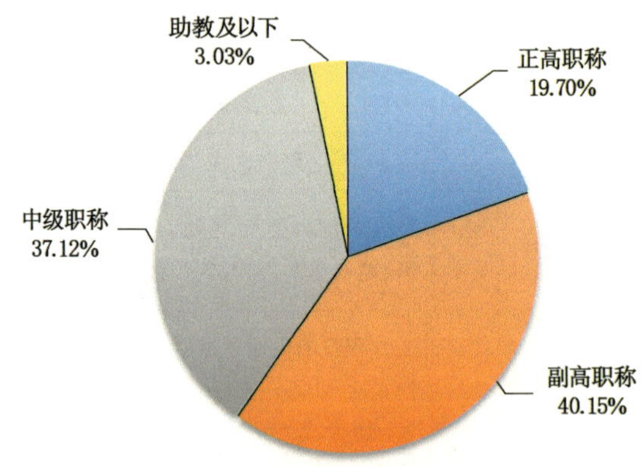

图 3-1　受访者职称分布情况

3.1.2.3　身份取样情况

从所有受访者的身份取样情况可以看出，项目负责人人数最多，有 85 人，占比全部受访者的 64.39%。其次是项目参与者和其他科研参与人员，均占受访人数的 12.88%。其他受访者还有科研管理人员、科研单位负责人和行政管理人员，占比较小，财务管理人员受访者为 0 人，故未在图中列出。受访者身份分布情况见图 3-2。图 3-2 中数据因四舍五入取约数。

3.1.2.4　学科取样情况

本书将调研样本分别归纳至不同的学科进行梳理，属于人文与社会科学的占比最大为 80%，其次交叉学科和工科的受访者占比较为均衡，理科和其他学科的受访者人数较少，医学受访者人数为 0 人，故未在图中列出。受访者所属学科分布情况见图 3-3。

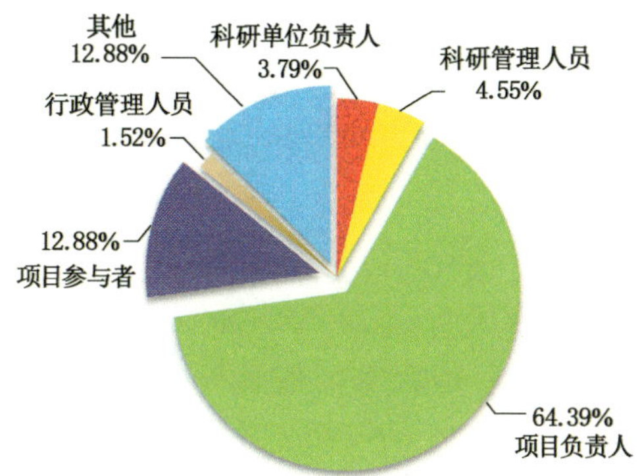

图 3-2　受访者身份分布情况

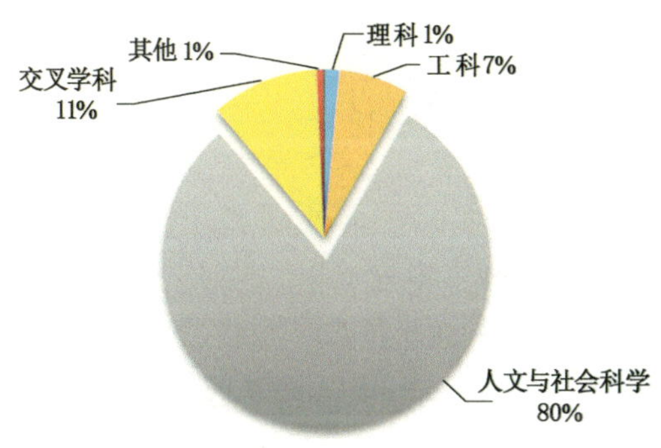

图 3-3　受访者所属学科分布情况

3.1.3　信度与效度分析

对问卷调查进行信度、效度检验目的是减少一定误差使问卷更具参考价值。本书将收集的调查问卷按照李克特 5 级量表的形式进行整理，并进行相应的统计检验。

3.1.3.1　信度分析

问卷调查重点强调问卷是否科学有效，信度分析则是对问卷是否可靠稳定进行评价的一种分析手段。问卷的评价体系是以量表的形式体现，主要表现为检验结果的一致、可再现和稳定，在对问卷中数据进行分析之前，首先需对数据的可信度加以分析。可信度指的是真实值的方差和实得数据方差的比，主要考察的是一组评价项目是否测量同一个概念，项目之间的内在一致性是否较高。一般来说，一致性越高，问卷数据的可信度越高。可信度计算公式为：

$$r_{x,x}=\frac{S_t^2}{S_x^2} \tag{3-1}$$

其中，$r_{x,x}$——可信度；

s_t^2——真实值方差；

s_x^2——实得数据方差，但因真实值难以确认，此次调查问卷研究抛弃该信度分析法。

目前主要有四种信度分析法，重测信度法、折半信度法、复本信度法、Alpha 信度系数法。本书采用 Alpha 信度系数法，计算公式为：

$$\alpha=\frac{k}{k-1}\left(1-\frac{\sum_{i=1}^{k}\sigma_i^2}{\sigma_t^2}\right) \tag{3-2}$$

其中，k——量表中题项的总数；

σ_i^2——第 i 题得分的题内方差；

σ_t^2——全部题项总得分的方差。

本书利用 SPSS 软件，借助 Alpha 信度系数法对问卷中的数据进行可靠性分析，分析结果如表 3-3 所示。Crobach's Alpha 系数的总体值为 0.812，大于 0.7。表 3-4 展示了各分项的 Crobach's Alpha 系数以及各项的平均值和标准差，各分项的 Crobach's Alpha 系数均大于 0.7 且结果显著，问卷量表信度良好。

表 3-3　可靠性统计结果

Cronbach's Alpha 系数	项数
0.812	57

表 3-4　题项总计统计

题项	平均值	标准差	Cronbach's Alpha 系数
对国家以及所在单位的科研经费的管理制度了解情况	3.500	0.767	0.814
对当前我国试点推行的科研经费“包干制”政策了解情况	2.960	0.928	0.813
单位领导对开展科研经费“包干制”的态度	3.610	0.807	0.807
所在的单位是否已经开始实行科研经费“包干制”	0.320	0.468	0.811
科研经费管理中间接费用比例应该提升还是降低	0.555	0.486	0.808

表3-4(续)

题项	平均值	标准差	Cronbach's Alpha 系数
在科研经费管理方面,需要改进的方面	0.350	0.446	0.810
加强单位科研经费工作,最需要完善的方面	0.428	0.408	0.809
对目前科研人员经费自主管理权满意程度	0.204	0.365	0.815
科研人员经费自主管理权哪些方面应进一步放开	0.568	0.49	0.809
影响科研人员创新积极性的主要因素有哪些	0.440	0.447	0.807
从哪些方面开展措施可以进一步激发科研人员的积极性	0.475	0.434	0.808

3.1.3.2　效度分析

效度即为测量的有效性程度,本书通过结构效度方法分类下的探测性因子分析法进行效度分析,目的是检查所测量的内容是否与测量目的相符,判断测量结果反映测量目标的正确程度。

在进行探测性因子分析之前,对本次问卷调查结果开展 KOM 和 Bartlett 球形度检验。表 3-5 显示了变量的 KOM 和 Bartlett 球形度检验结果,其中 KOM 测度值为 0.516,大于要求的 0.5,Bartlett 球形度检验的检验结果为 0.000,即显著性值小于要求的 0.05,量表整体结构较好,变量之间的相关性较强,较适合进行因子分析。总方差解释见表 3-6。

表 3-5　KMO 和 Bartlett 球形度检验

KMO 取样适切性量数		0.516
Bartlett 球形度检验	近似卡方	3 135.505
	自由度	1 653
	显著性	0.000

表 3-6　总方差解释

成分	初始特征值			提取载荷平方和		
	总计	方差百分比	累计/%	总计	方差百分比	累计/%
1	6.414	11.058	11.058	6.414	11.058	11.058
2	3.822	6.590	17.649	3.822	6.590	17.649
3	3.077	5.305	22.954	3.077	5.305	22.954
4	2.683	4.626	27.579	2.683	4.626	27.579
5	2.346	4.045	31.624	2.346	4.045	31.624
6	2.148	3.703	35.328	2.148	3.703	35.328

表3-6(续)

成分	初始特征值			提取载荷平方和		
	总计	方差百分比	累计/%	总计	方差百分比	累计/%
7	2.079	3.584	38.911	2.079	3.584	38.911
8	1.920	3.311	42.222	1.920	3.311	42.222
9	1.760	3.034	45.256	1.760	3.034	45.256
10	1.708	2.945	48.202	1.708	2.945	48.202
11	1.572	2.710	50.912	1.572	2.710	50.912
12	1.474	2.541	53.453	1.474	2.541	53.453
13	1.388	2.394	55.847	1.388	2.394	55.847
14	1.349	2.326	58.173	1.349	2.326	58.173
15	1.307	2.254	60.427	1.307	2.254	60.427
16	1.270	2.190	62.616	1.270	2.190	62.616
17	1.188	2.049	64.665	1.188	2.049	64.665
18	1.142	1.969	66.634	1.142	1.969	66.634
19	1.106	1.907	68.541	1.106	1.907	68.541
20	1.091	1.881	70.422	1.091	1.881	70.422
21	1.024	1.766	72.188	1.024	1.766	72.188

从表3-6中可以看出，各因子可以解释问卷的72.188%，一致性较高，说明本书量表设计具有较强的理论逻辑性。

3.1.4 问卷调查结果分析

对问卷调查结果进行梳理后发现，目前我国科研经费管理中存在的问题主要有以下几点：不能按照批准的项目预算开支费用、分级重复提取管理费、超预算发放劳务费、超标准发放专家咨询费、借合作之名以拨代支等(图3-4)。

通过与专家学者进行面对面访谈，可总结出我国经费管理中存在的问题有：劳务费管理办法不完善；缺乏健全的项目报销机制；缺乏科研诚信考核机制；缺乏对科研人员的人文关怀；已经实施科研经费“包干制”的试点单位对劳务费管理放权不够，没有真正实现科研经费的包干管理。课题组进而探究影响科研经费“包干制”推广的关键因素，采取了问卷调查法和访谈法相结合的方法。通过对问卷调查结果进行分析可以看出，制度设计及落实、预算编制与执行、相关部门配合与监督、项目负责人能力与态度等是影响科研经费“包干制”推广的关键因素。其中，制度设计与落实是受访者认

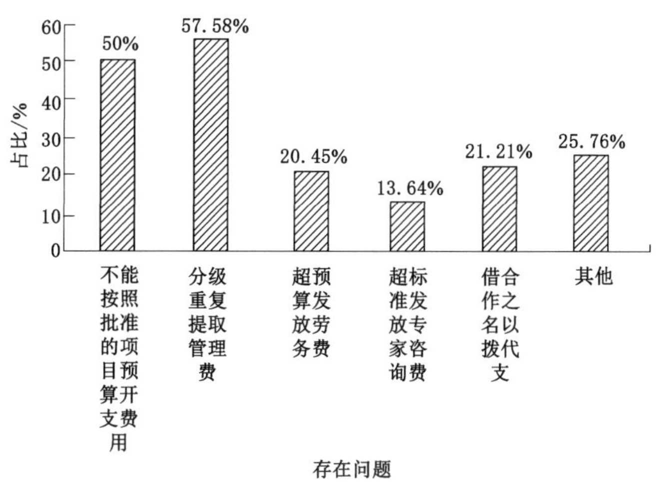

图 3-4　我国科研经费管理中存在的问题

为最关键的影响因素，占比 69.70%，制度是政策得以实行的保障，也是基本规范，因此必须要建立科研经费“包干制”制度。相关部门配合与监督对科研经费“包干制”推广的影响占比 60.61%，在推进科研经费“包干制”时科研机构应设立独立的监管机构，明确监督管理的相关条例，设计与监管体系相配套的奖惩制度，坚决防止出现挪用科研经费等违法行为，便于管理部门及时接收对经费使用情况的反馈，提高科研项目管理整体的工作效率。预算编制与执行在影响因素中占比 51.52%，应采取柔性化的经费管理模式，制定具有针对性的预算制度，完善报销制度，保证科研人员差旅费用报销的规范与便捷等。项目负责人的能力与态度占比影响因素的 39.4%，应按照不同学科特点对科研人员的权责进行明确，建立并且落实项目负责人负责制度，给科研人员松绑，鼓励科研人员节约，鼓励少花钱多办事，允许项目负责人继续使用节约出来的科研经费从事科学研究。问卷调查结果：影响科研经费“包干制”推广的关键因素见图 3-5。

首先是制度设计及落实。在科研经费“包干制”推广阶段，尚未形成健全的科研经费管理制度，结合我国科研经费管理中已经积累的诸多问题，试点工作的推广还不够，没有形成丰富的经验。因此，必须要加大对科研经费“包干制”试点工作的开展力度，在试点过程中引进新的经费管理模式，分层级逐步扩大试点范围，结合反馈的试点经验来进一步完善制度设计工作。

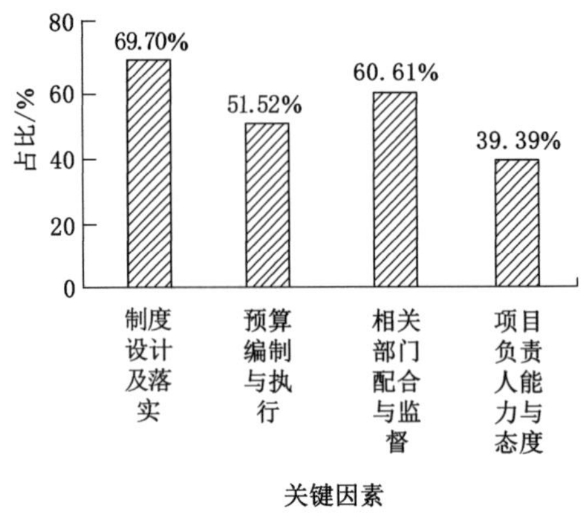

图 3-5　问卷调查结果：影响科研经费“包干制”推广的关键因素

其次是相关部门配合与监督。从当前已经实施科研经费“包干制”的试点单位可以看出，在对科研经费的管理问题上，各有关部门之间缺乏协调配合，科研项目负责人在财务系统中提交科目预算后，经费的管理权限交由财务部门管理，这样就完全限制了科研人员的经费自主权，并且压抑了科研人员的科研创新性。因此，在执行科研经费“包干制”后应该要建立科研部门和财务部门共同监管机制，财务部门通过绩效形式来统筹管理工作，具体的经费管理事宜交由科研项目承担者自主支配。再次是预算编制与执行。在国家提出科研经费“包干制”政策后，不少高校和科研院所积极开展科研经费“包干制”试点工作，为后续政策的辐射提供经验借鉴。但是，经过对部分试点单位的调研，发现对项目经费的管理本质仍然是实行预先填写，即由科研项目负责人在财务系统中预先填写详细科目的费用，之后的报销也严格按照项目预算科目执行。这样的经费管理方法偏离了科研经费改革的目的。最后是项目负责人能力与态度。科研经费“包干制”的目的是要充分放权给科研项目负责人，获得科研经费的自主权。在已经开展科研经费“包干制”试点的单位发现，大部分试点单位和高校均为理工科院校，这些院校在申请科研项目上具有相对优势，但是项目的负责人往往缺乏相关的管理经验和财务经验，如果完全将经费管理自主权下放，对后续财务部门开展工作也会造成一定的影响。针对理工科的这种特殊情况，应该在科研经费“包干制”试点中充分总结经验，建立不同学科特色的“包干”形式，以期解决我国科研经费管理中存在的问题。

3.2　科研经费“包干制”实施现状访谈分析

在进行调查研究的同时，课题组辅以访谈法对当前各高校实施科研经费“包干制”的现状、影响因素、待改进方面以及科研人员经费管理自主权进行深度访谈。

3.2.1　访谈调查背景

在项目研究期间，课题组以科研经费“包干制”为主题进行了一定程度的调研和访谈，对象主要包括高校和企业相关专家和学者。项目负责人及课题组成员多次通过线上或线下方式参加各种学术会议 20 余次，并向有关专家咨询意见和建议。2020—2022 年连续三年参加中国科学学与科技政策研究会第十六届、第十七届、第十八届学术年会，通过线上进行学术论文交流，向有关专家咨询建议；2020—2022 年连续三年线上或线下参加中国科学学与科技政策研究会主办的第二十届、第二十一届、第二十二届“全国科技评价学术研讨会”；2020—2022 年连续三年线上或线下参加《科技进步与对策》举办的学术论坛和青年论坛。课题组通过参加系列重要学术会议听取有关专家对研究报告的修改建议和意见，同时通过大规模访谈方式听取专家建议或意见，例如系统访谈了清华大学、中国科学院大学、大连理工大学、华南理工大学、复旦大学、北京工业大学、江苏大学、西北大学、西安理工大学、中国矿业大学、桂林理工大学、哈尔滨工程大学、上海科学技术政策研究所、上海师范大学、江苏省科技厅、陕西省科技厅、江苏师范大学等高校和科研院所科技政策或科技创新领域的专家教授。

同时，课题组在 2023 年 3 月召开了线下会议，邀请了中国科学院大学公共政策与管理学院穆荣平教授、复旦大学国际关系与公共事务学院朱春奎教授、北京工业大学经济与管理学院黄鲁成教授、华南理工大学工商管理学院许治教授、中国科学院大学公共政策与管理学院陈凯华教授等国内创新政策领域的专家做学术报告，并进行了学术交流和讨论，专家们为完善课题研究报告提出了很多具有建设性的意见和建议。课题组在调研和访谈过程中主要涉及四个方面。

(1) 财务审计严格导致预算编制精简难。《国务院办公厅关于改革完善中央财政科研经费管理的若干意见》提出，精简合并预算编制科目，下放预算调剂权。但现实中，高校以及科研院所反映，为避免财务审计时出现问题被要求整改，普遍仍对经费预算管理设置了较为严格的科目限制。调研结果显示，51.52%的科研人员认为"预算编制与执行"是制约科研经费自主权的较大影响因素。有受访者反映，《国家自然科学基金项目资助经费管理办法》虽未严格禁止在预算科目中列支使用办公用品等，但在基金委的经费审查中，审计部门曾对此提出整改意见，因此高校仍严格限定科研经费直接经费预算范围。有受访者反映，实行科研经费"包干制"对经费预算明细要求不高，但相关部门委托第三方对实验室课题经费、科目经费及预算进行审计，审计部门在审计过程中不认可相对粗略的预算，要求必须严格按照科研项目预算明细执行。有受访者反映，相关部门机构在对科研项目经费使用情况开展审计时，往往更注重财务的合规性，缺乏对科研成果质量的多维度评价和对成果应用性的关注；在过程中对科研人员采取简单的"问题式"审计，科研人员与审计人员缺乏有效沟通，无形中给科研人员经费自主使用套上了"紧箍咒"。例如在某项国家社科基金项目结题时，学校审计人员和财务人员严格按照预算时的 8 个科目进行审计，并且对每一个科目是否按照预算时的比例进行了仔细检查，以问题为导向审核每一笔开支，其中实际劳务费比预算时填写的超出了 0.15 万元，便让课题负责人写情况说明，审核后才进行签字盖章。

(2) 拨付计划不灵活导致经费合理使用难。《国务院办公厅关于改革完善中央财政科研经费管理的若干意见》提出，项目管理部门要根据不同类型科研项目特点、研究进度、资金需求等合理确定经费拨付计划并及时拨付资金。但部分科研单位反映，在项目经费管理实际操作过程中，项目管理单位为了资金安全，仍主要采取按实施进度拨付甚至结项后补助的方式，有时科研人员为保证项目实施进度和绩效，需要先行垫资来解决资金缺口，影响科研人员的研发积极性。有受访者反映，2020 年立项的国家自然科学基金面上项目，获国家科研经费 58 万元，分 3 期拨付(分别为第 1 年、第 3 年、第 4 年)，首期经费 29 万元，第 4 年才能获得全部经费，经费拨付周期确定后，不管项目在实施过程中进展如何，资金拨付都不会变化，科研单位难以灵活调整项目实施进度。淮安某企业反映，曾获批国家重大科学仪器专项，在项目立项后，只拿到了 10%的资金供给 243.1 万元，剩下的 2 187.9 万元则是在中期检查后才逐步拨付。有受访者反映，2019 年 7 月—2020 年 7 月承担的陕西省西安市科技局软科学项目《绿色技术创新驱动西安战略性新兴产业发展研究》，研究过程中因实施进度超过资金拨付进度，该课题经费一共 5 万元，主管单位只拨付了一期 70%的(3.5 万元)费用，科研负责人先行垫付了 30%费用(1.5 万元)，该课题已经结题，但这 30%费用仍未到账。有受访者反映，申请的一个 50 万元的科技项目，项目管理单位为了资金安全，按照项目实施进度予以拨付，但科研过程存在很多不确定性，过度关注阶段性目标的实现，容易对整个研发过程产生影响。

(3) 电子票据运用不广泛导致全流程电子化报销难。有受访者反映，目前利用发票报销无纸化的技术条件还未完全成熟，虽然审批流程已实现全线上管理，但是在报销过程中的发票信息填写、数据信息校验及发票凭证查证等方面仍需要采用人工方式，科研人员难以从烦琐的票据整理工作中解放出来。线上审批系统不能直接在线保存和查看发票，所有发票仍需要以纸质形式保存，在科研项目验收、财务审计过程中，科研人员只有一张张翻找、拍摄纸质发票凭证并归类整理，才能形成完整的财务证明。有受访者反映，在审计某课题组科研经费时，发现该课题组研究的一项课题以论文形式在国外期刊发表并支付 10 万元版面费，审计时因课题组只有国外期刊编辑部支付版面费的电子记录而没有纸质票据，不符合报销规范，不得不收集申报课题立项文件、撰写过程资料、会议记录等 10 套佐证材料，增加了科研人员的财务工作负担。

(4) 缺乏权责划分标准导致科研经费“包干制”扩大实施范围困难。《国务院办公厅关于改革完善中央财政科研经营管理的若干意见》提出，扩大科研经费“包干制”实施范围。但高校和科研单位反映，由于目前科研经费“包干制”缺乏配套考核评价制度，权责划分标准尚不完善，科研过程中项目单位、课题组、科研人员需要承担的责任尚不明确，加上科研能否成功存在风险，科研团队对进一步推广实施科研经费“包干制”存在顾虑。有受访者反映，所在实验室已经实行科研经费“包干制”改革，由科研团队自主决定科研经费使用范围，只要求过程中不违规、不违纪。但审计要求加强过程管理，并把“过程管理不严”作为专门问题提出，由于缺少完善的绩效考核体系和权责划分标准，部分科研人员对审计有所顾虑，科研经费“包干制”只敢在原有科研管理框架下小步创新，在一定程度上影响科研经费“包干制”实施效果。有受访者反映，预算制虽然涉及繁重的预算工作，但是各方权责清晰，即使课题研究失败，课题负责人一般也不需要承担全部责任，科研经费“包干制”赋予课题负责人高度经费自由，但授权越多导致责任越大，特别是目前科研经费“包干制”对课题组和个人分别要承担的责任没有配套政策，“花了钱没出成果”的风险没人敢承担，反而导致科研人员在研究过程中束手束脚。

为了获得更多直观的有用信息，课题组在研究中选择了部分有代表性的高校和科研院所专家或学者进行访谈，通过线上线下等方式共访谈 300 余人，每次访谈时间控制在 10～15 分钟，面对面的深入访谈也为后期进一步分析科研经费“包干制”实施过程中出现的问题以及影响因素的探究提供可靠的内容。

3.2.2 访谈调查主要内容

为真实了解科研经费“包干制”的实施状况，课题组对相关科研人员进行了面对面访谈。部分受访者的观点如下所述。有受访者认为，科研经费“包干制”应该在科研诚信的前提下，管得越少越好。有受访者认为从陕西省软科学“包干制”试点看，当前的包干方法是充分放权，不用科研人员提前编制经费预算表，而且在报账时只设置大类，不限制具体的内容和额度，但是落实到具体的科研经费管理方面仍存在灵活性不够的问题，没有做到部门间、管理职能间的协调，导致很多实际发生的费用仍然不能报销，比如科研人员通过电话访谈等形式进行调研，话费花费就不属于报销范围，不能正常报销。有受访者提出，当前我国科研经费“包干制”的落实还不到位，没有真正实现包干。有受访者针对目前的科研经费管理提出了六点存在的问题，一是报销内容项目变得更为麻烦；二是差旅费报销规定较为严格；三是劳务费不方便管理；四是对于一些管理学研究项目，需要老师付出大量脑力劳动，因此需要进一步重视高校教师脑力劳动的付出；五是社科类项目的经费偏少；六是版面费在不少项目中无法报销。有受访者提出，同样的发票，有些项目可以报销，而有些项目不可以报销，反映出报销机制不健全，缺乏科学合理的报销标准，同时还进一步映射出学校内部的科研经费管理问题。有受访者提出，当前科研经费“包干制”在推广过程中，对于还不是科研经费“包干制”试点单位的科研机构，落实科研经费“包干制”还存在诸多问题。

有受访者提出，目前国家自然科学基金中开始逐步实施科研经费“包干制”，但是具体到每个高校的财务管理时，本质上仍然实施预算制，还是要在财务系统中预算具体科目，同时在报销时也要根据预算的科目进行，科研经费“包干制”的放权仍不到位。有受访者认为，科研经费“包干制”确实是一种能够调动起科研人员积极性的创新机制，问题是这种机制的“落地”问题，在实际操作过程中还存在很多问题。特别是各个大学在具体的经费使用操作中还是拘泥于以前的限制，比如指定的项目预算限制着大家对于资金的高效使用，建议各个高校要有具体的落地措施，能否实现真正意义上的科研经费“包干制”最重要。有受访者从个人项目角度分析了实行科研经费“包干制”的优势，最直观的是解除了项目之间的限制，不用做项目预算，不需要再花费精力计算每部分项目要预算多少经费，提升了科研获得感。但是，“包干制”具有较大的不确定性，在预算经费时如果某项开支预算过高或者过低，在科研部门去调研时，便会引起一系列的解释工作。有受访者认为，当前“包干制”试点逐渐推广，高校层面仍习惯于计划管理方式，制度没有跟上。

目前更多制度体现在纸面上，即总体上倾向于政策推广。对高校职能而言，部门和具体单位没有形成良好对接，对于“包干制”实施后是否还要做预算等问题尚未明确，导致高校的财务系统很难落实包干管理。有受访者从博士后基金的项目“包干制”谈起，认为 2019 年博士后项目实施“包干制”后简化了报账和预算手续，下放了科研人员的自主权。有受访者认为相较于以往的科研经费管理制度，科研经费“包干制”增加了科研人员报销的灵活性，例如，广东省科技厅针对科研管理的政策比较灵活，大幅度提高了人员劳务费发放比例，对直接经费而言，已经全部放开了预算调整，显著提高了科研人员的自主权。另外，在科研经费“包干制”推行过程中仍存在一些堵点，审计、科研以及纪检部门相互独立，协调性不够，同时高校等科研基层单位对科研经费“包干制”的落实不够。有受访者认为科研经费“包干制”试点推广对青年教师产生了较强的激励作用，特别是青年教师的科研主动性、科研积极性明显提升，但是在科研经费“包干制”推广过程中还需要进一步拓宽项目类型，比如纵向课题的年度项目或者是几年之内的项目立项都可以进行包干，另外还需要进一步打通人员费、办公费、固定资产设备费等环节，并对科研经费“包干制”的实际落实进行监督，比如当前一些经费报销对劳务费、人员费方面有一定的限制，有些课题项目不能给本单位的科研人员发放劳务费，即使本单位的科研人员实际参与了课题评审，也不能给予其专家评审费，这样就会影响科研人员的积极性。有受访者认为，在上海科研经费“包干制”推广范围还没有得到普及，除国家人才类项目外，只有上海市软科学项目实施了“包干制”，建议除设备购置费以外，科目不要分得太细，均可实施“包干制”。有受访者认为，当前陕西省软科学的“包干制”政策放权范围较广。因为软科学中开支较大的经费项目是人工费，特别是对参与课题项目的学生助研费用的发放。按照之前的规定助研经费的发放最高只能占科研经费的 15%，但是在进行“包干制”之后放宽了额度限制，允许将科研经费中的 80%作为劳务费来使用，提升了科研自主权和科研人员的获得感，在当前科研经费“包干制”试点的基础上可进一步打通与科研课题相关的一些直接费用，例如资料费等可每月按比例打通费用限制，从而提升科研经费的使用弹性和开支界限。

3.2.3 访谈调查结果分析

科研经费“包干制”属于一个系统工程，要真正落实推广，需要在公共经费使用系统中，按照不同的监管系统性质，配套不同的“包干制”，最终不仅可以减轻科研人员的负担，还可以减轻财务和审计部门的工作负担。课题组通过对 50 多位高校科研人员进行访谈，了解到在科研经费“包干制”试点推广后，很多科研项目已经开始进行包干，而且在试点过程中已经让科研人员得到了激励和科研获得感，但是，已有的项目包干也存在部分问题需要改进。

(1) 科研经费财务政策信息不透明。在对科研经费“包干制”试点学校进行调研后发现尽管科研经费“包干制”的实施赋予了科研人员较大的权力，但属于项目经费支出范围的经费目前尚未明确。有些费用仍然需要在固定资产采购时提前向财务处报备，与科研经费“包干制”所提倡的“充分放权给科研人员”相冲突。

(2) 科研经费“包干制”放权界限不明确。不同学科之间存在明显差异，故科研经费“包干制”不能采用固定的模式。比如软科学研究的经费特点是经费较少，开支主要用于人工费的发放，所以针对软科学就可以充分提高人工费发放的额度限制，让项目负责人自行支配。但是对于国家一些硬件开发部门和重大科研攻关项目，涉及的经费数额较大，在进行包干时不能像软科学一样以相同的人工费额度进行包干，以免出现经费套取现象。

(3) 科研经费“包干制”试点推广界限问题。从科研经费“包干制”推广条件的界定来看，要根据科研经费额度来制定不同的包干制度。经费数额较小的项目，可以充分放权给科研人员，让项目负责人自行支配经费的使用，从而提高经费使用效率和科研效率。但是针对经费数额较高的项目而言，在推行科研经费“包干制”时需要增加相关条件来加以监督和限制，避免完全放开所造成的科研经费使用问题。从管理层面来看，如何界定科研经费的额度问题成为科研经费“包干制”推广落地的关键。

(4) 直接经费和间接经费的比例问题。直接经费使用包括发放学生劳务费，间接经费使用包括个人绩效。针对软科学等科研经费较少的项目，目前通过这两种形式给科研人员或者学生发放劳务费，最后都会承担较高的个人所得税，导致科研获得感下降。在科研经费“包干制”实施后，虽然间接经费按照比例有了一个额度区间，但是间接经费只能给团队成员发放绩效和管理费，而不能进行其他科研活动的报销，导致间接经费的使用灵活性不高。

(5) 经费报销和预算问题。2020—2022 年受新冠疫情影响，很多调研活动无法线下开展，进而转为线上开展或者是聘请专家进行线上交流，导致预算的调研费用不能正常开支，而是增加了劳务费的开支比例。按照科研经费“包干制”试点之前的政策，超出比例的劳务费将不能进行报销，导致报销和预算方面出现了很多问题。

(6) 试点单位的科研经费“包干制”配套政策滞后。从科研经费“包干制”项目试点提出开始，很多高校就开始制定科研经费的包干使用政策，之后再结合省科技厅的包干政策进行修改，进而再提交校长办公会。整个政策制定涉及的环节众多，政策落实和科研项目开展包干产生了一定的滞后性。

(7) 科研经费“包干制”政策衔接不到位。尽管当前国家已经出台科研经费“包干制”的政策，但是具体到每个省和每个高校，不能做到“包干制”政策的有效衔接，最后形成名义上的“包干”。比如在一些高校中，尽管已经实行科研经费“包干制”，但在报销制度上仍然限制严格，要求每月有固定报销金额。对于科研活动而言，每个月的花费不是按照固定的项目进行的，如果某月集中给学生发放劳务费或者某月集中采买相关的科研配套设备，都会导致经费花费差异，报销时不符合学校审计的规定。

(8) 科研发生项目的界限不清晰。比如,因科研需要购买的笔记本电脑属于经费报销的范畴,但是购买的笔记本电脑包不能算作报销项目,还有一些在实地调研时购买的赠予受访者的小礼品也不属于报销项目,最后许多开销都只能让科研人员自行垫付,影响了科研人员的积极性。

(9) 审计机制过于刚性,缺乏灵活性。针对人文社科和理工科,很多报销科目存在差异。比如针对材料费的概念定义,理工科主要指的实验相关的材料,人文社科主要指的是一些低值易耗品,但这种材料在报销时往往没有具体的名录对应,导致报销困难。因此,可以建立人性化、柔性化的审计制度。此外,当前对于经费较小项目的审计限制较多,对于涉及经费较大的项目,审计监督的力度较小。因此,当前审计机制的灵活性不足,不能够根据具体的项目进行分类,进而形成审计制度约束。

(10) 放宽对青年项目的限制。青年教师是我国未来科学研究的主力军,但是当前青年教师的科研经费需求较大,学校相关部门对青年教师的项目管理又过于严格,青年教师的科研主动性有所下降。因此,科研经费“包干制”需要放宽对青年教师的经费管理,在一个大类框架内给予一定的约束,经费的调配使用权应该让青年教师自主选择,从而激发青年教师的科研积极性。

(11) 科研管理部门之间缺乏沟通机制。比如高校的科技管理部门、财务部门、纪检部门和审计部门之间往往没有建立有效的沟通机制,主要由财务部门和科技管理部门重点负责科研项目的相关事宜,但是两者对自己的权责范围界限划分得非常明确,这就导致科研人员在进行经费报销时出现部门之间不能有效沟通协调。因此,应该由地方财政部门牵头,科技、审计部门联合发文,将具体的经费管理规章进行明确,形成一种相互监督的管理办法。

(12) 科研经费“包干制”中期考核及约束机制的建立存在空白。项目包干过程中应该建立中期考核机制和约束机制,在包干过程中进行约束管理,对过程管理、项目结题等都需要进行评估,并对这个过程中资金的使用是否违规等及时进行监督。

综上所述,通过访谈调查发现当前的科研经费“包干制”试点增加了经费使用灵活性。2020—2022 年受新冠疫情影响,很多实际的出差消费,按照原来的餐饮费报销比例只能报销 10%～20%。受新冠疫情影响,很多实地调研项目只能转为线上数据调研、网上调研等方式进行,但是网络调研也需要科研人员费心费力，在报销时，很难按照原来设定的报销科目进行核算。甚至有可能在项目结题时，经费项目的支出超过了预算费，之后还需要进一步写说明，申请再调整等，整个过程变得复杂。在实施科研经费“包干制”以后，增加了科研经费的使用灵活性，特别是从经费报销方面而言，扩大了科研经费的报销范围和报销额度，增加了报销的灵活性，对于实际发生的、合理的科研费用都可以纳入科研经费中进行报销，这进一步提高了科研团队的自主性。另外，还应当增加差旅费报销标准的灵活性，根据实际出差城市的物价水平进行灵活性调整，从而给予科研人员正向激励，提高科研人员的自主性。

3.3　科研经费“包干制”实施中的主要问题分析

我国在不断加大科研经费投入力度的同时，科研经费“包干制”也成为科研经费管理改革的重要探索。2019 年，李克强在《政府工作报告》中提出开展项目经费使用“包干制”改革试点。2020 年，李克强在国家科学技术奖励大会上进一步指出要持续深化科技领域“放管服”改革，增强科技创新的内生动力，为科研人员放权松绑，拓展项目经费使用“包干制”试点，这体现出国家科研经费管理改革的决心。但是，在科研经费实际使用过程中，对科研经费“包干制”尚缺乏全面的认识，没有真正达到“包干”的目的。通过问卷调查和面对面深度访谈的方式对影响科研经费“包干制”推广的关键因素进行分析，最终得出四点影响科研经费“包干制”推广的因素，即制度设计及落实、预算编制与执行、相关部门配合与监督、项目负责人能力与态度。另外，本节进一步深入探究，总结出当前科研经费“包干制”在实施中面临的挑战及问题。

3.3.1　科研经费管理体系有待完善

3.3.1.1　科研经费管理制度不完善

与完善的科研项目管理制度相比，科研经费在规划和执行的系统性、时效性、可操作性等方面也远不及科研项目的管理体系。现行科研经费管理制度难以落实，科研经费风险防控力度不足。科研单位主体主抓责任追究，但是并没有将科研经费管理防患于未然的机制落实到位。部分科研单位在科研经费的管理上缺乏严格的管理制度以及政策要求，实际实施往往与计划脱节。项目负责人往往将提升科研水平、提高科研收入作为主要目标，加之科研经费“包干制”的柔性化管理，项目负责人与项目成员淡化了对科研经费管理的重视，致使管理手段脱离实际。在科研经费实际支出阶段，主要的管理监督来自财务部门，但是财务部门与研究单位负责方向有所区别，这将导致科研经费管理信息化程度不高，科研助理制度不能落到实处，从而难以构建科学高效的科研经费管控体系。高校科研经费管理主要有两种形式，第一种是直接由领导管理，该种管理方式不仅会打击科研人员的积极性，而且很难避免科研经费被滥用和克扣的情况出现。第二种是自下而上的管理方式，科研人员可以自行管理自己的科研经费，但这种管理形式较为散乱，容易造成支出混乱、难以记录等问题。在经费实际支出管理环节，如何将目前已有的管理方式进行升级和再造以适应科研经费“包干制”，需要从大局考虑。科研经费使用方面存在的问题之一是款项来源不同的项目对管理的需求有所区别，但是现阶段的科研经费管理制度、管理方法以及职责确认机制是所有种类的项目通用的，没有细分区别。

3.3.1.2 科研单位重项目申报、轻经费预算管理

科研单位项目立项申请直接由项目负责人编制预算，部分科研人员凭主观经验编制预算，基本没有标准依据，也没有经过相关专家论证。科研单位重视的是项目的数量和规模而非科研预算管理的规范化，这导致课题经费的费用支出不能完全、真实地反映在项目预算中。

同时，在项目执行过程中，项目合同归科研管理部门统一管理，核销支出归财务部门管理，科研、财务等部门相互沟通不够，对经费预算的参与度较低，缺乏预算编制标准知识的会计人员难以核销支出是否在预算内，容易造成实际经费支出与预算不符的现象，只能频繁地调整预算，但整个预算调整的流程非常复杂，加重了科研人员的事务性负担。

3.3.1.3 科研经费管理流程缺乏科学性

科研人员对经费管理的理解不够全面。相关财务人员、项目管理人员在经费使用的过程中缺乏科学的管理意识，与项目密切相关的主体存在针对科研经费管理工作没有进行科学合理协商和协调的现象，这就导致了目前科研人员只想获得高额经费却没有对其进行合理的应用。同时，对科研经费的实际应用过程没有进行监督，财务部门对科研项目缺乏足够的认知，

难以实现细致的调查，而管理者只关注项目的进展情况，以及项目未来能够形成的收益，比如国库项目上级部门一年四次定期督查执行率，每到查经费执行率的时候，就会对经费的使用状况进行催缴，以至于项目组为了达到上级管理部门的要求，突击支出经费。原本需要多沟通的部门，在实际工作中缺乏沟通，导致管理环节无法顺畅衔接，经费使用效率下降。

针对这一方面，如何在保证项目见效的过程中提高经费的利用率，避免浪费现象的发生，是现阶段应重视的事情。调研发现，现阶段大多数科研院对纵向课题管控严格，因此参与这一类型科研课题人员在财务上往往按流程照章办事。但是，针对一部分横向课题，科研院往往没有进行严格管控，通常在理由恰当的情况下，负责人便可随意分配科研经费，从而造成数据失真。在监督经费使用时，由于缺乏具体的制度，往往不能进行全面高效的管理。面对这种现象，对经费的预算和核算会有差异。针对一些经济消耗较大的科研项目，其所属会计区间的差异导致其计量存在差异，从而造成预算和核算之间的差异较大。研究发现，虽然涉及经费管理的规范较多，但各规范之间并没有达成一致的认识，因此在实际管理过程中极有可能出现政策相互冲突的情形，经费监管机制的合理性无法保障。高校财务部门不能仅仅出具执行率这样一个数据来督促科研人员，应该给二级科研单位更多可依据的数据和制度，让科研经费更科学、高效地使用。

3.3.2　科研经费预算管理设计不科学

3.3.2.1　缺少有效的预算管理制度

国家部委和地方主管部门发布的规范性文件是科研项目预算编制和管理的参考文件，科研项目预算管理机制在科研单位和高校内部还有待健全和完善。

首先，多数科研机构的项目负责人在科研经费“包干制”制度下拥有足够的学术研究课题经费自主权，可以在管理标准的基础之上助力学校、科研机构各部门职能的发挥，以确保科研经费管理的有效性。但是，大多数学校及科研机构并没有对项目负责人进行指导和培训，如果科研人员不了解国家政策以及会计、经济知识，仅按照自身直观理解来填写预算编制，预算编制将不具备合理性。在实际项目预算审核工作中，原本应该由财务人员参与的预算经费报表，现在往往仅由财务人员签字，并没有具体参与。在科研项目申请这一环节，科研项目负责人仅分析项目的具体内容而没有其他的参考或者资料依据来支撑自己的预算编制。在做经费预算时，项目经费预算表在某种程度上限于一种表面形式，后期项目实际执行时会发生的支出无法在预算表中体现。

其次，项目经费中设置了一定比例的管理费，当项目承担单位的管理人员并未认真履行管理职责时，按照逻辑本不应该产生管理费，但是规定要求项目负责人在一定范围内支出经费并为其冠名“管理费”，该种做法在浪费资源的同时容易造成其他费用的不合理支出，以致项目后期出现经费短缺的情况。一味地计算、使用科研经费会导致科研人员的科研体验差、结余资金过多等现象。从财务人员的角度来说，每个科研项目的核算类别较多且工作职责分工不明晰，财务人员很难及时跟进项目进程以获取及时有效的经费使用情况。同时，财务人员由于对项目的专业内容无法理解，对实验设备和实验材料的价格、使用年限以及消耗速度等难以把握，不能准确了解项目的进展程度及其相对合理的经费支出范围。

最后，高校科研项目评价指标未与科研经费实际使用情况挂钩，而是通过项目申请类型和批复资金等来评估，这容易导致科研人员忽视预算编制的重要性，也容易误导财务人员对项目科研经费实际使用情况的判断，进而降低科研经费预算编制的准确性和有效性。调查发现，认为应在过程中合理、及时、规范地调整预算的人次在所有受访人数中所占的比例较大。由于科研经费控制流程操作难度大，科研工作者面对烦琐的经费调整程序，更容易选择违规使用资金。科研经费预算的评估较为形式化，高校、科研机构在开展预算工作时没有采取有效的预算审核方法，仅仅是核对其是否违背规章制度，这样评估出的预算编制既缺少科学性也缺少合理性，是最终导致科研项目后期实际支出与最初预算编制差距大的重要原因之一。

3.3.2.2 科研经费预算编制不规范

绝大多数科研机构、高校的项目经费预算编制是在缺乏专业财务指导的情况下由项目负责人及成员凭经验完成的，忽视了经费预算准确性的分析要求，这就导致在科研活动开展之后经费的开支缺乏真实性，缺少可稳定获取的科学信息，科研项目进展情况模糊，科研经费预算方案失去应有的意义。

预算编制的质量在一定程度上决定了科研项目研究过程能否有效执行，科研人员往往将主要的精力和时间放在科学研究上，缺乏对财务管理知识的了解，这是导致科研人员对科研经费管理存在知识性认识偏差的原因，对会计分类不熟悉，自然会导致在申报预算时出现经费项目少报、漏报，数据填写不准确，甚至科目填写混乱、错误的情况。在科研经费预算填写不准确的情况下，后期到了实际执行时，就会发生支出混报、预算需要调整、预算调整混乱等情况。会计科目分类不是科研人员的强项，因此在编制预算时容易产生错误，比如将笔记本电脑、主机、硬盘的购买费用等列入科研经费；将打印材料等列为专用材料。还有一部分科研人员因不熟悉会计科目的归属，通过用品的名字判断其归类。加之科研项目周期较长、政策变更、材料更换、技术革新、物价波动等原因，科研经费预算管理规范化已成为一个迫在眉睫的问题。调查发现，选择经费拨付的及时性需要改进的人次在所有填写受访人数中所占的比例也较大。目前，很多科研项目无法在规定的时间收到科研经费，或者在遇到特殊情况需要经费的时候无法及时得到经费支持，影响了研究进度，有时科研工作者不得不停止科研项目进展等待经费发放，而对于一部分大型研究或者重大研究项目，资金短缺可能导致严重后果。

3.3.2.3　未考虑经费预算风险

有效地提升预算执行效率，首先需要项目负责人对所申请的科研项目有一个客观评估，缩小预算资金与实际结项决算金额的差距，更好地做到开源节流。其次，上级部门应该积极对科研机构的预算编制进行审核。项目负责人要按照科研经费管理办法及编写要求严格填写预算内容、经费类别、金额调整等，且这些资料最后也需要得到上级主管部门的审核与批复；每一步都按照规章进行，理论上应该已经将科研经费预算风险降至最低，但是在实际实施过程中，会出现各种不同的问题需要调整预算，也会出现预算不合理，甚至经费在使用后期出现预算与决算不匹配的情况。

在做科研经费预算时，通常不能预想到后期科研项目实施中遇到的问题，例如是否需要增加调研的次数，组织大量调研会导致差旅费和会议费等超出原本的预算；再如在项目实施过程中由于实验室的仪器出现问题导致实验数据不理想，购买新仪器等不可控的客观事实会导致先前做的经费预算与经费实际使用情况不符。另外，在预算编制环节，由于要经过上级主管部门的审批，项目负责人需要严格按照经费预算要求填写。为了让填报的每一项都在规定的范围内，项目负责人在注重预算类别以及对应金额是否具有合理性的情况下，却容易忽略考虑实际情况下对经费的需求，也没有考虑项目落实过程中可能出现的突发情况，未考虑经费预算风险，导致项目后期有的预算类别并未用上或者与实际决算不匹配、需要作出调整等现象。

3.3.3 缺乏有效的绩效评价机制

3.3.3.1 绩效评价体系单一，绩效管理主动性欠缺

科学的激励机制主要是正向的激励机制，能够鼓励教师参与科研项目，充分调动科研工作者的热情，利用绩效评估体系的构建与完善来评价研究目标的完成程度，以提高科研人员的科研热情。与此同时，良好的绩效评价体系能为科研单位创造良好的氛围，有利于形成更多的科研人员参与科研活动的科研环境，形成良性循环机制。目前的科研经费绩效评价主要由财务部门负责，整个绩效评价环节的主动性欠缺，绩效评价工作流程不够规范，需要完善绩效评价模式。

3.3.3.2 缺乏专业的绩效评价主体

科研单位缺乏专业的绩效评价管理人才，财务人员绩效管理工作负担较重，独立专业的绩效评价机构尚未建立，评价的客观公正性有待商榷。绩效评价结果的应用程度不高，没有充分发挥应有的实际效益。

我国科研机构的激励机制主要集中在科研产出，科研人员只有在科研成果实际产出时才能获得一定的奖励，在项目推进实施的过程中则忽略了针对科研人员的智力成本和科研贡献进行物质与精神双重激励，难以激发科研人员科研创新的积极性与创造力。

3.3.4 科研经费监管机制有待提升

3.3.4.1 科研项目负责单位监管不到位

科研经费的组成结构较为复杂，既包括企事业单位的横向经费，也包括政府的纵向经费以及高校普通的科研业务经费。从申报立项到项目批准再

到经费进入账户，整个过程情况复杂，监管起来较为困难。从单位整体层面来看，项目立项后所获取的科研基金在承办方抽取一部分后，剩下的基金基本处于软控制状态，由项目组负责人独自分配和使用。在不违反会计核算的前提下，个人基本掌握绝对控制权，单位不再进行干扰和控制，容易滋生腐败，科研人员诚信伦理问题是亟待解决的问题之一。从各职能部门层面来看，科研项目管理往往是独立的，并不与资产管理挂钩，一旦出现问题，各个部门会相互推脱，使得监管出现死角。资产管理与财务管理分离，容易出现“账实不符”的现象，财务部门仅仅反映资产账面价值，而具体的详细信息在资产管理部门登记，导致管理漏洞。

3.3.4.2　监管机制薄弱

科研经费管理是一项系统工程，涉及多个部门，相互配合。从时间角度来看，项目立项、预算、支出、监管和结项应依次进行，应对整个纵向过程展开管理。从空间角度来看，科研部门、财务部门以及审计部门等众多部门需要积极协作，优化相关资源配置，认真履行管理职能，逐步提升高校科研经费管理水平。但在实际的科研经费管理过程中，往往出现后续的监管、审计等工作与前期充分的科研工作不匹配的现象。究其原因，财务部门、审计部门等由不同校领导分管，存在工作沟通不畅的现象，难以实现科研信息共享，因而科研项目管理与经费管理时有矛盾发生。例如，部分项目负责人在经费使用率的要求下会做出设备重复购置或无意义购置的行为，对于此类浪费科研资源的现象，国有资产管理部门没有做好监管工作，可能造成国有资产被个人侵占的科研诚信道德问题。

目前，众多科研单位重事后审计而轻事前事中的监督提醒工作。例如，高校内部的审计部门与学校利益相关，会在事后审计的过程中出于利益方的自利心理而维护相关负责人，从而维护学校利益，所实施的大多是形式化的监管方式。综上，科研单位内部的监管机制较为薄弱，各部门缺乏一定的科研联系与沟通，未建立健全合理的科研诚信监管机制，存在科研经费滥用现象。

3.3.5　科研经费使用效率有待提升

3.3.5.1　科研经费“有钱花不出去”的现象仍存在

目前的经费预算填报缺少合理的预算栏目设置，容易使部分经费分类难以适从，造成经费的闲置与浪费。具体来说，科研项目在申请预算的时候，经费类别比例规定比较严格，所有经费类别都要按比例填报。例如，很多基金申请的预算表中都会有测试费、试验材料费等，对非试验学科来说，几乎不需要这些费用，但还要按比例填报，导致经费“花不出去”。同时，项目主管部门下拨经费金额的标准是经费的充足程度，忽视了科研项目实际运行中的经费需求，导致部分科研项目“有钱花不出去”，进而产生资金冗余现象。

3.3.5.2 缺乏健全的经费报销机制

目前的科研经费报销机制主要存在以下三个问题。第一，科研报销过程中出现违规的科研经费套取行为，科研财政权被滥用，对此方面的监督整改措施不够。例如，部分科研人员在日常的经费使用过程中利用办公用品、邮寄费用以及打印费用来开虚假发票，虚构因科研项目需求而产生的差旅费，利用科研项目无关人员的身份冒领劳务费，甚至存在套取经费为个人家庭生活私用的现象。第二，科研项目负责人对于其经费使用情况的公开程度较低，不透明的信息状态难以实现公众监督的进一步优化。第三，多位受访人员反映，科研经费报销支付程序烦琐，材料复杂，报销金额到账时间慢等问题影响了科研经费效能发挥和科研项目进程。

3.3.5.3 缺乏科研诚信考核机制

科研经费“包干制”的实施以及后续结余资金处理等工作均建立在科研诚信的基础上，科研诚信是基础也是底线。配套科研诚信机制的不健全、不完善会成为科研经费便利政策进一步推行、优化的绊脚石。权责不一问题容易使科研人员夸大自身的科研价值，利用专家权力大责任小的特征来实现科研经费的套取与挪用。针对此类科研诚信问题所采取的措施，震慑力不足，部分学术不端的科研人员认为科研违规成本不高，触碰科研经费管理“红线”不会遭受大力度的处罚措施从而轻视科研诚信建设。

3.3.6 部门间缺乏信息共享与配合

3.3.6.1 相关部门间缺乏信息共享机制

部分项目负责人对经费的来源和支出存在一定的知识误区，对科研经费管理缺乏全面认知，影响科研经费管理工作的推进。在科研经费使用出现问题时，由于在组织架构上缺少协同管理机制，各职能部门各负其责，甚至互相推卸责任，致使科研经费整体使用效率和管理水平下降。从项目负责人的角度来看，在完成资金申报等程序后，掌握了经费的支出和管理权限，能够自由选择不违反具体要求的支出。而财务部门鉴于自身的工作标准，只关心科研经费报销程序和所交材料是否符合相关资金管理规定。科研部门主要关心项目审批与结项问题，并不特别关心经费的具体使用情况。三个部门之间缺乏信息共享机制，从而致使沟通和相互合作效率低下，信息管理脱节现象严重，“结项不结账”的异常现象时有发生。

3.3.6.2　科研管理部门和科研人员间存在信息不对称

相关研究表示，参照结合现行的科研经费管理制度，高校科研人员在科研项目经费管理中存在职权不清的现象[80]。由于不同机构的任务要求不同，科研人员和相关管理人员在经费信息化管理方面没有明确分工，难以获悉清晰的科研资金动态，不易跟上科研项目的内容进度，破坏了科研项目管理和资金管理的协调性。此外，项目管理人员普遍对科研项目经费管理相关工作条例不甚了解，财务部门没有对其进行基础的培训和指导，从而可能造成预算绩效编制不当。科研管理过程中各主体的信息不对称以及快速联系网络的空缺是各主体缺乏合作默契、资金使用效率低下的重要原因。

3.3.7　普通科研人员的智力投入难以得到补偿

人是科研工作中最重要的因素，但在实际管理政策的制定上，对“人”的重视仍然不够。参照《财政部 科技部关于调整国家科技计划和公益性行业科研专项经费管理办法若干规定的通知》，科研项目经费包括直接费用和间接费用，直接费用包括材料费、测试化验加工费、会议费、差旅费、设备费、专家咨询费、劳务费等，间接费用包括承担课题任务的单位为课题研究提供的现有仪器设备及房屋，水、电、气、暖消耗，有关管理费用的补助支出，以及绩效支出等。特别需要强调的是，间接费用中的绩效支出比例较低，不能超过直接费用扣除设备购置费后的5%。

在实际的研究过程中，基础性研究项目或是人文社科研究项目所依靠的科研设备并不多，很多工作仅需要电脑即可完成。科研项目的特殊性也对其会议、差旅以及科研辅助人员的劳务费要求较低，主要的支出应该是针对组内的科研人员的智力付出给予一定的科研奖励。为了更快、更好地出成果，尽职的科研人员加班加点是常事，将所有的假期都贡献给科研工作的也不在少数。但是目前政策对于间接经费中绩效支出的标准设定得太低，这对于调动科研人员的积极性较为不利。

3.3.8 科研经费"包干制"政策全面推广落地难

科研经费"包干制"改革出发点非常好，也被广大科技工作者接受，但是由于各种原因，在政策落地及普遍推广过程中还存在各种困难，主要表现在五个方面。

3.3.8.1 对科研经费"包干制"存在认识误区

韩凤芹等指出，科研经费实行"包干制"试点，要注重四个"不能"，即不能"以包代管""以包代改""一包就灵""一包了之"[81]。结合高校科研经费管理实践，本书认为逐步实施科研经费"包干制"需要清晰认识以下几个误区。

首先，科研经费"包干制"是职能行政权力的弱化。科研经费"包干制"中的"包干"是经费的有限放宽要求，科研人员在放宽的范围内自由安排科研经费并执行管理权和使用权。对于相关科研主管部门、管理部门、高校相关职能部门来说，并不能"一包了之"，将职责和职权全部下放给科研人员。事实上，科研经费"包干制"实施后，科研相关职能行政权力没有被弱化，而是被强化。要弱化的是将对经费的直接管理转为间接管理，不直接参与经费的预算、报销管理，要强化的是协调科研项目经费的及时到位，督促科研人员进行科研经费预算，提醒科研人员加快科研经费预算执行进度并及时报销科研经费，协助科研人员对课题的中期和验收结题的经费检查。各相关职能部门为科研经费"包干制"的实施提供必要的条件保障和政策支持，同时也对科研经费"包干制"进行科研诚信方面的全面考核。

其次，科研经费"自留地"管理有了制度的"保护伞"。科研经费"自留地"的说法是过去科研人员对科研项目经费的一种误导性认识。科研经费"自留地"是指科研人员对所申报和承担的科研项目经费具有自我支配权和使用权。科研经费"包干制"是"自留地"说法的一种衍生，不是"保护伞"。科研经费"包干制"的前提在于科研经费具有财政性质，有科研项目目标和任务的考核。凡是与科研项目相关的经费支出，都可以"包干"使用。但如果是与项目无关的经费支出，则脱离了“包干”的范围，需要受到监督和约束。

最后，科研经费“包干制”摆脱了监管的约束。科研经费“包干制”的实施是有前提条件的。王志刚强调应依据科研人员的经费管理、科研成果、科学操守、素养及科研团队的稳定性等条件来决定某科研人员在某个项目上是否可以实行科研经费“包干制”[82]。“包干”并不意味着科研活动不需要监管，有“放”，就必然有与之相配套的“管”，要明确相应的“负面清单”或“红线”[83]。科研经费“包干制”只有建立在诚实守信、科研信用水平较高的基础上，才能有效避免科研经费违规违纪现象的发生。

3.3.8.2　科研经费“包干制”政策内容、权责不明晰

国内外“包干制”主要有四种类型：以科研人员或课题组为对象的“包干制”；以实验室或单位法人为对象的“包干制”；以科研项目为对象的“包干制”；以科研项目中的某些科目经费为对象的“包干制”[84]。目前，采用哪种方式进行包干，还没有一个统一明确的规定。2021 年 8 月国务院办公厅印发的《国务院办公厅关于改革完善中央财政科研经费管理的若干意见》规定，在人才类和基础研究类科研项目中推行经费“包干制”，允许项目承担单位对国内差旅费中的伙食补助费、市内交通费和难以取得发票的住宿费实行“包干制”。《国务院办公厅关于改革完善中央财政科研经费管理的若干意见》中的规定，在包干方面迈出了一大步，但是，在人文类和基础研究类科研项目中是全部推行“包干制”还是选择部分项目推行“包干制”，要不要对项目金额进行适当区分，金额过大的项目适不适合包干，这些问题都需要在实际操作过程中予以细化明确。

3.3.8.3　科研人员对放权的获得感不强

《2019 年科技工作者心理健康状况调查报告》数据显示，近 1/4 的调查对象有不同程度的抑郁表现，其中 6.4%的人属于高度抑郁风险群体，17.6%的人有抑郁倾向。科研人员感到更加强烈的抑郁和焦虑，中度和重度焦虑的比例也在提高[85]。一般来说，广大科研人员既要兼顾教学和科研工作，又要外出参加学术交流活动，还要处理项目管理过程中的各种人际关系等，这些工作都加重了科研人员的负担。

虽然近年来国家政策针对科研经费直接成本和间接成本有了一定的改善，范围限制也有所减少，但由于科研活动的不可预测性和市场价格波动，科

研经费使用一直处于变动中。中国科学技术协会2018年发布的《第四次全国科技工作者状况调查报告》显示,科技工作者的收入虽然较之前有所增加,但是收入满意度却持续下降。例如,2016年科技工作者平均年收入为90 985.5元,比2012年的74 137元增长了22.7%[86],但是科技工作者在将自己的工资水平与当地的平均工资水平相比时,会认为自己的工资水平处在较低的段位,这种现象会引发对自身科研能力与科研价值的怀疑,压力进一步加大。此外,科研项目的分配不均、覆盖面有限,直接导致了科研项目经费的结构不均衡,科研人员的政策获得感不强。在实际研究过程中,根据项目需求,费用可能出现增加或者结余,如果一味对科研经费设限,要求科研人员按照"条条框框"严格执行,会影响科研人员研究计划和科研工作的开展。在现行管理模式下,由于科研人员的薪酬福利已经在正常渠道列支,科研经费被认为只能投入与项目直接相关的成本费用,科研经费的使用与科研人员所得没有直接关系,也不能从"经费结余"中获得一定的奖励,外聘人员劳务费用还存在比例、标准等方面的限制。这些规定不利于调动科研人员积极性,容易滋生科研人员想方设法套取科研经费等问题。同时,在目前科研经费"结余上缴"的要求下,项目单位承担了较多的、具体的管理工作以及财务风险、监管职责,却无法获得相应的收益,科研人员无法获得相应的收入。在这种风险与收益不匹配、激励机制配套不足的情况下,项目承担单位会谨慎保守,选择回避风险从严监管,科研人员主动性不强,实施科研经费"包干制"动力不足。

3.3.8.4 财务管理体系不适应

首先,项目承担单位根据各种财税及监管规定,形成了正常的财务管理体系和工作流程,实施科研经费"包干制"将与常规财务工作产生冲突。比如,依据现行财务管理制度,费用报销需要规范化、明细化,要求报销人员提供明细清单,而科研经费"包干制"下,报销凭据简化,科研设备采用"特事特办"的灵活采购机制,这违反财务内控程序。又如,科研经费"包干制"下,劳务人员还需要签署劳务合同提供劳务明细,科研经费中无法列支"五险一金"成本。再如,科研经费管理一直实行全面预算管理,立项前填报各级明细,调整时层层审批,支付与审计时严格审查,这与科研项目的实施时间长、支出项目具有不确定性的客观情况不匹配。这些冲突导致现行财务管理体系、流程难以适应科研经费"包干制"对财务制度的需求。

其次，科研经费“包干制”的特征之一是不需要提供详细的预算编制与说明，但是经费审批部门面对这一特征可能会无所适从，难以准确把握经费额度。经费额度审批很大程度上依赖于审批专家自主判断，自主判断的准确程度与专业程度是息息相关的，这就要求提高审批人员的专业判断能力。

最后，项目成本核定有难度。在全面预算管理模式下，科研项目中每个科目的预算经费都是明确的，项目成本相对容易量化评估。在科研经费“包干制”模式下，不再编制项目预算，如何评估项目成本、核定项目金额成为一个难题。项目单位、科研人员希望把项目金额申报得相对高一些，以免出现项目执行过程中金额不足、难以顺利推进的问题。发包单位则希望把项目金额核定得相对低一些，以达到节约成本、降低自身风险的目的。平衡这对矛盾，需要有一个相对量化的评估、核定标准。但是，截至目前，尚无一套科学、简便、高效的项目成本核算标准，也没有一套兼顾经济效益和社会效益、短期效益和长期效益的绩效评估标准，导致项目成本评估、核定的客观性、准确性和公正性难以得到有效保障。

3.3.8.5　负面清单难执行

从目前中央有关科研院所及部分省市推行科研经费“包干制”的情况来看，普遍采用“包干制＋负面清单”的方式进行科研经费管理。负面清单管理，意在保障科研人员经费使用的自主权，也能够有效防范科研经费“包干制”可能带来的廉政风险。但在科研经费“包干制”实践中，存在两种极端化倾向。一是负面清单太简约、太原则，缺乏可操作性。比如，有的科研单位负面清单只有五六条，内容包括严禁利用不正当手段谋取私利的行为，严禁做与科研无关和违背科学共同体公认道德的行为，严禁违反国家法律法规的行为。面对这些原则性、“箩筐式”的规定，在具体执行过程中科研人员还需要认真学习负面清单背后的政策制度和法律法规，进而判断哪些行为属于严禁的范围，这本身与“放管服”改革的精神也是相冲突的。二是负面清单过于详尽。这本身也包含了一些冲突因素，既增加了负面清单制定、修订的难度，又增加了科研人员理解、记忆的难度。

3.3.9　科研人员经费管理自主权落实较为困难

长期以来，科研经费管理主要遵循行政管理和工程管理思维，采取“预算制”等刚性化管理方式，管理条条框框太多，表现出较强的刚性，抑制了科研活动中的科研人员创新性和积极性。制度设计已经蕴含了给予科研人员较大自主权的信号，但是在科研经费管理的过程中，仍存在部分放权政策落地难的问题。调研得知，实践中科研经费管理及科研人员经费管理自主权落实还存在较多的痛点和难点，主要体现在以下五个方面。

第一，课题依托单位接不住。科研项目承担单位在科研项目进行过程中需要接受审计部门的监督，由于自身的利益考虑可能选择不放权或谨慎放权，这与政策中放权给课题组和科研人员的规定相悖。此外，放权政策存在权责不清晰的问题，没有相关的配套体系明确单位、课题组和个人在充分放权的政策环境下所应承担的责任。

第二，《国务院办公厅关于改革完善中央财政科研经费管理的若干意见》的出台是改革和完善科研经费管理的重要举措，但仍存在一定的痛点和难点。例如，近几年科研经费改革的新政策越来越多，放权力度越来越大，已经实现了应放尽放，但是改革部门之间不协调、科研院所主体责任不明晰、试点单位与非试点单位之间政策不协调、部分一线人员对科研经费政策理解不到位等问题，导致科研人员科研经费自主管理权仍然没有放开。目前报销手续较为复杂，签字较多，应删繁就简，减少行政审批手续，增加灵活性和自主性。

第三，项目承担单位对中央政策虽有不同程度的理解，但没有对管理体制机制进行根本性改变，权力下放比较慢，仍采用传统的科研经费管理理念和思维，出现了“上面政策越来越松、下面执行越来越紧”的现象。调研显示，有51.52％的科研人员认为“预算编制与执行”是科研经费“包干制”推广的一个较大影响因素。

第四，科研经费内控和监管过程中缺乏人性化理念，对经费管理自主权满意程度不高，科研人员收入水平没有得到提高。很多单位存在“在职人员工资性收入低于退休人员养老金”的现象。内控和监督过程过分注重对财务合规性的关注，缺乏对科研成果质量的多维度评价，缺少对成果应用性的关注。另外，对科研人员缺乏信任，采取简单的“问题式”审计，科研人员与审计人员缺乏有效沟通。调研显示，有43.94％的科研人员对经费自主管理权满意程度为“基本满意”，有19.7％的科研人员“不满意”。

第五，科研经费“包干制”虽然在一定范围内进行试点并取得了良好成效，但是还存在较多困难。① 从项目类型来看，目前科研经费改革尤其是科研经费“包干制”仅在自然科学类的基础研究类项目中试点，在人文社科类项目中尚未开展试点或试点范围很小；② 从项目范围来看，目前只是在国家杰出青年科学基金项目、优秀青年科学基金项目和中国博士后科学基金资助等人才类项目中试点，在大部分财政支持的科研项目中还没有实施科研经费“包干制”，尤其是哲学社科类项目实施科研经费“包干制”更少；③ 从地域省份来看，目前只有北京市、上海市、江苏省及陕西省等地方开展了科研经费管理改革，大部分省份高校或科研院所还是采取传统的科研经费管理方式，或者只是初步进行改革，成效还不明显；④ 从关注程度来看，目前只有少数专家学者积极关注科研经费管理改革问题，大部分科研人员还是被动、简单地执行政策，对经费管理改革具体内容了解较少，调研显示，43.94%的受访者对所在单位科研经费管理制度了解程度为一般。

3.4　本章小节

本章从科研经费“包干制”实施现状出发，采取问卷调查法和访谈调查法对影响科研经费“包干制”推广以及当前我国科研经费管理中存在的问题进行梳理，发现影响科研经费“包干制”推广的关键因素主要包括制度设计及落实、预算编制与执行、相关部门配合与监督、项目负责人能力与态度。结合与高校科研项目负责人以及高校科研工作者的相关探讨，总结出已有科研经费“包干制”试点单位存在的问题（图 3-6），分别是科研经费管理体系有待完善、科研经费预算管理设计不科学、缺乏有效的绩效评价机制、科研经费监管机制有待提升、科研经费使用效率有待提升、部门间缺乏信息共享与配合、普通科研人员的智力投入难以得到补偿、科研经费“包干制”政策落地难以及科研经费管理自主权落实较为困难等。

综上，为了更好地推进我国科研经费“包干制”改革，总结影响科研经费“包干制”实施的因素，为后续探究科研经费“包干制”内容体系，设计包干方案，构建科研经费“包干制”的有效推进机制提供理论依据。后续章节将在此基础上建立适当的容错机制，既要加强各部门协同运行效率，又要适当的“管”，建立一定的考核与审计监督机制以及多层次、多部门、多主体相协调的推进机制，达到提高科研效率、提升创新能力的目标。

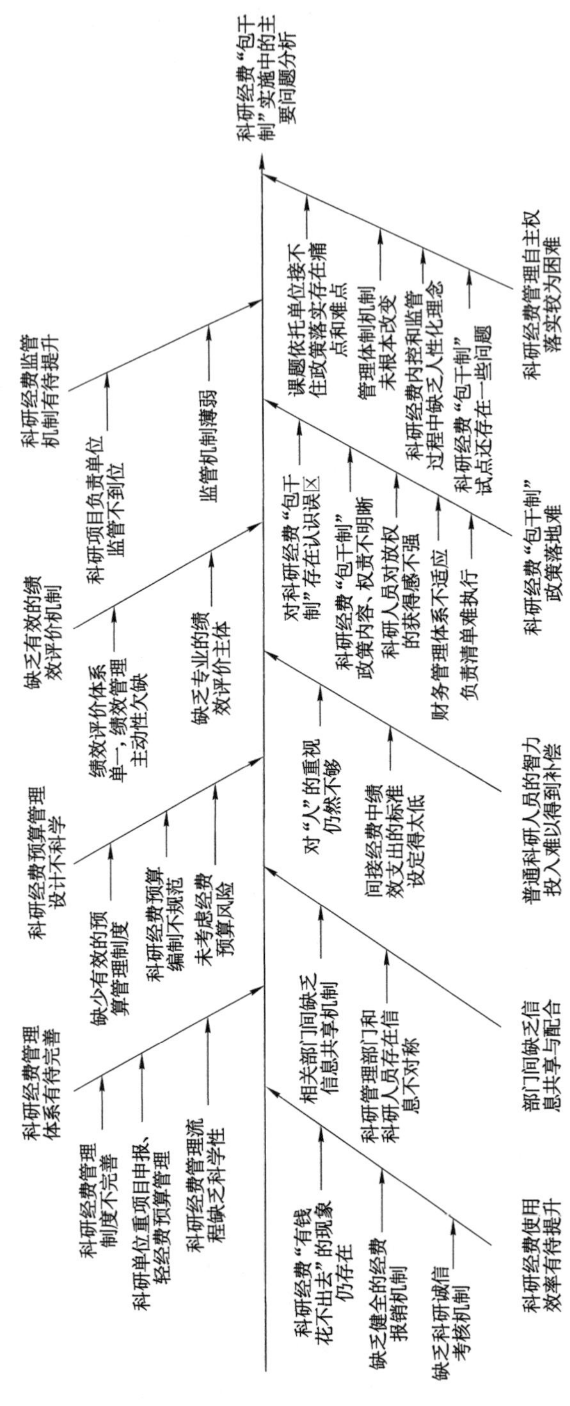

图3-6 科研经费"包干制"实施中的主要问题分析

科研经费"包干制"对科研人员创新激励效应的作用机理分析

本章分别从组织行为学和心理学的创新激励动因、创新积极性和工作满意度以及科研经费管理政策演变分析了科研经费"包干制"对科研人员激励效应的作用机理。

科研经费“包干制”的实施可以使科研任务与科研经费直接挂钩，在尊重科学家的同时，进一步体现知识的价值；在提高科研效率的同时，使科研人员能够通过智力劳动获取经济利益。科研经费自主权是科研经费“包干制”的政策工具之一，能够激励科研人员的科研行为，促进科研产出。对科研人员来说，科研经费“包干制”是尊重，是信任，亦是鞭策和激励。在对科研经费“包干制”概念、国内外研究现状、实施现状以及存在的主要问题进行梳理之后，本章以科研经费“包干制”改革为自变量，从组织行为学和心理学角度探寻科研人员进行科研活动的内生动力，确定科研产出的关键中介变量，从而构建科研经费“包干制”改革对科研人员产生创新激励作用的理论模型，为后续开展实证研究奠定基础。

4.1　激励原理解析

激励问题是管理学和心理学经常探讨的问题，是管理过程中不可或缺的环节。从不同学科角度综合来看，激励主要指以组织成员的需要为基点，以需求理论为指导，通过奖励、行为规范、惩罚措施等形式对组织及个人的行为进行引导和规范，从而保证组织目标的实现。激励的一般过程包括需求、紧张、目标、行动、报酬、满足感，如图 4-1 所示。

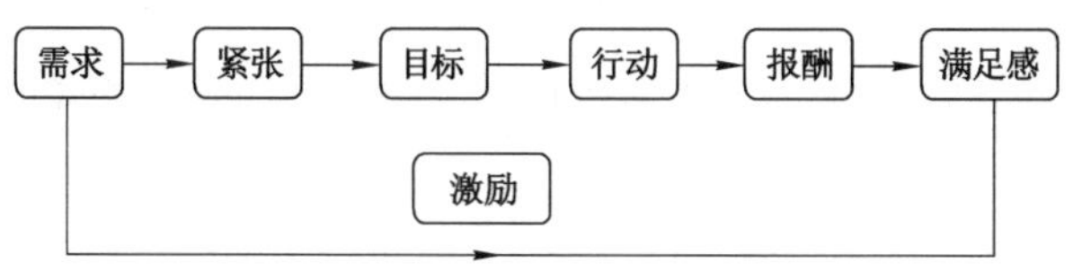

图 4-1　激励的一般过程

激励过程始于个体需要，并在需要得到满足的过程中产生一系列反应。激励能够促使人产生行为，行为产生的基础是个体需求，基于满足个体需求的目的，促使个体产生相应的行为。需求之所以能够产生行为，是因为动机的存在，即未得到满足的需求会使人紧张不安，从而驱动个体产生行为，在动机产生后，个体会基于满足需求的目标开展行动。在这一行动过程中，个体因付出而获得回报，会给行为人带来生理和心理上的双重满足感，在既定的需求得到满足后，新的需求又会产生，从而引起人新的行为。本书主要采用波特和劳勒提出的综合激励模型（图 4-2）。

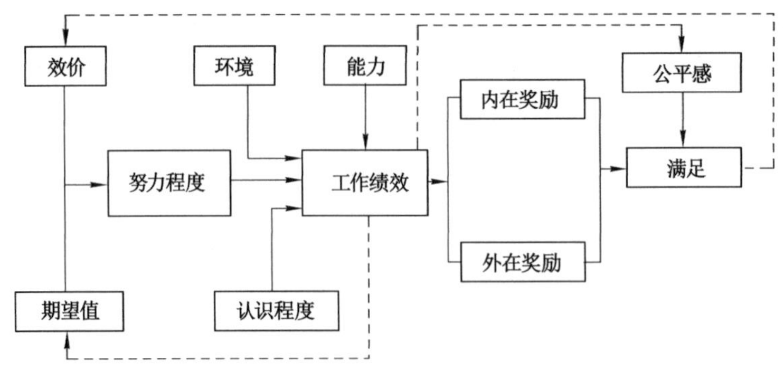

图 4-2　波特和劳勒的综合激励模型

综合激励模型中,工作绩效受个体努力程度、环境、能力、认识程度等因素的影响,其中努力程度来源于个体的效价和期望值。效价指的是工作或任务对于个体来说满足自身需求的价值,期望值指的是个体对目标实现的主观估计,个体通过综合效价和期望值,决定自身在工作或任务中付出多大努力。当个体通过努力完成或达到工作绩效后,会得到相应的内在奖励和外在奖励。其中,内在奖励指个体价值实现的满足感,外在奖励包括工资、升职等。奖励给个体带来的是满足感的获取,但是该满足感并不单单取决于个体自身所获得的奖励,还受公平感的影响,个体通过对比自身的奖励评估公平与否,进而获得满足感。个体的满足感反过来影响效价,满足感越大,效价越大;反之,亦然。个体期望值与工作绩效相关,即得到绩效回报后期望值增加,反之,则降低。个体的努力程度根据效价和期望值调整,整个激励过程以此循环往复持续进行。

综合激励模型是一种全过程研究,提出了"角色概念",即个体努力程度和绩效程度取决于个体在组织中定位和作用的自我主观评估,与此同时奖励能够发挥作用的基础在于个体确认绩效与奖励相关。除此之外,该模型增加了"公平感"这一要素,解释了为何个体在获得奖励后没有达到满足的原因,即个体在获得奖励后会进行横向的外部比较,来评估奖励是否公平,若公平感得不到满足,即使获得足够多的报酬奖励,激励也无法发挥作用。

因此,组织管理者为实现组织目标,提高成员绩效,需要了解并认同个体心中的成果价值,同时设定可衡量的、透明的、适当的绩效,促使组织成员付出努力。在科研管理中,基于综合激励模型,科研人员对于绩效成果的获取有较为清晰的认知，管理部门应当充分把握科研人员的效价与期望，通过建立全方面、多层次的激励机制，促使科研人员付出努力，在达成个人绩效的同时实现组织绩效。

4.2 基于组织行为学和心理学的创新激励动因分析

4.2.1 科研人员的需求分析

相较于其他人力资本，科研人员的工作内容更具挑战性和创造性，部分成果难以量化，但是科研人员同样具有物质、个人发展、成就、尊重与参与的需求。

首先，就物质需求而言，物质待遇是保障科研人员科研积极性的基础，在追求个人价值创造的同时，愈发重视个人利益。与此同时，基于“公平理论”，科研人员关注物质报酬中的公平，即除了自身的绝对报酬水平外，科研人员会通过横向对比，评估相对报酬水平，从而获得公平感。若公平感得不到满足，一定程度上会降低科研积极性，从而导致效率低下等问题。科研经费“包干制”实施以后，间接经费比例逐步提高，尤其是针对基础研究人员来说，可以直接提取绩效，课题组参与人员也从科技政策改革中获益，如可以发放劳务费，为课题参与人员缴纳公积金等，极大地调动了科研人员积极性。

其次，就个人发展需求而言，科研人员的个人发展需求主要表现在通过不断学习新知识，把握科学研究前沿，从而满足社会基于快速迭代的科技知识而产生的新需求，并且在这一过程中实现职业发展。科研人员是具有科学追求与理想的人群，因此，一定意义上来说，其个人成长追求大于组织目标，可以在科研人员追求个人目标的过程中实现组织目标。因此，要求科研管理部门重视科研人员通过学习实现个人发展的需求，科研经费“包干制”在塑造良好科研创造环境的同时对组织和科研人员个人来讲是双双获益的。

再次，就成就需求而言，科研人员不断学习和开展科研活动的最终目标是获取科研成果，从而获得科研成就，不单单是为了生存而工作。麦克里兰的“成就需要理论”指出，个人内在需求表现为追求实现事业成就。科研人员在追求事业成就的过程中，逐渐将个人目标和组织目标紧紧联系在一起，科研体制机制的改革在达成组织目标的同时，实现了个人目标，科研人员的成就需要得到满足。

最后，就尊重和参与需求而言，科研人员在实现自我价值的过程中，因具备一定的知识水平，在单位管理中拥有更多的想法，期望参与单位管理，就各项规章制度的制定和修改提供意见，从而获得较强的参与感和认同感，促进科研单位的发展，而不是被动地接受管理。科研人员作为科研经费“包干制”政策的对象，在该项政策的执行过程中，相关管理部门应清楚认识到科研人员内心具有的尊重和参与需求。科研人员需要得到各层次管理部门的认同和尊重，而不是通过条条框框的制度针对基层科研人员，如果实施被动管理，则无法有效调动科研人员的积极性，也无法产生很好的激励效应。

4.2.2 基于组织行为学的创新激励分析

组织行为学主要研究个体群体和组织之间的关系，其目的是使组织的效益最大化。没有激励，就不能发挥员工的积极性，就不可能使组织产生最大效益，激励是组织行为学研究的关键问题。科研人员的积极性受激励机制的影响，良好的激励能够在塑造良好科技创新环境的同时提升科研人员的创新积极性，从而提高创新效率。组织行为学认为，只有尚未满足的需要才能产生激励，对于科研人员来说，需求会产生动机，但无法产生激励作用，真正产生激励作用的是对通过满足需求而获得回报的期望。

对于科研机构来说，基于科研人员的工作成就期望，构建良好的激励机制，优化科研人才发展环境，能够提高科研人员的积极性和创造性。与此同时，在学科交叉研究的背景下，科研合作的重要性愈发凸显，为了保证科研供给与社会经济发展需求的契合，需要构建科研合作机制，组建科研合作团队，在合作中不断完善和提升自身水平，满足科研人员的成就需要。

4.2.3 基于心理学的创新激励分析

在心理学的研究范畴内，激励被看作推动和维持个体实现目标的心理过程，是个体产生行为的动机，也是其心理变化的过程。对于科研人员来说，因其具有较强的知识学习与创造能力，因此，相较于其他组织成员，其心理与行为特征与之相区别，具体表现为较高的需求层次、强调智力资本投入、热衷具有挑战性的工作、工作的随意和主观支配性、工作过程难以监控、较强的向上流动意愿、重视精神激励等。基于以上特性，对于科研人员的激励除了物质激励外，更需要关注科研人员对于成就和价值的追求，并提供精神激励。马斯洛需求层次理论强调，人的需求具有多样性，物质需求是较低层次的需求，在满足生存需求后，个体开始追求精神需求。在这两者之中，科研人员更重视精神需求，因此，科研管理部门需要合理运用精神激励，促使科研人员产生动机，并开展行动，进而提升科研绩效。

一般而言，精神激励主要包括愿景激励、荣誉激励、信任激励、发展机会激励等。其中，愿景激励是指让科研人员充分了解组织目标，并参与组织管理与决策，共同推进组织愿景的实现；荣誉激励强调科研人员通过分享机构荣誉，获取工作认可，满足其荣誉感，从而保持其组织行为的可持续性；信任激励则是基于科研人员渴望尊重和信任的需求，加之科研活动自身客观的规律即研究周期长，投入经费多，因此，更需要建立以信任为基础的人才使用机制，充分信任科研人才；发展机会激励强调为科研人员提供发展机会，包括报酬增加、职称晋升等，从而提升科研人员的积极性与满意度，进而起到激励作用。

基于以上分析可知，科研人员不同于一般的企业员工，促使他们积极进行科研活动的内生动力往往来自精神方面的激励，即：给予充分的信任与尊重，增强创新积极性和工作满意度，更能使科研人员充分释放创新活力。

综上，根据对科研人员的需求分析，以及基于组织行为学和心理学视角对科研人员创新激励的动因分析，本书认为，提高科研人员的积极主动性以及工作满意度是促使科研人员进行科研活动，提高科研产出的重要途径。

4.3　影响科研人员创新积极性和工作满意度的主要因素

4.3.1　影响科研人员创新积极性的主要因素

科研人员创新积极性主要受个体因素、组织因素、外部因素三个方面的影响。其中，个体因素主要有教育程度、成就动机、创新效能感等；组织因素主要有组织创新氛围、岗位聘任情况；外部因素主要有科研管理制度、学术交流支持。图 4-3 为科研人员的积极性受个体、组织、个体与组织匹配和外部环境等因素影响，产生科研行为意愿，并在支持因素调解下开展科研行为的关系模型图。问卷调查结果：影响科研人员创新积极性的主要因素见图 4-4。

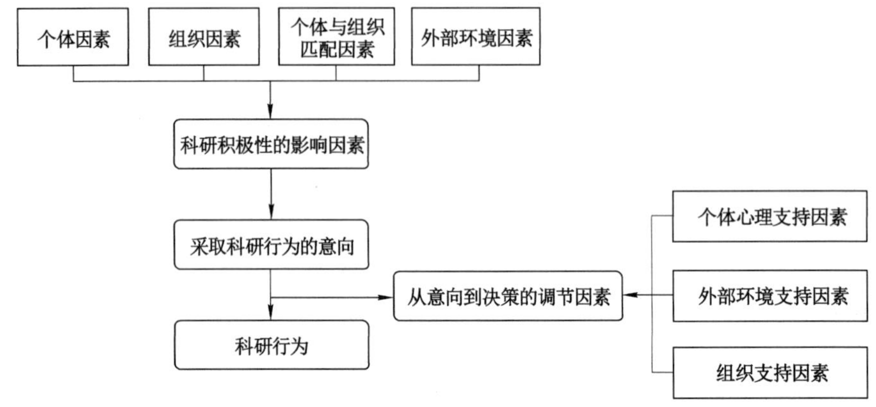

图 4-3　科研意向-行为模型

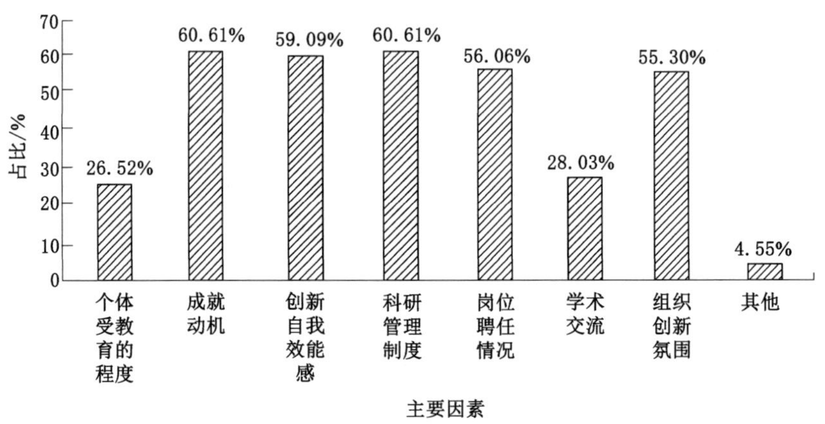

图 4-4　问卷调查结果：影响科研人员创新积极性的主要因素

4.3.1.1　个体受教育的程度

一般而言，高等教育是科研人员开展科研活动、进行创新研究的基础，高等教育的程度与创新意识和能力具有一定的正相关性，科研人员的教育程度越高，知识水平越高，创新意识和能力越强。

4.3.1.2　成就动机

在追求个人成就的过程中，成就动机发挥着重要作用，即为取得成功而严格要求自身，不断努力达成目标的动机。对于科研工作者来说，对成就的追求是促使其开展创新活动的内在动力。

4.3.1.3　创新自我效能感

1977 年班杜拉提出了自我效能感的概念。自我效能感是人们对自身完成某项任务或工作行为的信念，涉及的不是技能本身，而是自己能否利用所拥有的技能去完成工作行为的自信程度。创新自我效能感的内涵实质是：个人对于自身在工作上能否有创造性表现和获取创造性成果的信念，包括有创意地克服困难与挑战，有信心创造性地完成工作任务、实现工作目标等。

在党的二十大报告中，习近平总书记多次提及“效能”这一概念，如“把我国制度优势更好转化为国家治理效能”“提升国家创新体系整体效能”“提升科技投入效能”等。在创新活动中，无论是国家层面，还是行业层面、企业层面和个人层面，必须注重创新效能的提升。效能意味着重视长期势能的积累，侧重于整体效应的提升。科研经费在使用过程中，更应侧重整体、长期所产生的作用，而不是仅仅着眼于较短时间所能产生的结果。

4.3.1.4　组织创新氛围

企业界存在“橘生淮南则为橘，生于淮北则为枳”的现象，即有的“没有什么能力”的研发人员跳槽到跨国公司后，可以研发出新产品或取得技术突破。学者分析认为，这种现象背后的根本原因并非没有资金、设备等硬件设施，而是缺乏相对自由宽松的、鼓励冒险与试错的创新氛围[87]。研究者将影响员工创新行为的氛围因素称为组织创新氛围。组织创新氛围是组织成员对其所处的工作环境的直观描述，是组织成员感知到的工作环境中支持创造力和创新的程度。

4.3.1.5　科研管理制度

管理是为了实现组织目标而开展的协调他人行为的活动，其具体的开展以一定的管理制度为基础。在科研活动中，由于涉及主体、要素较多，需要通过开展科研管理活动来协调人员、资源等要素，保障创新活动有序开展，进而推动科技进步。在这一过程中，科研管理制度影响科研人员的科研体验感，进而影响科研活动效率。

4.3.1.6 岗位聘任情况

在受访者中有超56%的科技人员认为工作岗位聘任情况可以激发科研人员的创新积极性。在科研活动中，科研能力一定程度上影响科技成果产出，科研岗位决定了科研人员所能够拥有的科研资源和合理的人岗配置，可以让合适的人做合适且专业的事，进而提升创新积极性。

4.3.1.7 学术交流

创新的本质是知识的重组，重组的前提在于异质知识的获取。在大科学时代，跨学科知识的重要性凸显，很多创造性思想源于其他学科知识的启发。在学术交流中，进行思想碰撞，从而获取异质性知识，为创新能力的提升提供可能。

4.3.2 影响科研人员工作满意度的主要因素

工作满意度指的是产生于工作过程中的个体所获得的满足度或产生满意的感受，是一种主观感受，是工作中产生的态度，工作满意度这一概念最早由Hoppock提出，Weiss同样认为工作满意度是个人主观感受[88]，除此之外，有学者对工作满意度的界定更为详细，认为员工满意度是基于多因素构成的总体感受，包括薪酬、工作内容、工作氛围等[89]。基于以上，本书认为工作满意度主要是个体在工作过程中的感知，与环境、兴趣、压力、个人成就感、工作中的人际关系等相关，具体表现在组织风格、工作本身、薪酬等维度上[90]。

科研人员是组织效益的创造者，每位科研人员的个人能力、基本素质及其对组织的情感投入都将直接影响组织的效益。随着以人为本的管理理念的不断深入，如何提升科研人员工作满意度是组织管理者在管理过程中需要面对的问题。需求层次理论、双因素理论、公平理论、期望理论等相关管理理论分别从不同的视角揭示了相关因素如何影响组织成员的工作满意度。其中，需求层次理论和双因素理论都认为个体需求认知对工作满意度有影响，除不同的需求层次外，双因素理论提出保健因素和激励因素共同影响个体的工作满意度。公平理论和期望理论则侧重于强调个体如何在满足需求的这一过程中获得工作满意度，即对回报的公平感知与期望的满足程度。

虽然我国对工作满意度的研究较晚，但是综合现有研究结果可知，国内外对工作满意度影响因素的研究存在一定的共同认知，认为影响工作满意度的因素主要分为个体特征、工作本身因素、晋升管理制度、薪酬制度等。在实践中，企业及其他组织也侧重于从以上维度出发，研究提升组织成员工作满意度的策略。与此同时，在知识经济时代，科学技术与知识在组织竞争力中的作用愈发凸显，企业或组织的发展离不开知识型员工及科研人才[91]。组织激励制度的完善，一方面能在提升人员积极性和工作满意度的过程中，提升组织绩效及其竞争力；另一方面，能在满足成员需要的同时，提高其组织认同感，增强组织凝聚力，进而保证组织发展的稳定性与可持续性。

4.4　科研经费管理政策演变对科研绩效的作用机理

4.4.1　科研经费政策演变逻辑

4.4.1.1　目标由服务国家安全、促进经济发展向提高国家核心竞争力转变

科研经费服务于科技发展，根据不同阶段国家目标对科技需求的变化，科研经费政策的主要导向也随之变化。在新中国成立初期，科技发展以服务国防和国家生产力建设为目标，科研经费的主要作用在于集中优势资源，统筹组织有限的资源和财力优先保证科技任务完成所需要的物资。之后，随着国家工业体系的建立健全，科研经费政策的内容也在不断充实和丰富。

改革开放后，科研经费政策坚持“面向、依靠”、科技与经济相结合的思路。例如，1995 年《中共中央 国务院关于加速科学技术进步的决定》指出，经济和社会发展要以科技进步为主要推动力，科技工作要把解决经济和社会发展中的重大问题作为首要任务。可见在这一阶段，科技工作以解决经济社会发展面临的实际问题为主要目标，科技体制改革在很大程度上从属于经济体制改革，科技政策的应用性较强。因此，这一阶段的科技经费政策强调实际效益，而不是鼓励科学研究的探索性和原创性。这一阶段的科技资源分配通过引入市场化原则，减少科学事业费，用竞争、招标等政策手段有效推动科技力量由计划封闭走向开放流动，逐步融入经济社会发展。2006 年，胡锦涛在全国科学技术大会上提出坚持把提高自主创新能力摆在

突出位置后，科技发展的核心转变为提高国家核心竞争力。此时，科研经费政策的导向转变为遵循科技发展规律，服务于自主创新战略和国家创新体系建设，所以财政加大对基础研究类机构以及公益性行业科研机构的稳定支持，为其稳定服务于国家目标、持续增强自主创新能力以及培养高水平研究队伍提供保障，逐渐形成竞争性与稳定性相结合的科研经费投入格局。2022年，党的二十大召开，习近平总书记在党的二十大报告中提出完善科技创新体系，坚持创新在我国现代化建设全局中的核心地位，健全新型举国体制，强化国家战略科技力量，提升国家创新体系整体效能，形成具有全球竞争力的开放创新生态；强调要加快建设科技强国，加快实现高水平科技自立自强。科技创新是建设科技强国中最重要、最核心的部分，以国家实验室为平台的国家战略科技力量是中国成为现代化强国的关键，与此同时，应优化财政性科研经费配置，在资源约束情况下，提升科研经费使用效率，服务科技创新与研究。

4.4.1.2 配置方式由政府财政主导向政府与市场共同配置转变

从新中国成立以来科研经费政策的演变可以看出，科技资源配置方式由政府财政主导行政手段配置科技资源逐步向政府与市场共同配置科技资源的方式转变，政府与市场边界更加明晰。这个转变过程可以分为四个阶段：引入市场元素（1978—1991年）；加强市场力量建设（1992—2005年）；完善政府市场分工（2006—2013年）；明晰政府市场边界（2014年至今），新中国成立后的重大经济体制改革为科研经费改革提供了方向，科研资源配置方式转变的同时也反映了经济资源配置方式的变化。

在中共十一届三中全会提出改革开放之后，科技资源配置方式进入第一个阶段（1978—1991年），即引入市场元素，通过引入竞争机制、实行科研承包责任制、扩大科研机构经费使用自主权等方式，尝试运用经济杠杆和市场调节配置科技资源，逐步摆脱科研机构仅依赖上级部门行政分配科技资源的封闭状态，使科技体制适应商品经济发展需要。

在党的十二大提出计划经济为主、市场调节为辅的原则之后，科技资源配置方式进入第二个阶段（1992—2005年），即加强市场力量建设，通过人才分流推动科技力量进入市场创新创业，同时加强技术市场建设，逐步发挥市场机制在配置科技资源方面的基础性作用和政府的宏观调控作用。

在党的十四大提出要使市场在社会主义国家宏观调控下对资源配置起基础性作用后，科技资源配置方式进入第三个阶段（2006—2013 年），即完善政府与市场在科技资源配置领域的分工，通过优化科技投入结构，使财政投入主要用于支持市场机制不能有效配置资源的基础研究、前沿技术研究、社会公益研究、重大共性关键技术研究开发等公共科技活动。

在中共十八届三中全会提出市场在资源配置中起决定性作用后，科技资源配置方式进入第四个阶段（2014 年至今），即明晰政府与市场边界，通过完善政府在科技发展战略、规划、政策、布局、评估、监管等方面的职能，通过后补助等间接投入方式创新，积极营造激励创新环境，充分发挥市场的资源配置作用和企业的创新主体作用。

科技资源配置方式的转变也可以从创新主体的变化来理解，在科技体制改革早期，国家科研主体和创新主体主要为科研机构和高校，所以在很长一段时间内科技资源主要通过行政手段，以自上而下的形式在科研机构和高校间进行分配。随着我国社会经济的发展，企业和市场力量逐步强大，企业凭借其广泛的知识源网络合作关系，日益成为国家创新体系的中心和技术创新主体。因此，科技资源的配置方式也相应改变，由财政直接投入科研经费向营造良好创新环境转变。

4.4.1.3　重点由外在制度约束逐步向内在蕴含规律理念转变

我国科研经费管理政策的发展历程可以分为制度化、精细化、人性化三个阶段，管理的侧重点由完善经费管理本身的制度化建设（技术层面），逐渐向经费管理所承载的科学规律和社会意义追寻（理念层面）转变。在新中国成立后的很长一段时间里，我国并未建立系统的科研经费管理机制。从 20 世纪 90 年代开始，通过颁布一系列对科研项目经费使用办法的说明，明确科研机构、财务部门及项目负责人在科研经费使用中的职责与权限，逐步建立科研经费使用的相关规范，随后通过组建国家科技评估中心，对攻关计划、火炬计划、“863”计划、“973”计划开展第三方评估等，初步形成制度化的科研经费管理机制。2006 年后，通过对科研申报、评审、立项、执行、监督、绩效评价等环节的经费管理流程予以完善改进，加强对资金的全过程管理，科研经费管理政策逐步精细化。2014 年后，通过减轻科研人员报销等繁杂负担、扩大经费使用自主权等方式，由过程管理转变为结果管理，在科研经费规范化管理的基础上凸显以人为本的创新驱动理念。2019 年后，通过科研经费"包干制"试点与推广，科研经费使用刚性减弱，柔性化管理趋势明显，提升科研人员获得感，扩大科研人员科研自主权，深化尊重科研规律和以人为本的经费管理方式。

4.4.1.4 演变围绕遵循规律原则和提高效率原则

从科研经费政策的演变历程可以看出，不同时期的科研经费政策既要服务于当时的国家目标和社会需求，也要与当时的国家经济发展水平、科技发展水平以及财政治理水平相适应。因此，科研经费政策的演变必须围绕两个原则：一是遵循科技和国民经济社会发展规律，以实现国家目标和社会需求；二是提高科研经费使用效率，以符合公共资金有效使用的要求。在政策演变过程中，遵循规律和提高效率这两个原则不是互相割裂的，而是互相促进的。例如，根据科研规律，对科研机构和科研活动进行分类评价并予以不同支持，能够提高科研经费的效率；给予符合条件的科研机构和团队更多经费自主权，在提高经费使用效率的同时，能够使不同类型的科研活动得以按照各自的学科规律开展。

4.4.2 政策演变对科研绩效的影响

4.4.2.1 管理制度缺失引发经费管理腐败

第一阶段为制度确立阶段(2001—2005 年)。2002 年国家发布的《国务院办公厅转发科技部等部门关于国家科研计划实施课题制管理规定的通知》规定了预算评估或评审、成本补偿和定额补助、预算和决算管理，结余经费管理等，以十条原则性规定初步确立了我国课题经费的单一行政管控模式[92]。这期间，教育、科研、财政等行政机关尚无更具体的科研经费管理规范出台。因此，通过各种项目或课题落入课题依托单位账户的，并由课题负责人依据预算和管理规范自由支配的科研经费主要根据课题依托单位制定的经费管理办法进行报销。一些课题依托单位和科研人员由于对课题制认识不到位，加上经费管理制度尤其是课题经费补偿制度的不完善，存在"靠课题吃课题"的错误想法，因此，出现了科研经费管理腐败问题。例如，有的基金项目依托单位科研经费管理办法与基金项目资助经费管理办法相悖；有的基金项目经费预算管理失控，实际开支与预算差异较大；有的基金项目依托单位管理费提取超出规定标准；等等。

4.4.2.2　过于宽松管理引起的使用腐败

第二阶段为制度发展阶段（2006—2011 年），具体分为两个时期，即制度宽松执行期和严格与烦琐执行期。在制度宽松执行期，为落实《国家中长期科学和技术发展规划纲要（2006—2020 年）》的要求，2006—2011 年，来自不同部门的监督管理制度多达 17 个。依据《中华人民共和国预算法》等法律制定的科研经费管理规范数量虽然增多，但是较少考虑科研经费的特殊性，导致科研所必需的合理支出常常因不符合预算规范的要求而难以报销。与此同时，随着课题逐步被列为科研人员职称晋升条件和岗位考核条件，课题的数量、级别（国家级或省部级）以及涉及的经费数额又进一步成为学校排名的重要影响因素，课题竞争变得愈发激烈。课题申请能否获得批准关乎科研人员和课题依托单位的实际利益，二者由此形成了事实上的利益共同体。承担主要监管职责的课题依托单位，为鼓励科研人员多申请并多获得课题，必须避免刚性执行具体管理制度可能造成的经费支配自由与管理权力间的冲突，故在制定和落实经费具体管理办法时，多采取宽松的方式，以软化刚性的行政管控制度。具体表现为课题经费不仅可按比例提成，而且给予配套或奖励。在有发票的情况下，不管是否有实际开支、开支是否合理，都能够顺利报销。这种主要依赖科研人员自律的过于宽松的经费管理方式，虽然在一定程度上缓解了科研人员自由支配经费与预算等经费管理规范的矛盾，但是引发了日趋严重的科研经费管理和使用问题。

4.4.2.3　过于严格与烦琐管理影响科研积极性

自党的十八大以后，中央持续加大反腐倡廉力度，科研经费管理进入严格与烦琐执行期（2012—2013 年）。随之而来的是相关腐败犯罪案件迅速增加，高校和科研主管部门开始强化对科研经费使用的监督和问责，课题依托单位也着手细化并刚性执行课题经费管理和使用规范。从取消课题经费提成、取消配套奖励到严格控制报销范围，例如取消报销燃油费、宴请费等；再到严格报销程序，例如增加出差证明人签名、提供购物清单等，不仅原有课题经费管理制度的落实由“虚”变“实”，而且一些课题依托单位为避险而出台更严格的经费管控措施，使原本过于宽松的经费管理变得既严格又烦琐。严格的科研经费管理，尽管在短时间就起到了遏制经费使用腐败的作用，但加剧了经费支配自由与管理权力间的紧张关系。这种紧张关系表现为课题依托单位报销中科研人员与财会人员发生争执;科研人员通过言语、文字等方式,抱怨报销难、报销程序烦琐;尤其是没有职称晋升压力的科研人员申报课题的积极性降低,同时,对科研腐败日趋严厉的惩罚导致科研投入与产出效率的下降。针对科研经费管理中出现的问题,国务院分别在 2014 年和 2021 年出台了优化科研经费管理的相关政策意见。由此,我国科研经费管理自 2014 年开始由单一行政管控转向多元治理,尊重科研规律,进入深化以人为本理念的新阶段。

4.4.3 科研人员激励政策的激励维度分析

知识型员工作为知识经济时代下组织中宝贵的资源,影响并决定企业竞争力。科研人员作为典型的知识型员工,对一个国家和科研机构的发展至关重要,因此,需要提高对人才的重视程度,通过有效的激励制度,在降低人力资源成本的同时,提升科研人员凝聚力,在满足科研人员需要的同时,使其全身心投入科研,进而提高科研产出效率,促进机构和国家科技水平的提升。激励是一个相对复杂的过程,有效的激励制度涉及因素多样。

对于科研人员的激励,我国进行了一系列的政策探索。为充分激励和释放人才的科研活力,改变以往科研活动中的“马太效应”,更多鼓励青年人才积极开展科学研究,我国在 2021 年的国家重点研发计划支持的青年科学家项目超过 300 项,充分鼓励青年人才。为鼓励科研人员勇于创新,探索首席科学家负责制,国家在相关管理制度上进一步增权赋能,更好支持与服务科研人员的科研活动,优化项目经费管理,提高间接费用比例等。这说明了目前我国正逐渐健全科研人员全职业生涯激励制度,尊重人才成长规律,并实施针对性的支持政策。

相关文献对科研人员激励政策的激励维度分析主要集中在个体成长、工作自主、业务成就、金钱财富等四个维度。本书基于以上四个维度尝试分析科研人员激励政策的激励维度,如图 4-5 所示。其中,个人成长维度主要侧重于通过设置合理的职称晋升制度来推动科研人员的个人成长,包括职称制度、人才评价、院士遴选等。物质财富作为个体生存与发展的基础,是激励科研人员所必不可少的措施之一,除了开展研究的基础职位工资外,科研人员通过研发获得科研成果,进而在科技成果转化的过程中获取一定的经济收益。因此,为更好地激励科研人员，需要优化当前科技成果转化制度，完善职务科技成果等在内的金钱激励。在科技成果产出与转化过程中，科研人员的成就感得到满足，相关的制度共同构成业务成就维度的激励。在科技体制改革下，“放管服”理念赋予科研人员自主权，经费管理制度的改革，进一步提高基础研究项目间接经费占比，开展科研经费“包干制”改革试点，不设科目比例限制，由科研团队自主决定使用。这一系列科研经费制度的改革是尊重科研规律的一个表现，保证了科研自主的基础由此构成工作自主维度。

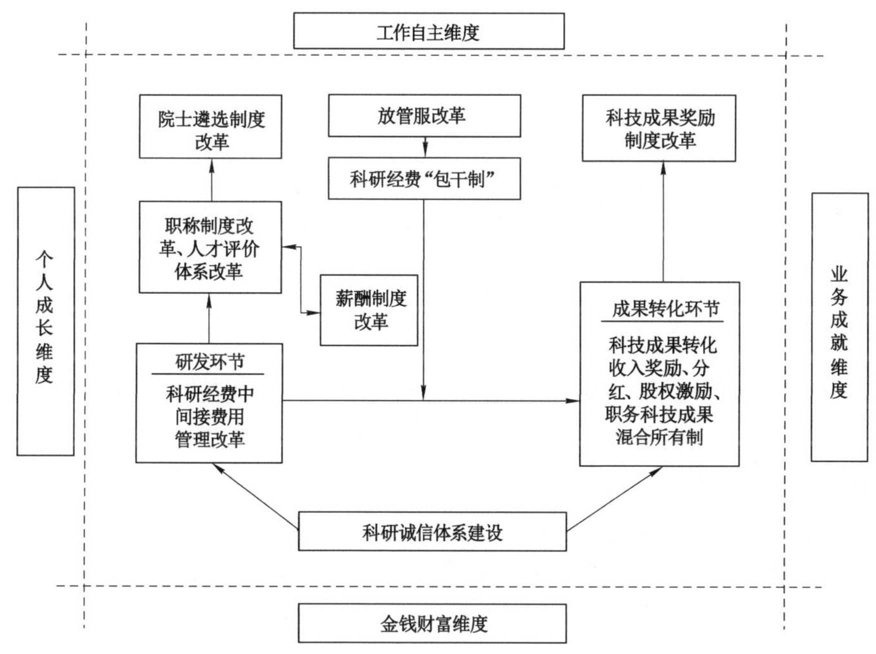

图 4-5　科研人员激励政策的激励维度分析

本书的研究对象为科研经费“包干制”对科研人员的创新激励效应，即图 4-5 中的工作自主维度。从统计分析的结果来看，工作自主所占的比重约为 31%，这说明工作自主维度（赋予科研人员自主权）关注度很高、影响面较大、导向作用明显，故对于科研人员进行科技创新的激励效应不可忽视。

4.4.4　科研经费“包干制”对提升科研人员绩效的机理分析

基于前文提到的理论基础，综合现有研究，本部分内容尝试构建“包干制”政策对科研人员绩效提升的作用机理。

4.4.4.1 “包干制”对科研人员内在动力的影响

科研经费“包干制”政策的一大要义是对科研管理部门、科研人员的增权赋能,即给予科研人员更多的经费使用权与科研自主权,在最大限度自由支配科研经费的过程中获得一定的科研自主权,获取更多的发展能力。与此同时,在向科研人员放权的过程中,要求科研管理部门转变管理思路,赋予科研人员更多的柔性管理权力,从而保证政策执行的有效性,为科研人员打造良好便利的科研环境。具体表现为无纸化报销、信息化沟通平台的使用在提高科研人员工作效率的同时,也提升了工作满意度与科研积极性。当科研人员从烦琐的科研管理制度中解放出来后,其时间与精力将更集中于科学研究本身,一些行政事务则由专业的人来完成,让科研活动这一工作更为专业化。良好的创新环境能够为科研人员带来更多的工作愉悦感,进而保障科研活动的可持续性。

4.4.4.2 科研人员内在动力对科研产出的影响

科研经费“包干制”的改革能够极大提高科研人员的积极主动性和工作满意度。研究发现,寻求正向反馈能激活积极情感,间接促进认知灵活与流畅,从而起到提高创造力的作用[93]。对于科研人员来说,积极的反馈与回报,在满足科研人员成就感的同时,也为提高科研成果的创造性产出提供了可能。一般认为,工作满意度和积极性在一定程度上影响着个体的工作绩效,虽然这两者并不能直接影响和决定工作行为,但是与工作绩效直接挂钩[94]。

根据以上分析可知,科研经费“包干制”改革可以对科研人员进行科研活动的内生动力(积极主动性和工作满意度)产生影响,进而影响科研人员的绩效。因此,在科研经费“包干制”对提高科研人员绩效的作用机理中,其内生动力积极主动性和工作满意度起到了中介作用。

4.4.5 科研经费“包干制”改革对科研人员影响的机理分析

4.4.5.1 科研经费“包干制”改革与科研人员科研产出的关系

科研经费管理改革的目的是让科技工作者多出好成果。“包干制”这种以信任为前提、诚信为基础、激励为导向、“放管服”相结合的科研经费管理新体制，改变了以往以“预算管理”为主的科研经费管理模式，给予科研单位更多自主权，赋予创新团队和领军人才更大的人财物支配权，让科研单位和科研人员从烦琐、不符合科研规律的制度中解脱出来，调动了广大科研人员的积极性，激励科研人员多出高质量科研成果。

4.4.5.2　科研经费“包干制”改革与科研人员工作满意度的关系

相较于其他组织的成员特征，科研人员的特征更为集中地表现在专业性强、基于成就动机强调自我价值的实现、自主性强、个性突出、工作过程难以监督、工作绩效测量难度高等方面，对于科研人员的管理应当基于以上特征开展。基于知识管理角度的科研人员激励驱动因素包括个体成长、工作自主、业务成就、金钱财富等，其中个体成长因素占比最高（占比 34%），金钱财富占比最低（占比 7%）。由此可见，科研人员在工作中更为重视个体成长维度的满足，期望通过开展有挑战的工作，获取知识、追求事业成就。与此同时，基于自主性强这一特征，要求科研人员在工作过程中获得更多的自主权，自主完成任务，实现个人和组织目标。科研经费“包干制”改革，不单单是在经费使用上给予科研人员更大的灵活性，更多的是在经费使用自主过程中，对于自身科学研究项目安排的自主性，从预算制的束缚中解放出来，灵活安排科研活动，进而能够鼓励更多的优秀科研人才和年轻人投身到科研工作中。科研经费“包干制”改革充分尊重和信任科研人员，在经费使用自主的同时，极大地提高了科研人员的创新积极性和工作满意度。

4.4.5.3　科研经费“包干制”改革与科研人员积极主动性的关系

人力资源在组织中发挥着重要作用，在科技创新发展中科研人才是最重要的资源，当前我国愈发重视科研人才，积极探索人才发展体制机制，在国家层面的基金项目中设立包括青年基金在内的各项人才资助项目，但是人才发展和激励机制尚不完善，科研人员的工作与创新积极性没有得到充分发挥，在科研资源配置、科研创新环境建设等方面存在不足，科研人员的工作满意度和积极性不强。然而，科研人员的工作积极性，一方面决定了创新效率，另一方面决定了科技成果转化的效率。根据近年来国家知识产权局公布的数据可知，国内发明专利申请中，职务发明创新专利的申请量占比有的年份高达 90%，由此可见，职务科技成果转化在科技成果转化中的重要性，提升科研人员参与科技成果转化的积极性，有助于提高科技成果转化率，进而满足社会对科技成果的需求。

科研经费“包干制”改革无疑是一项激发广大科研人员创新创造活力的有效举措，简化或无须编制科研预算，经费支出不设比例限制，项目经费不分直接经费和间接经费，科研人员绩效不纳入单位绩效总额，扩大项目承担单位及项目负责人经费支配权，从而提高科研单位的经费报销使用自主权，同时激励科研单位与科研人员的科研积极性。除此之外，在经费管理模式上，支持新型研发机构实行“预算＋负面清单”制，基于政策规定，部分科技成果和知识产权由机构自身按照法律规定获得，并自主决定是否推广应用。由此可见，科研经费“包干制”政策在尊重科研规律的基础上，通过赋权，提升了科研人员研发创新的积极主动性。

4.4.5.4 科研人员工作满意度与科研人员科研产出的关系

科研人员在科研活动中的投入及其成果产出是推动科技创新的关键。基于工作满意度与工作绩效之间的关系，在科研活动中，科研人员对于自身工作的满意度决定了科研产出效率。

在对工作满意度和工作产出之间的关系研究中，霍桑实验证明组织中人际关系和非正式组织影响工作满意度和工作产出，其中工作满意度推动工作产出。同样，在社会心理学的研究范畴中，学者普遍认为心理态度决定行为产出，这是工作满意度影响工作产出在心理学研究上的拓展。工作满意度一般包括内在满意度和外在满意度两个维度[95]。付博等人通过实证发现在个体层面，关系实践会增加下属的工作满意度从而提升下属工作绩效[96]。杨玉梅等人研究发现，在单位中总报酬对工作满意度有直接影响，非物质性回报对工作满意度有显著正影响[97]。张廷君等人基于调查，设计了工作满意度与工作产出之间关系的理论模型[98]。同时，也有学者指出工作满意度水平越高，科研产出就越高[99]，即二者存在较强的正相关性。通过进一步探索工作满意度中的哪些因素会对工作产出产生影响，发现内在满意与任务绩效直接相关，外在满意影响任务绩效[100]。因此，在科研组织与科研活动中，科研人员的工作满意度同样影响科研成果产出。

4.4.5.5 科研人员积极主动性与科研人员科研产出的关系

近年来，我国围绕科技成果创造与转化出台了一系列改革措施，激励重点已经从促进“成果高效转化”转向推动“高质量成果创造”，其目的在于提升科研人员及其成果转化的积极性，推动产出高质量科技成果，加快将科技成果转化为现实生产力。2021 年，国务院办公厅印发《国务院办公厅关于完善科技成果评价机制的指导意见》，围绕科技成果“评什么”“谁来评”“怎么评”“怎么用”完善评价机制，作出明确工作部署，建立起多元价值与需求导向的分类评价体系，将充分调动各种创新主体的创新积极性，促进产学研高效合作，提升科技成果转化成效。

有学者认为，高校科技成果转化率低是由科技成果缺陷和科研人员低参与度两种因素合力造成的。其中，科研人员低参与度的主要原因是收益分配机制设计不完善，科研人员的技术权益受到侵害、转化利益保障困难[101]。针对以上提到的科技成果转化困境，我国探索并实践科技成果转化方式以及开展职务科技成果改革，但是仍存在科研成员参与积极性低的问题。这主要是因为科研人员的科技成果转化决策权受到极大限制、转化过程中受到过度监管等方面的诸多束缚、现有科技成果转化专业化服务体系不健全等问题，制约了科研人员参与科技成果转化的积极性[102]。

4.4.5.6　科研人员工作满意度对科研经费“包干制”改革与科研人员科研产出的中介作用

基于科研经费“包干制”改革能正向影响科研人员的工作满意度，以及工作满意度对科研人员科研产出具有正向影响假设的提出，本书认为科研人员工作满意度，在科研经费“包干制”改革与科研产出之间的影响关系中产生中介作用，即科研经费“包干制”对于科研产出的正向促进有一部分是通过科研经费“包干制”改革提高了科研人员的工作满意度来发挥作用的。

4.4.5.7　科研人员积极主动性对科研经费“包干制”改革与科研人员科研产出的中介作用

基于科研经费“包干制”改革对科研人员积极主动性具有正向影响，以及科研人员积极主动性对科研人员科研产出具有正向影响假设的提出，本书认为科研人员积极主动性，在科研经费“包干制”改革与科研产出之间的影响关系中产生中介作用，即科研经费“包干制”对于科研产出的正向促进有一部分是通过科研经费“包干制”改革提高了科研人员的积极主动性来发挥作用的。

4.5 科研经费“包干制”对科研人员创新绩效的作用机理模型构建

本书从组织行为学和心理学角度探寻科研团队及科研人员进行科研活动的内生动力，发现科研人员的工作满意度和积极主动性是科研活动与成果转化的关键因素。其中，工作满意度和积极主动性都对科研产出具有正向的推动作用，科研经费“包干制”改革，给予科研人员更高的自主权，进而提升科研人员的积极主动性与工作满意度。因此，在科研经费“包干制”对科研人员创新激励效应的作用机理中，科研经费“包干制”可以促进科研人员的科研产出，并且在提高科研人员积极主动性和工作满意度方面起到了中介作用。科研经费“包干制”对提升科研人员绩效的机理分析见图 4-6。

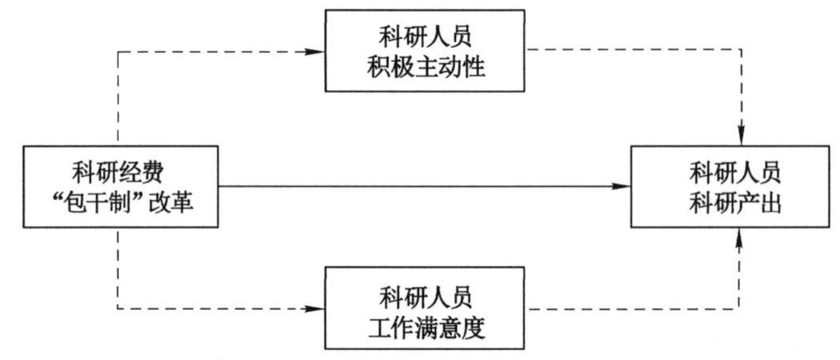

图 4-6　科研经费“包干制”对提升科研人员绩效的机理分析图

在科研活动中，科研工作满意度可以通过科研人员在科研工作中的投入程度来衡量，主要包括时间投入、精力投入等。同理，在受到科研经费“包干制”政策影响之后，科研人员拥有更好的科研环境，其工作满意度得到一定的提升，从而提升了科研产出。与此同时，科研经费“包干制”政策将科研人员从繁重的行政事务中解放出来，使其拥有更多的科研精力，投入科研工作的时长增加，从而促进科研产出效率的提升。

基于以上分析，为深入探索科研经费“包干制”政策的具体效应，即是否提高了科研人员的科研产出，本书将在第五章运用实验经济学原理，验证科研经费“包干制”与提升科研人员科研产出之间的关系。

Chapter 5

第 5 章

科研经费“包干制”所产生的创新激励效应测度

本章通过构建创新激励效应的评价体系来测度现阶段科研经费“包干制”的实施效果，采取 PSM-DID 法测度科研经费“包干制”所产生的创新激励效应。

判断科研经费“包干制”对科研人员是否产生创新激励效应的关键依据在于科学验证科研经费“包干制”政策能否有效促进科研绩效的提升，即能否带来更多的科研产出。本章基于 2019 年《政府工作报告》中提出开展项目经费使用“包干制”改革试点政策出台这一准自然实验条件，采用双重差分法和倾向得分匹配法来实证检验科研经费“包干制”产生的创新激励效应。

科研经费“包干制”产生的创新激励效应的直接作用对象是科研人员。因此，分析科研经费“包干制”产生的创新激励效应，即分析科研经费“包干制”对科研人员创新活动产生的激励影响的作用机理，了解科研绩效产出的动力与约束机制，明确影响科研人员创新活动的各种因素及其作用和影响程度，找出科研经费“包干制”对科研人员产生创新激励的关键。

5.1 方法选择与模型设计

传统的政策实施效果评估方法通常采用横向比较和纵向比较两种方法。在政策实施后，横向比较是政策实施后，将实施政策的实验组与没有受政策干预的对照组做比较；纵向比较是对实验组政策实施前后的差异进行比较。这两种方法都可能存在偏误问题。横向比较未能排除实验组与对照组在其他因素上的差异，纵向比较由于未排除其他事件因素的影响而可能存在偏误。因此，本书尝试运用双重差分法建立的双重差分模型来评估政策实施效果，以避免以上问题的影响。

科研经费“包干制”政策提出以来，在全国各地积极试点，现已初显成效。本书选用双重差分模型是因为，通过观察不同科研人员在两年期间的满意度变化难以排除其余变量的影响，并且无法合理、有力地论证科研经费“包干制”政策对科研人员激励效应的影响，所以通过设置实验组和对照组来评估科研经费“包干制”政策对参与“包干制”项目与没有参与“包干制”项目的科研人员的不同影响。双重差分模型可以有效地衡量政策制度实施对因变量产生的效果。双重差分模型主要是通过设置实验组和对照组，用对照组建立框架来表示如果实验组未受该政策冲击影响会是何种情况。但是，实验组与对照组个体与个体之间存在较大的差距，想佐证实验组与对照组实验结果存在的差异仅来源于政策冲击，就需要采用倾向得分匹配法对双重差分模型进行优化。通过在对照组中选择一个或多个相似的样本与实验样本进行配对，来改变匹配权重，弱化实验组与对照组样本之间的差异，凸显政策冲击带来的效果。使用双重差分模型对经过倾向得分匹配法处理过的实验组和对照组进行研究，可以提高研究结果的科学性。

5.1.1 方法选择

政策评估方法是被用来评估政策干预“因果”效应的，但是通常面临着内生性问题和不可预测性问题。为了解决这些问题，近年来一系列反事实框架的因果推断模型逐渐应用于政策评估研究，成为政策评估研究领域的重要工具。对于将科研经费“包干制”看作在高校中进行的一项政策试验的政策评价，通常使用双重差分法进行分析[103][104]。

5.1.1.1 双重差分法

双重差分法(DID)或倍差法是研究固定效应的评估方法，例如最常用跨期评估来证实政策效果。传统意义上的政策评估方法有两种，但都存在一定的局限性。一是比较横截面数据，从政策冲击之后的实验组和控制组两个方面的数据展开比较；二是将政策冲击前后的两组实验数据进行比较。双重差分法从政策冲击角度出发对两组数据，实验组(受政策影响)和控制组(未受政策影响)结果进行比较，来评估政策冲击对被解释变量效果的显著性。该方法同时考虑了时间维度和横截面维度两个方面，从而得到政策冲击对实验组的净效应。通常这种方法广泛应用于评估某一事件对经济个体的影响以及对政策施行效果的影响[105]。双重差分法在评估政策实施效果方面具有优势，因为政策冲击对企业的外生性，以至于能有效规避所带来的内生性问题困扰。此外，双重差分法设置了政策冲击分组变量和政策发生时间虚拟变量。与传统模型相比，双重差分法使得模型科学合理性得到了有效提升。双重差分法是目前评估政策的实施效果使用的主流方法之一。

利用双重差分法构建的模型为：

$$Y_{i,t}=\alpha_0+\alpha_1 d_p+\alpha_2 d_t+\alpha_3 d_p\times d_t+Control_{i,t}+e_{i,t} \tag{5-1}$$

其中，α 表示不同变量系数，e 表示残值，d_p 表示分组虚拟变量，i 则反映个体是否受到事件影响，如果 i 受到影响，那么 i 就包含于实验组，此时 d_p 值等于 1；反之，若 i 未受到影响，则它包含于控制组，此时 d_p 取值为 0。d_t 表示政策实施虚拟变量，和 d_p 一样，在事件冲击前 d_t 等于 0，在事件冲击后 d_t 则变为 1。$d_p \times d_t$ 表示为分组虚拟变量与事件冲击虚拟变量的交乘项，参数反映政策实施的净效应。双重差分法参数意义见表 5-1。

表 5-1　双重差分法参数意义

	政策前	政策后	差别
实验组	$\alpha_0+\alpha_1$	$\alpha_0+\alpha_1+\alpha_2+\alpha_3$	$\alpha_2+\alpha_3$
控制组	α_0	$\alpha_0+\alpha_2$	α_2
差别	α_1	$\alpha_1+\alpha_3$	α_3(DID)

简而言之，当将双重差分法与固定效应模型结合在一起时，仅使用交叉项 $d_p \times d_t$，不需要使用政策分组变量 d_p 和时间分组变量 d_t，因为个体固定效应 λ_i 和时间固定效应 ν_t 可以更准确地反映政策和时间特征。因此，这种模型更适合用于面板数据的政策评估。

此时，形成了双向固定效应模型，不仅可以有效控制分组效应和时间效应，而且可以避免异质性经济个体在对政策冲击情况下产生的内生性问题[106]。这使得该模型更适合用于面板数据的政策评估。$d_{p,i} \times d_{t,t}$ 的系数 α_1 反映了事件冲击所带来影响的净效应。

$$Y_{i,t} = \alpha_0 + \alpha_1 d_{p,i} \times d_{t,t} + \lambda_i + \nu_t + \text{Control}_{i,t} + e_{i,t} \tag{5-2}$$

用双重差分法来衡量政策制度实施的效应，通过建立反事实框架来评估政策在发生或不发生时对研究对象产生的影响，在一定程度上避免了内生性问题，缓解了遗漏变量偏误问题。双重差分法的原理是通过设置实验组和对照组来构建反事实框架，并确保实验组和对照组满足共同趋势的假定。但是，如果分组或时间划分不当，可能会导致“政策内生性”和“选择偏误性”，从而影响研究结果的可靠性。

5.1.1.2　倾向得分匹配法

倾向得分匹配法（PSM）运用 Logistic 回归分析，将显著的特征变量纳入协变量，并计算每个观测对象会被分到实验组和对照组的概率，从而通过倾向值匹配获得相似的样本以对比政策干预的平均处理效应。该方法主要用于研究政策对因果关系的影响，即政策对事物变化的作用。该方法可以在一定程度上控制样本选择性偏差和内生性问题。因此本书选取此方法评估科研创新绩效效应，评估科研经费“包干制”实施前后带来的影响。

倾向得分匹配法的原理如下：在对照组中匹配出与处理组相近的样本，并设法减轻样本所带来的误差；将处理组定义为实施科研经费“包干制”的高校，对照组为没有实施该政策的高校；研究比较两种高校的科研绩效差异，以隔离仅实施科研经费“包干制”的效果；为了获得最佳效果，增加匹配变量，以保证得出科学准确的结果。

倾向得分匹配法步骤为：第一步计算出 P 倾向得分的取值。对是否实施科研经费“包干制”的高校用二值虚拟变量 $D_i=\{0,1\}$，$i=1$ 代表所实施样本，$i=0$ 代表未实施样本，可以将 D_i 作为因变量，构建包含所有可能影响高校科研绩效的变量组 X_i，从而计算出每个 i 采用这项激励的概率：

$$P(X_i)=P(D_i=1\mid X=X_i)=F(\alpha\times X_i+\beta\times\mu_i) \tag{5-3}$$

建立 Logit 模型计算出每个 i 值的 PS 值 $P(X_i)$，即在选中的变量下，每个 i 采用这项激励的概率。模型中的 α 代表选取的主要特征匹配变量组的确定性系数，β 代表具有不可观测特征变量组的确定性系数。此步骤的目的是降维处理，通过把多维特征综合成一个特征 P 值来进行。匹配样本的适当方式是使用每个 i 的 PS 值 $P(X_i)$将两个组中的样本进行一一匹配。然后进行共同支撑的检验以确定是否满足共同支撑的假设，并利用平衡性检验将匹配前后两组数据比较得出区别。若匹配后的两组数据较为接近，则说明结果满足共同支撑的假设论证，能够进行后续检验；若匹配后的两组数据差异较大，则无法满足假设，无法继续进行，需要重新从第一步开始选择变量。在共同支撑检验成功后，进行平衡性检验。通过结果分析两组在各匹配变量维度中是否相似。如果结果显示两组在每个方面的匹配都相似，则匹配成功；如果匹配后两组在各方面的区别明显增加，则匹配不成功，需要重新选择变量。接下来，可以通过 ATE、ATU、ATT 的值对结果进行分析。

5.1.1.3 双重差分倾向得分匹配法(PSM-DID)

赫克曼等提出的双重差分倾向得分匹配法既可以满足理想状态下的共同趋势假设，也可以满足实际观测数。双重差分倾向得分匹配法的思想源于匹配估计量，基本思路是在为实行科研经费“包干制”试点的控制组中找

到某个高校 j，使得高校 j 与实行科研经费“包干制”试点的处理组中的高校 i 的可观测变量尽可能相似(匹配)，即 $X_i \approx X_j$。当高校的个体特征对是否实行科研经费“包干制”试点完全取决于可观测的控制变量时，高校 i 与高校 j 实行科研经费“包干制”的概率相近，便能够相互比较。匹配估计量可以帮助解决双重差分法中处理组和控制组在受到科研经费“包干制”政策影响前不完全具备共同趋势假设所带来的问题。在处理组和对照组个体进行匹配的情况下，需要度量个体间距离。倾向得分匹配法使用的不仅是一维变量，还取值在[0,1]之间，因此在度量距离时具有良好的特性[107]。

本书采用倾向得分匹配法与双重差分法相结合的方法，以更精准地估计科研经费“包干制”对创新激励的效应。虽然倾向得分匹配法能够解决样本的选择偏差问题，但是因变量遗漏产生内生性的问题是无法避免的；而通过双重差分法不仅能够有效解决内生性问题，而且还会得到“政策处理效应”，但难以解决样本偏差问题。因此，本书采用二者相结合的方法，以获得更准确、可靠的研究结果。

5.1.2　模型设定

本书将科研经费“包干制”看作一项准自然实验，考察实行科研经费“包干制”对科研人员的创新激励效应。为了解决样本的选择性偏差问题，本书采用倾向得分匹配法来满足双重差分法对共同趋势的假定，构建反事实框架。首先，采用倾向得分匹配法寻找与实施科研经费“包干制”类似的对照组，计算科研人员的倾向得分概率，可以构建分组虚拟变量，将试验组记为 1，将对照组记为 0；其次，根据倾向得分的概率进行对应匹配，并且将参与科研经费“包干制”项目的科研人员与得分概率最相近的科研人员进行匹配。通过这种方法，可以消除选择偏差问题，以获得更准确的研究结果。最后，利用双重差分法评估科研经费“包干制”，得出科研人员创新绩效的激励效应，保证估计结果准确性。

首先使用倾向得分匹配法对样本进行处理，其次找到与实验组相似的控制组个体，最后构建反映事实结果的模型。详细步骤如下：① 将样本分为实验组(T)和对照组(C)，实验组为参与科研经费“包干制”项目的科研人员，对照组为未参与科研经费“包干制”的科研人员，$A=\{T,C\}$，表示全部的研究对象。② 通过倾向得分概率将参与科研经费“包干制”项目有关的科研人员匹配得分概率最近的科研人员，从而消除选择性偏差。假设选择参与科研经费“包干制”项目的概率公式为：

$$P = P_r\{A = T\} = \varphi\{X_{i,t-1}\} \tag{5-4}$$

其中，P 指已经通过认定的科研经费“包干制”的概率，$\varphi\{\cdot\}$指正态累计分布函数；$X_{i,t-1}$ 指匹配变量，表示影响科研人员科研创新水平的控制变量，这些变量被选择基于已有文献和 R^2 最大化的原则。需要注意的是，所有匹配变量都会被滞后一期。

通过计算科研人员被认定为参与科研经费“包干制”的预测概率值 $P\{X\}$；匹配预测概率值相接近的科研人员，得到对照组 C_P，它与实验组具有类似的特征；得到样本 $A_p=\{T,C_P\}$，其中，通过认定的科研人员为 T，通过倾向得分匹配后但未通过认定的科研人员为 C_P。

在进行得分匹配后，为了进一步分析实验组和对照组之间的差异，构造两个虚拟变量，分别是政策虚变量 treated 和政策时间虚变量 time。其中，政策虚变量 treated，若 $i \in T$ 时则取 1，$i \in C_P$ 时则取 0；政策时间虚变量 time，time 在 2020 年取值 1，在之前时取值 0。

为使 2020 年所认定的政策净效应得到保证，剔除 2020 年后的数据。在此基础上，构建双重差分模型如下：

$$Y_{i,t} = \alpha_0 + \alpha_1 d_u d_t + \alpha_2 d_t + \alpha_3 d_u + \beta X_{i,t} + \varepsilon_{i,t} \tag{5-5}$$

其中，$Y_{i,t}$ 为解释变量，表示科研人员工作满意度及科研产出自评分，衡量科研人员 i 参与科研经费“包干制”项目前后的工作满意度及科研产出水平；d_t 和 d_u 是虚拟变量，d_t 衡量科研人员参与科研经费“包干制”前后的项目，即 $d_t=0$ 为科研经费“包干制”项目试点参与之前，$d_t=1$ 为科研经费“包干制”项目试点参与之后；d_u 衡量科研人员是否参与科研经费“包干制”项目；$d_u d_t$ 为所生成的交互项，衡量科研人员参与科研经费“包干制”项目前后的工作满意度及科研产出变化水平；系数 β 是待估参数；$X_{i,t}$ 为引入控制变量；$\varepsilon_{i,t}$ 为误差项；α_0、α_1、α_2、α_3 为未知参数。

5.2 创新激励效应的测度指标体系构建

科研经费“包干制”在实施的过程中存在诸多不容忽视的问题。科研经费“包干制”产生的创新激励效应如何，还需要从微观层面寻找更多的证据支撑。因此,本节及下一节根据创新激励效应的作用机理分析,对创新激励效应性进行实证检验。

5.2.1 指标体系的设计原则

在科研经费"包干制"所产生的创新激励效应指标体系的构建过程中,首先应明确构建目标。科研经费"包干制"带来的最直接的结果是科研绩效。科研绩效是指科研人员在受到制度带来的激励效应后,不断努力提升自身的创新水平,才有可能实现的收益。这种存在延后性、收益与风险并存的激励方式促使科研人员更加关注科研经费"包干制"政策的长期发展。在受到适当的激励之后,科研人员将会加大对科研创新研发的投入力度,进而提升科研绩效的产出水平。相反如果激励效应没有到达一定程度,科研人员的绩效可能和原来一样甚至更少。

科研经费管理贯穿整个科研流程,判断科研绩效的好与坏,从科研项目的开始到结束都需要进行科学的科研经费管理。科学合理的科研经费制度是科研经费管理工作的基石,能够提升科研经费的有效产出。

第一,创新激励效应测度指标体系必须建立明确的目标。只有树立一个正确认识和理解科研经费管理的概念,才能掌握科研经费的把控和处理方法,确保科研经费"包干制"的有效实施。另外,应建立一个科学合理的创新激励效应测度指标体系,构建科研经费评价体系,寻找更加高效的管理方法。

第二,在科学合理基础上构建创新激励效应测度指标体系。在指标的选取过程中,需要充分考虑各学科的科研经费应用实际,结合事物的发展规律,以确保指标具有针对性,能够更好地反映测度问题。科学合理的指标体系需要考虑多方面因素,例如研究领域、研究资金、研究成果等。在指标的选取过程中,需要充分考虑上述因素,并结合实际情况进行权衡和取舍,以确保指标体系的科学性和针对性。

第三,构建定性与定量相结合的创新激励效应测度指标体系。多指标综合评价方法通常被用于高校科研经费管理绩效评价,因此指标体系既要包括定量指标,也要包括定性指标。在创新激励效应测度指标体系中,大部分指标采用打分的方式进行评价,包括科研经费方面的投入、学术著作发表情况等,但是也存在许多无法量化的指标,例如科研项目的预算工作、预估得到的积极的社会效益和环境效益等。为了充分评价各类科研绩效,需要将模糊、笼统、非具体的情况转化为精确、具体、可计算处理的数据，实现定性和定量指标的结合，从而全面评价各学科的科研绩效。

第四，创新激励效应测度指标体系构建的可操作性。科研经费管理是按照一定的流程进行的，流程比较复杂。在制定创新激励效应测度指标体系的过程中，需要考虑具体的模型、流程、操作办法等环节，并进行选取和应用，以确保指标体系具有可操作性。通过制定科学合理的创新激励效应测度指标体系，可以促进科研经费管理绩效的提升，使其更好地应用到实际工作中。

5.2.2 指标体系设计

创新激励效应的测度旨在将各个理论、指标、体现等多方面的因素整合为一个体系，以综合评价科研经费的使用效益和管理效果。这个体系将一些重要的理论和思路进行整理和分类汇总，将各个优势结合成一个全新的体系。在构建创新激励效应测度指标体系的过程中，需要考虑多方面的因素，例如研究领域、研究资金、研究成果等，综合考虑这些因素，选取合适的指标和测度方法，构建科学合理的指标体系。在科研经费容易产生问题的方面，本书在考虑了科研经费投入、科研经费产出绩效管理和科研经费执行中的情况后，以参与科研经费“包干制”的科研人员为实验组，其他人员为对照组，采用双重差分法测度科研经费“包干制”的创新激励效应。之所以用双重差分法，是因为这种方法可以估计科研人员在参与科研经费“包干制”实施前后的科研产出成果和工作满意度。

王忠等采用德尔菲法识别、赋权、筛选各类科研项目绩效评价指标，形成基础研究和应用基础研究类、技术与产品研发类以及应用示范类 3 类学科的科研项目绩效评价指标体系[108]。高杰等梳理了 2015 年度创新研究群体项目绩效评价的工作流程和具体实施情况等相关工作内容，介绍了国家评估中心在问卷调查环节，通过向创新群体项目的学术带头人和研究骨干或主持参与过创新群体项目的专家学者等相关科研人员发放问卷，使其对项目管理评审过程的了解程度、申请服务与评审的满意度等内容进行程度选择[109]。涂淑娟等以某高校的 11 个项目为例，从整个科研管理活动是否合规有效、科研内部控制措施是否有效实施、科研投入是否产生合理效益等方面对所属科研部门及其 2015—2017 年科研项目情况进行预算绩效自评，其中在产出的自评中，以专利授权书、出版教材、著作数和高水平论文数作为数量指标，各个等级的奖励作为质量指标，资金使用效率作为时效指标，以科研人员满意度的评分作为满意度指标，最终得出项目的评价分为90分，建议继续支持该项目[110]。周默涵等通过对上海市21所高校的447名“海归教师”展开问卷调研，测度他们回国后在课题申报、成果发表、科研合作与交流、拓展原有研究和开辟新的研究方向等五个方面的科研进展满意度[111]。张梦琪等介绍了新西兰科研绩效拨款计划，尤其是其2018年质量评价项目的相关要素，该计划从分类评价的角度出发，注重学科的多样性发展，同时充分考虑新西兰人口多样性，对各类高校教职员个体的科研活动开展了评价，2018年质量评价项目增加了太平洋研究专家评审小组，专门支持卓越太平洋研究的持续发展[112]。丁宇等介绍并分析了澳大利亚的科研评价制度，科研质量框架遵循公开透明、普遍认同、有效性和鼓励积极等四个科研行为原则，在学术机构提名其内部科研团队的前提下，学科专业评价小组科研团队准备的科研评价材料对其科研质量及科研影响分别给出评分，最终根据评分进行科研经费分配[113]。通过文献梳理，本书发现国外一些国家在前些年已经开始使用专业评审小组评价的方法评价科研工作，近几年我国逐渐开始采用专家打分和科研人员自评分的方法对创新激励效应进行评价，因此本书以科研人员对科研产出的自评分（point1）和对科研工作的满意度自评分（point2）作为因变量，衡量科研经费“包干制”的创新激励效应。

在自变量的选取方面，本书的研究思路按照双重差分法，首先引入2个虚拟变量，然后分别命名为时间虚拟变量（d_t）和分组虚拟变量（d_u），最后将两者所生成交互项（$d_u d_t$）作为自变量。

在控制变量的选取方面，徐长生等在治理结构层面选取股权集中程度、最终控制人类型、董事会结构、常规激励机制、董事长与总经理兼任的情景，同时还设置企业规模为控制变量考察了我国上市公司实施的股权激励是否激励了企业创新[114]。申明浩等选取公司年龄、企业性质和前十大股东持股数量等10个指标作为控制变量研究了粤港澳大湾区战略的实施对企业创新激励效应的影响[115]。封海燕选取的控制变量为企业的有形资产比例、公司规模、资产负债率、现金流量、管理层持股比例、企业年龄、科研人员、行业集中度、股权融资等，分析了股权激励对企业技术创新是否有激励效应[116]。熊勇清等将企业的财政补贴、税收优惠、企业规模、企业年龄、资产收益率与资产负债率设置为控制变量，运用倾向得分匹配法分析了三类市场需求对于新能源车企技术创新的激励效应及作用机制[117]。何邓娇等选取的控制变量为企业的总资产报酬率、资产负债率、技术性质、企业规模、企业年龄和股权集中度，测度了减税降费对企业技术创新是否有激励效应[118]。王璐等选取企业成立时间、营利能力、偿债能力、企业规模、企业性质、发展能力、技术能力等为控制变量研究了增值税优惠政策对文化传媒企业创新水平可能产生的影响[119]。靳卫东等在估计方程中引入资产规模、营收增长率、固定资产占比和资产周转率表示企业经营状况，劳动密集度和股权激励表示企业人员状况，企业生命期限、2017年政策虚拟变量以及是否为国有企业表示企业属性特征，其他税收优惠、政府补助和外溢效应表示企业外部环境，上述四个方面作为控制变量测度了研发费用加计扣除政策对企业创新的激励效应[120]。由于迄今为止对科研创新相关控制变量的研究比较少，本书参考有关企业创新的相关研究，去除有关企业营利方面的指标，尝试选取科研人员的专业技术职称（titles）、所在单位性质（affiliation）、从事科研工作年限（work ages）、曾主持过国家级及省级项目个数（projects）、参与学术交流次数（exchange）、课题组人数（sizes）作为本书回归模型中的控制变量。具体变量定义见表5-2。

$$Innov = \beta_0 + \beta_1 Treat_{i,t} + \beta_2 Treat_{i,t} \times Post_{i,t} + \beta_3 Convars_{i,t} + \varepsilon \tag{5-6}$$

表5-2 变量定义

	变量	含义
因变量	科研成果自评（point1） 工作满意度自评（point2）	科研人员科研产出成果自评分 科研人员科研工作满意度自评分
自变量	时间虚拟变量 d_t	$d_t=0$，表示科研经费"包干制"试点参与前（2020年） $d_t=1$，表示科研经费"包干制"试点参与后（2021年）
	分组虚拟变量 d_u	$d_u=0$，表示未参与科研经费"包干制"项目的科研人员 $d_u=1$，表示参与科研经费"包干制"项目的科研人员
	交互项 d_ud_t	衡量科研人员参与科研经费"包干制"项目前后的科研人员工作满意度及科研产出变化水平

表5-2(续)

	变量	含义
控制变量	titles	专业技术职称
	affiliation	所在单位性质
	work ages	从事科研工作年限
	projects	曾主持过国家级及省级项目个数
	exchange	参与学术交流次数
	sizes	课题组人数

5.2.3　数据来源

该书采用的数据均来源于线上、线下模式发放的调查问卷，调查问卷的发放主要针对一线科研人员。受访者包括项目负责人、项目参与者以及相关的科研管理、财务管理、行政管理部门人员等，为了使数据更合理且具有代表性，扩大样本背景选取范围，其中职称包括中级、副高、正高等，研究的学科领域包括理、工、医、人文与社会科学等。设计该调查问卷的主要用途是采集数据做科研经费“包干制”激励效应测度，以便更好地了解科研人员对科研经费管理现状的满意度和建议，并且数据分析的结果具有相当程度的代表性和可靠性。

本书采用的问卷调查方式为线上调查以及线下调查相结合。线下调查主要是向相关科研人员发放问卷以及参加相关学术会议时对科研人员以科研经费管理为核心话题的访谈，访谈内容结合问卷调查内容，有助于探析科研经费管理存在的问题并了解专家学者所提出的对策建议。线上调查通过问卷星平台来编辑、发布、回收问卷，将问卷链接以邮件形式发放至科研人员邮箱。相比线下调查，线上调查选取对象范围更广、结果更具代表性。本章研究内容所采集的数据来自线上调查和线下调查收集到的数据，共计发放问卷 160 份，回收有效问卷 120 份，回收率为 75%，其中实验组 85 份，对照组 35 份。

5.3　实证结果与分析

判断科研经费“包干制”对科研人员是否产生创新激励效应的关键依

据，在于科学验证科研经费“包干制”能否有效促进科研绩效的提升，也就意味着能否带来更多的科研产出。本书基于2019年科研经费“包干制”这一政策出台的准自然实验条件，采用倾向得分匹配法和双重差分法实证检验了科研经费“包干制”这一政策给科研人员带来的创新激励效应。

5.3.1 描述性统计

表5-3为各变量描述性统计结果。其中，2020年对应数据是对科研经费“包干制”试点参与前进行的分析，2021年对应数据是对科研经费“包干制”试点参与后进行的分析。由表5-3可知，参与科研经费“包干制”项目之后试验组的科研人员自评均值要高于参与科研经费“包干制”项目之前试验组的科研人员自评均值，这在一定程度上说明参与科研经费“包干制”政策对科研人员的激励存在正向作用，具体是否存在正向影响将进行再分析。参与科研经费“包干制”项目的科研人员工作年限均值大于对照组科研人员的工作年限。由于试验组中有工作年限较长的科研人员，因此从事科研的年限这一指标需要进行控制，以消除其对研究分析的影响。通过对参与学术交流的次数和课题组人员人数的初步分析，参与学术交流次数越多且参与科研的课题组人数越多的科研人员更倾向于参与科研经费“包干制”项目，自身存在选择性偏差情况，因此用倾向得分匹配法处理。

表5-3 各变量描述性统计结果

变量	2020年				2021年			
	实验组		对照组		实验组		对照组	
	均值	标准差	均值	标准差	均值	标准差	均值	标准差
科研人员自评	4.19	1.76	4.57	1.67	4.20	1.82	4.94	1.55
titles	4.12	1.73	4.63	1.57	4.19	1.71	5.03	1.48
affiliation	2.26	0.77	2.34	0.80	2.26	0.77	2.34	0.80
work ages	1.16	0.57	1.34	0.87	1.16	0.57	1.34	0.87
projects	1.85	1.02	1.80	0.87	1.85	1.02	1.80	0.87
exchange	2.81	1.17	2.40	0.95	2.81	1.17	2.40	0.95
sizes	2.07	1.08	1.74	1.04	1.68	0.88	1.43	0.61

5.3.2 样本匹配效果

采用倾向得分匹配法对试验组和对照组进行匹配处理，选取专业技术职称、所在单位性质、从事科研工作年限、曾主持过国家级及省级项目个数、参与学术交流次数、课题组人数等作为匹配变量，运用 Logit 方法对试验组和对照组进行概率估计并得出倾向得分，采用 k 近邻匹配方法进行匹配。倾向得分匹配法旨在通过突破样本选择难题，以实现双重差分法对共同趋势假定。其中，平稳性检验主要考虑标准偏差和 t 统计量。第一步判定标准偏差，如表 5-4 显示，结果得出匹配后标准偏差明显有减小倾向，以至于所有变量标准偏差均小于 10%，接近于 0。其次，匹配后的 t 统计量会小于 1.00，t 检验相伴概率大于 0.10，而且大多数 t 检验的结果不拒绝实验组与对照组无系统差别的原假设，这说明匹配后的两个组之间不具有显著差异，证明匹配的合理性，匹配方法和匹配数据的选择是恰当的。

表 5-4　倾向得分匹配平衡性检验结果

变量		均值		标准偏差	标准偏差减少	t 检验	
		实验组	对照组	/%	幅度/%	t	$p>\|t\|$
titles	匹配前	2.26	2.34	−10.70	—	−0.76	0.45
	匹配后	2.26	2.33	−9.00	16.00	−0.89	0.37
exchange	匹配前	1.88	1.59	31.20	—	2.13	0.03
	匹配后	1.88	1.84	3.50	88.90	0.29	0.77
sizes	匹配前	2.49	2.39	11.10	—	0.82	0.41
	匹配后	2.49	2.51	−2.60	77.00	−0.25	0.80
affiliation	匹配前	1.16	1.34	−24.30	—	−1.87	0.06
	匹配后	1.16	1.16	0.80	96.70	0.10	0.92
work ages	匹配前	1.85	1.80	5.00	—	0.34	0.73
	匹配后	1.85	1.75	10.30	−106.20	0.93	0.35
projects	匹配前	2.81	2.40	38.90	—	2.62	0.01
	匹配后	2.81	2.74	6.40	83.60	0.60	0.55

匹配前后标准差对比见图 5-1。对照组和实验组没有进行匹配前的标准偏差数值分布呈线性分布，曾主持过国家级及省级项目个数的标准差最

大，而学术交流次数、课题组人数的标准差基本为 0。进行匹配之后各项指标的标准偏差明显变小，均分布在 0 附近，特别是曾主持过国家级及省级项目个数和所在单位性质两项指标的变化最为明显。这说明匹配之后，变量之间的偏差变小。

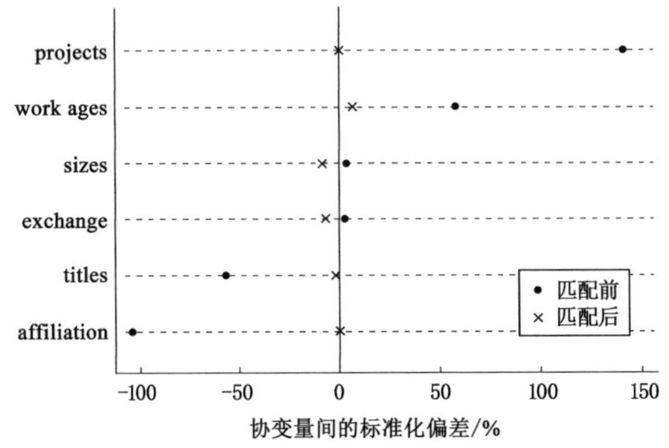

图 5-1　匹配前后标准差对比

倾向得分匹配前后实验组与对照组匹配情况见图 5-2。由图 5-2 可以更直观地看出，样本在进行倾向得分匹配后，实验组与对照组更加相似，以达到使用倾向得分匹配法的目的。

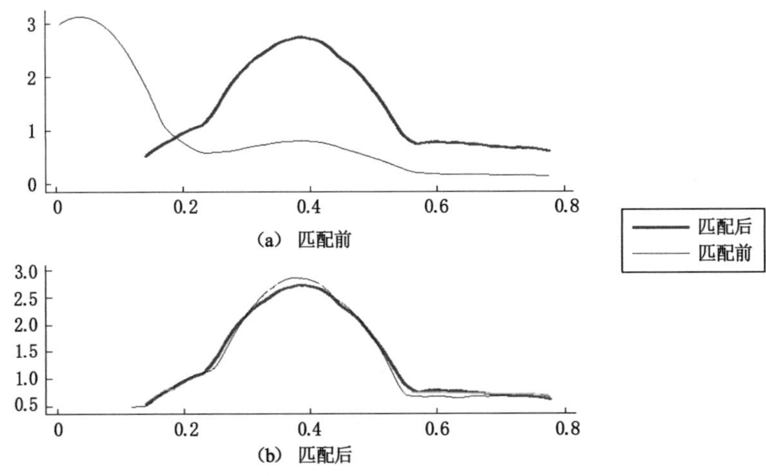

图 5-2　倾向得分匹配前后实验组与对照组匹配情况

按照图 5-2 倾向得分匹配前后实验组和对照组的匹配情况可以看出，在没有进行匹配前对照组和实验组的得分倾向数值存在显著差异。实验组的得分倾向匹配呈正态分布，而对照组的得分倾向匹配呈递减的趋势变化。通过倾向得分匹配法进行匹配后，实验组和对照组的倾向得分匹配基本重合，保证了倾向得分匹配法操作结果的有效性。

5.3.3　双重差分估计与分析

以倾向得分匹配法为基础对实验组和对照组的得分进行匹配后，进一步得出新的实验组和对照组，按照得分匹配之后的结果，代入公式算出新的试验组和对照组，将样本结果根据式(5-6)运用双重差分进行估计，具体的双重差分回归结果见表 5-5。

表 5-5　双重差分回归结果

变量	科研产出	工作满意度
$d_u d_t$	1.32**	1.00**
	(2.62)	(2.04)
titles	0.47**	0.42**
	(2.31)	(2.14)
exchange	−0.03	−0.80
	(−0.19)	(−0.49)
sizes	−0.23	−0.12
	(−1.26)	(−0.65)
affiliation	−0.81***	−0.65**
	(−3.17)	(−2.59)
work ages	0.15	−0.03
	(0.91)	(−0.22)
projects	−0.04	−0.08
	(−0.31)	(−0.58)
constant	5.85***	5.85***
	(7.66)	(7.83)

注：括号内为 t 统计量的值；*** 表示 $p<0.01$，** 表示 $p<0.05$，* 表示 $p<0.1$

结果表明，虚拟交互项 $d_u d_t$ 的估计系数为正，交互项在 10%的置信水平上显著，对科研人员工作满意度及科研产出都有正向影响，其中对科研人员工作满意度影响更大，即科研经费"包干制"对科研人员的激励有显著良性影响，且全部常数项也在5%和1%的置信水平上显著。交互项的显著性不高的原因可能是科研经费"包干制"通过控制变量影响科研人员工作满意度及科研产出，控制变量在其中起中介作用，从而在一定程度上降低了显著性水平。科研人员工作年限在5%的置信水平上显著为正，表明科研人员工作年限在6个控制变量中对科研人员工作满意度及科研产出正面影响最明显。

5.3.4 稳健性检验

为考察评价方法和指标解释能力的科学性，进行稳健性检验，通过改变特定的参数，进行重复实验，来观察实证结果是否随着参数设定的改变而发生变化。从控制变量的筛选出发，科研人员所在单位性质对科研人员科研产出及工作满意度影响显著。进一步探讨在改变控制变量设定以后，观察评价方法和指标是否仍然对评价结果保持比较一致、稳定的解释。

进行k近邻匹配，取$k=3$。稳定性检验倾向得分匹配平衡性检验结果见表5-6。由表5-6可知，匹配后标准偏差明显减小，仅从事工作年限略大于10%，其余控制变量均小于10%，且匹配之后t统计量均小于1.00，t检验相伴概率均大于0.10。

表5-6 稳定性检验倾向得分匹配平衡性检验结果

变量		均值		标准偏差/%	标准偏差减少幅度/%	t检验	
		实验组	对照组			t	$p>\|t\|$
titles	匹配前	2.26	2.34	−10.70	—	−0.76	0.45
	匹配后	2.26	2.33	−10.00	6.70	−0.95	0.34
exchange	匹配前	1.88	1.59	31.20	—	2.13	0.03
	匹配后	1.88	1.79	9.50	69.70	0.82	0.41
sizes	匹配前	2.49	2.39	11.10	—	0.82	0.41
	匹配后	2.49	2.47	1.50	86.60	0.14	0.89
work ages	匹配前	1.85	1.80	5.00	—	0.34	0.73
	匹配后	1.85	1.75	10.20	−104.20	0.93	0.35
projects	匹配前	2.81	2.40	38.90	—	2.62	0.01
	匹配后	2.81	2.85	−3.50	91.00	−0.30	0.76

重复表 5-6 的回归，并与表 5-5 的双重差分回归结果进行对比，进一步检验基准回归的稳健性结果，以反映科研人员在实施科研经费“包干制”前后的科研产出和对工作满意度的影响程度。稳定性检验双重差分回归结果见表 5-7。

表 5-7　稳定性检验双重差分回归结果

变量	科研产出	工作满意度
$d_u d_t$	0.98**	0.85*
	(1.98)	(1.78)
titles	0.18	0.18
	(0.95)	(1.00)
exchange	−0.10	−0.16
	(−0.58)	(−0.98)
sizes	−0.02	0.08
	(−0.13)	(0.49)
work ages	−0.15	−0.24*
	(−1.05)	(−1.82)
projects	−0.08	−0.12
	(−0.64)	(−0.97)
constant	5.42***	5.52***
	(6.93)	(7.34)

注：括号内为 t 统计量的值；*** 表示 $p<0.01$，** 表示 $p<0.05$，* 表示 $p<0.1$

国家和政府在社会的快速发展中对于科技创新的重视与日俱增，新的社会环境需要科技实力的支撑，这就给科研工作提出了更高的要求。表 5-7 表明，虚拟交互项 $d_u d_t$ 的估计系数为正。对于科研人员的科研产出，交互项在 5%的置信水平上显著，对于科研人员工作满意度，交互项在 10%的置信水平上显著，且全部常数项也在 1%的置信水平上显著。去除控制变量科研人员所在单位性质，该稳健性检测结果证明科研经费“包干制”能够对科研人员的激励具有显著良性影响，结果符合预期，验证了基准回归结果的稳健性。

5.4 本章小节

本章通过构建实验组和对照组，结合大量问卷调研结果，运用PSM-DID法分析了科研经费“包干制”实施前后科研人员科研产出情况以及科研工作满意度变化。

实证研究发现：① 科研经费“包干制”的实施对科研人员具有正向激励作用，并对科研人员的工作满意度具有正向调节作用。② 科研经费“包干制”的实施可以对科研人员产生创新激励效应，且所产生的创新激励效应呈动态变化。③ 科研经费“包干制”的实施有助于科研单位充分放权，从烦琐的经费报销以及“花钱难”的经费管理困境中解脱出来。“减负增效”的科研项目经费管理改革有助于提高科研人员的获得感，将受到广大科研人员欢迎。④ 通过实证研究检验了科研经费“包干制”的实施对科研人员产生激励，提升了科研人员的绩效产出，且具有长期效应，这对我国加快推进科技体制改革，提高我国自主创新能力的目标和决心有良好的实践意义。因此，大力推行科研经费“包干制”将具有深远的影响。本章的实证研究结论显示科研经费“包干制”对科研人员具有正向激励与创新激励效应，为了充分发挥其创新激励效用，需要进一步解决科研经费“包干制”实施过程中存在的问题，包括科研经费“包干制”原则与方案设计，为进一步构建科研经费“包干制”推进机制、提出保障措施提供依据。

Chapter 6

第 6 章

科研经费“包干制”方案优化设计

本章基于现阶段科研经费“包干制”存在的问题，分析了科研经费“包干制”方案优化设计总体思路，构建了较为翔实的科研经费“包干制”方案，为实践中科研经费管理提供方案。

本书通过问卷调查、访谈等方式对科研经费“包干制”实施现状进行调研，并对科研经费“包干制”的实施效果进行实证研究，测度科研经费“包干制”政策存在创新激励效用。与此同时，根据访谈调研结果可知，发现目前科研经费“包干制”实施存在科研经费管理体系有待完善、部门间信息共享不畅通、缺乏有效的绩效评价机制、经费使用效率有待加强、科研经费监管机制有待提升、政策落地难等问题。

为进一步提升科研经费“包干制”所产生的创新激励效应，最大程度激发科研人员科研热情和科研潜力，结合调研访谈中的专家建议，本章按照科研经费“包干制”方案优化设计总体思路（图 6-1），综合优化设计科研经费“包干制”方案，为我国未来进一步推广科研经费“包干制”提供借鉴和参考。

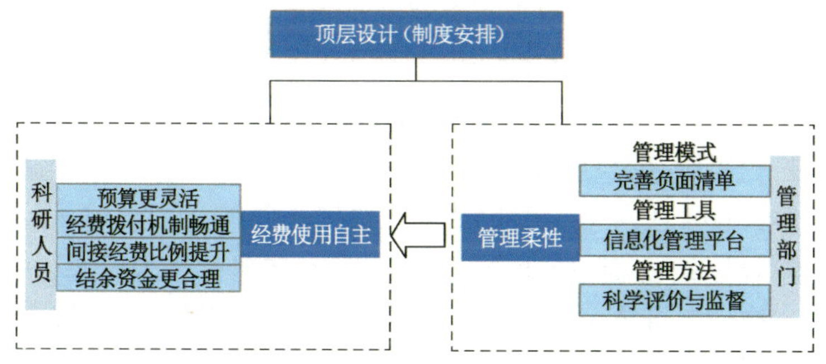

图 6-1　科研经费“包干制”方案优化设计总体思路

6.1　科研经费“包干制”方案优化设计总体思路

6.1.1　政策保障层面：完善制度及顶层设计保障政策落实

在科研经费“包干制”的推广和落实中，需要加强对科研经费“包干制”改革的顶层设计，进行合理的制度安排等配套措施建设，从而促进科研经费“包干制”的有效推进。

首先是通过国家立法的形式，明确项目主管单位、项目依托单位、项目负责人在科研经费“包干制”运行过程中的职责和权力。在科研经费管理过程中做到有法可依，在完善服务和加强监管的过程中提升科研人员的自主权，从而有效发挥科研经费的效益。科研经费管理最基本、最重要的职责是建立并落实项目负责人责任制度，负责人依据高校或者科研院所规章制度，对科研项目经费完成进度、经费使用情况直接负责，同时，有权对经费使用进行相应调整。高校和科研院所管理部门也应坚持放管结合、目标管理与过程管理结合的管理模式，明确科研经费“包干制”的主要目的是给科研人员松绑，高校及科研院所对科研经费的事务性管理应以监管和服务为重点，政府管理部门应充分放权。一方面，在政府充分放权的基础上，提高科研经费的间接费用比例，保证科研人员的人力资源补偿，提高科研人员激励效果。另一方面，政府管理部门充分放权后，课题承担单位在确定科研经费使用目标后，可以减少科研经费使用的行政手续，简化经费预算流程，保证下放的权力能够“接得住”；可以根据科研活动实际需求，制定相应科研经费内部报销制度，节省科研人员花费在财务报账上的时间，集中精力潜心科研。

其次是加强部门间的协同机制，在管理办法和操作执行中保持协调一致，从而对“包干制”的科研经费进行统筹管理。科研经费“包干制”的主要目的在于解决科研活动的不确定性与预算要求具体化之间的矛盾，这需要多层次、多部门、多主体协调配合。政府、高校、科研负责人以及科研管理机构均需要在推动科研体制改革举措落地上下功夫，充分放权、权利落实、责任到位、诚信科研，最大限度地激发科研人员的创新效应。在“互联网＋”背景下，通过信息化监管平台，将科研经费管理各个环节纳入统一信息平台，便于管理部门及时接收关于科研经费使用情况的反馈，提高科研项目管理整体工作效率。同时需要加大政策宣传，确保科研人员及其管理人员了解并认识科研经费“包干制”的政策内容，让科研人员了解科研经费“包干制”的政策实质，从而在科研活动中能够更好地使用科研经费。

6.1.2 管理柔性层面：多措并举加大科研人员自主权

科研经费“包干制”的实质是政府在财政性科研项目经费管理中，将科研资金使用自主权更多下放给项目承担单位和项目负责人，减少管理部门的过多干预，对科研经费实施柔性化管理，有助于打破经费比例的严格管理框架，使科研资金更加符合实际支出需求。对于科研经费管理而言，“包干制”有利于科研经费得到有效统筹；对于科研人员而言，“包干制”界定了课题承担单位和科研人员的权责，使科研任务与科研经费使用直接挂钩，在合理权限范围内最大程度提高科研经费利用率，产生最大效益。由此可见，科研经费“包干制”改革使科研经费更好地服务于科研人员。因此，在科研经费“包干制”的推广落地和方案设计中，需要尊重科研人员在科研经费中的自主权。科研经费的自主使用并不是简单的预算、使用等方面的调整，而是需要更完善的科研经费管理制度支撑，更便利高效的经费报销流程和平台等条件保障。

首先要确保科研人员的经费使用自主，对科研人员的经费进行柔性管理。目前，我国已经将科研费用中的直接费用缩减为业务费、劳务费和设备费，为科研人员提供了极大的便利。与此同时，基于科研活动的不确定性，本书提出给予科研人员更大的预算调剂权，以应对科研活动中的不确定性。但是这种简单的、以“正面清单”的方式规定科研经费使用的模式，并不适用于所有的科研活动，也与以自由探索为特征的学术研究活动并不完全匹配。近年来，我国不断加大对基础研究的重视，同时提出“揭榜挂帅”制度，强调根据国家确定的重点和范围，由领衔科学家资助确定研究课题和研究团队，体现了国家对自由探索的学术研究特征的认同。因此，在科研经费使用制度上，应当设计更为灵活的模式，比如在新型研发机构中使用的“预算＋负面清单”管理模式。2021 年 7 月召开的国务院常务会议提出，要支持新型研发机构实行“预算＋负面清单”管理模式，除特殊规定外，财政资金支持产生的科技成果及知识产权由新型研发机构依法取得、自主决定转化及推广应用[121]。科研经费“正面清单”模式强调事前审批，在一定程度上有助于科研项目各环节的管理，但最终却会因为“层层加码”而增加了科研人员的负担。“负面清单”通常是指通过设定“黑名单”的形式，列明企业不能投资的领域和产业，清单之外的行业或领域则充分开放，给科研经费管理的“负面清单”概念提供借鉴。在科研经费管理领域中开展负面清单模式，要求管理部门将经费使用全过程中禁止的相关事项制定成清单，在清单以外的事项则可以由科研人员自主决定，这是基于对科研机构、科研人员充分信任基础上的充分放权。因此，在科研经费“包干制”改革中要充分借鉴和利用好“预算＋负面清单”的管理模式。

其次是基于信息化平台建设等的条件保障。科研经费管理需要各部门综合协调，并进行信息共享。科研人员在科研经费的使用过程中也会进行预算上报、报销等活动，以往这些活动由于科研经费刚性化管理，增加了科研人员的负担,而通过科研经费"包干制"改革,极大地便利了科研人员。随着科学技术的进一步发展,科研人员与各部门之间的沟通都可以利用信息化平台。通过构建信息化平台能够在监督资金使用、明确人员职责、加强资金管理与评估使用效率等四个方面发挥重要作用。信息化平台可以为科研人员提供实时的科研信息,包括立项、实施、结题等相关信息,同时为科研人员与管理部门、管理部门之间的沟通提供渠道,将线下流程线上化,在提高办事效率的同时,减少重复审批与责任推诿等问题的出现。除了信息化平台这一条件设施外,还需要设立科研项目助理制度,提高科研经费使用与管理的专业性,从而节省科研人员的精力,达到科研效率和科研经费管理效率皆提升的效果。

6.1.3 政策过渡层面:预算程序具有灵活性

一般而言,政策执行需要一定的时间与过程,科研经费由预算制转向"包干制"需要一定的过渡期,即无法在政策初期完全抛弃经费预算制度,因此,在预算制与"包干制"并行的经费管理模式下,对于采取预算制的项目,在预算这一程序上需要提升灵活性,以契合经费改革的目标与初衷。与此同时,为适应"包干制"政策过渡期,基于经费管理相关部门的政策制定、系统更改等需要时间,因此在政策初期可以延续经费预算的填写,同时加快"包干制"政策的落地,从而减少政策执行偏差。

科技创新是全面创新的先导,党中央、国务院高度重视科技创新。金融作为国家治理的基础和重要支柱,近年来按照中央部署的要求发挥了积极作用,大力支持以科技创新为核心的综合创新。激发创新活力的前提是要使科研人员有获得感,应遵循科学研究规律,让科研人员致力于研究。在2014年3月,国务院就颁布了《国务院关于改进加强中央财政科研项目和资金管理的若干意见》,提出进一步下放预算,调整审批权限,完善间接成本管理,为科研经费的使用提供了"宽松约束"的方向[122]。2021年8月,国家进一步确定了改革完善中央财政科研经费管理的六项措施,其中预算科目调整为三类,进一步简化预算编制的同时,赋予科研人员部分费用调剂权[123]。

对于科研人员来说,预算编制的细致程度降低,预算调剂权的下放,在一定程度上有助于解决科研经费预算编制烦琐的问题,节省科研人员的精力,使其更加专注于科研项目研究。预算科目的合并,一方面是对精细预算所带来的烦琐事项的精简，另一方面在调剂权扩大的同时，也增加了科研人员的责任。如何在合理规范的范围内进行预算调剂，成为科研经费管理部门和科研人员需要明确的问题。如果缺乏合理有效的制度安排，则很有可能成为未来科研经费“包干制”进行普遍推广时，科研人员所面临的新的困境，从而成为影响科研经费“包干制”充分发挥作用的一大障碍。因此，在科研经费预算编制项目精简的基础上，需要科研经费管理部门、项目承担单位和项目责任人根据学科研究特征、项目活动过程等，共同制定和设计出具有弹性的预算调剂规则，对科研人员的预算调剂权进行一定的监督，实现科研经费使用过程中的权责统一，真正做到“放得开、管得住”。

6.1.4　经费拨付层面：优化并确保经费拨付机制畅通运行

科研经费拨付是科研活动和科研管理的重要环节，科研人员需要利用拨付的科研经费开展科研活动，科研项目管理机构需要对拨付的科研经费进行监督和管理，因此，科研经费拨付机制能否顺畅运行对科研活动的顺利进行具有重要影响。基于前期研究，通过问卷调查发现，有42.42%的受访者认为在科研经费拨付的及时性方面需要改进。在目前科研项目的进程中，很多研究项目无法在规定的时间收到科研经费，或者在遇到具体情况需要科研经费的时候无法及时收到资助，“等米下锅”这一现象严重影响了研究进度，有时科研工作者不得不停止科研进展等待资金发放。对于一部分大型研究或者重大研究项目，资金短缺可能导致严重后果。由此可见，科研经费拨付时间较长、进度慢等问题逐渐成为科研人员的“头疼事”，科研经费拨付中存在着时效性差的问题。为了缓解这种“等米下锅”的问题，《国务院办公厅关于改革完善中央财政科研经费管理的若干意见》中对拨付流程中的不同环节提出了明确要求。在科研经费拨付前，需要项目管理部门合理制定经费拨付计划，在科研经费拨付中，财政部、项目管理部门和项目承担单位需要保障拨付环节的有效衔接，推动科研经费拨付进度的加快；在科研经费拨付完成后，由项目管理部门和项目承担单位进一步改进结余资金的管理[123]。

由于科研活动具有很强的不确定性，现有的科研经费拨付流程存在较强刚性，不仅无法更好地为科研人员提供服务，而且会对科研人员的研究产生不良影响。因此，需要对科研经费拨付流程进行调整，保障拨付机制顺畅运行。在科研经费"包干制"下的科研项目中,首先科研经费拨付需要坚持"以人为本"的理念,紧扣科研人员的实际需求,提倡科研项目实行预拨款机制。科研经费"包干制"中无须科研人员进行预算编制,很大程度上缓解了科研人员的压力,但同时科研经费的拨付也需要根据新形势、新需要进行新变化。不仅要在科研人员提出科研经费申请时进行及时拨付,对于不确定性较强的科研环节可以采取预拨款的方式,而且要对拨款科研经费实施绩效追踪考核,保证对该科研经费合理使用的监督。

其次,若科研项目未能实现绩效目标,基于科研人员对科研成果的责任,需要制定一定的应对措施。科研经费"包干制"赋予了科研人员更大的积极性、自由度、获得感,但是由于科研活动本身的确定性以及目标实现的难把控性,万一科研活动未达预期,如何处理已经拨付的科研经费?如何进行追责问责?对于科研经费"包干制"来说,其核心要义是在便利科研人员的同时,强化科研人员的责任意识。在便利的科研经费使用过程中,创造良好的科研环境,从而提升科研绩效。与此同时,科研人员要始终明确自身责任,积极完成绩效目标任务。因此,在科研经费"包干制"下,需要进一步完善结果导向的监督评价制度与惩罚措施。当绩效目标尚未完成时,对该科研团队可以采取"一票否决"制度,即取消其在未来一段时间内或永久取消项目申报资格。

6.1.5 间接费用层面:进一步扩大科研经费间接费用比例

党的十八大以来,党中央、国务院先后出台了一系列优化科研经费管理的政策,不断优化科研经费管理,对科研人员"松绑",为科研人员提供便利。2021年国务院办公厅印发的《国务院办公厅关于改革完善中央财政科研经费管理的若干意见》,从扩大科研项目经费管理自主权等7个方面,提出25条改革政策。其中,该文件明确提出通过提高间接费用比例来加大对科研人员的激励力度,间接费用按照直接费用扣除设备购置费用后的一定比例核定,由项目承担单位统筹安排使用,并且项目承担单位可将间接费用全部用于绩效支出,并向创新绩效突出的团队和个人倾斜。由此可见,科研人员可以通过间接费用获取更多的收入补偿,从而一定程度上提高科研人员的科研积极性。

然而,不同学科的学科研究性质存在较大差异,研究活动中科研经费支出的侧重点和内容不同。因此，如何根据不同学科的研究性质将间接经费设定在一个相对合理的范围内是科研经费“包干制”政策落实过程中要面临和解决的重要问题之一。除此之外，通过科研经费间接费用比例提升这一政策内容，也可以看出在科研项目活动中，关于“人”的费用得到了进一步提升，一定程度上能够改变过去“重物轻人”“有钱打仗，无钱养兵”等粗放型科研经费使用的局面。政策中对数学等纯理论基础研究项目，间接费用比例进一步提高了约 60%的比例，更是展现了对研究周期长、研究结果不确定性强、科技成果转化效果不佳的学科研究的大力支持，也为人文社会科学类研究项目的科研经费优化提供借鉴。相较于理工科研究项目而言，人文社会科学类的研究活动，由于研究性质的局限性，无法像理工科类的研究一样进行一定的科技成果转化，从而无法获得一定的收入补偿。通过提升间接经费比例，能够充分发挥激励作用，使各类人才更受尊重，从而促进各类科研团队的良性发展。

6.1.6　结余资金层面:更为合理的项目结余资金使用权

2016 年中共中央办公厅、国务院办公厅印发了《关于进一步完善中央财政科研项目资金管理等政策的若干意见》，提出改进中央财政科研项目资金管理，改进结转结余资金留用处理方式，在项目实施期间，年度剩余资金可结转下一年度继续使用；项目完成任务目标并通过验收后，结余资金按规定留归项目承担单位使用，在 2 年内由项目承担单位统筹安排用于科研活动的直接支出，2 年后未使用完的，按规定收回[124]。但是在实践过程中，科研经费结余涉及多方主体共同参与，基于理性人视角，各主体落实政策时存在差异，导致政策落实不到位，从而导致项目结余经费未充分发挥其作用，科研项目结余资金无法真正得到合理使用，也无法为科研人员提供更好的支持。

因此，在科研经费“包干制”改革中，应完善结余资金使用制度，明确项目主管部门验收结论的时限，与此同时，对未按要求制定结余资金管理制度、违规使用结余资金等行为进行信用记录等处理。与此同时，2021 年修订的《国家自然科学基金资助项目资金管理办法》对结余资金使用方作出了相关规定，提出项目负责人应当结合科研活动需要，科学合理安排项目资金支出进度，依托单位应当关注项目资金执行进度，有效提高资金使用效益，通过调整结余资金管理模式，鼓励科研人员按照科研活动实际需要合理安排经费，避免突击使用，造成资源浪费，也要求项目依托单位，按照项目主管单位的要求，履行依托单位管理职责，盘活结余资金，加快结余资金使用进度，从而更好地为科研人员和科研活动服务[125]。与此同时，信息化报账系统中也应该加设“项目结余资金”这一栏目，保障结题完成后的结余经费转存。学校在管理经费不足再申请时也应该加强人性化管理，缩短申请时间，加快审核时间等，进一步简化重大科研专项项目验收流程，深入落实综合绩效评价专家组联合验收机制，及时进行验收，提高结余经费使用效益。

6.1.7 监督评价层面：完善科研经费监督评价机制

科研经费的监督管理涉及多个部门，因此，需要建立健全统筹协调的经费使用监督机制，协调各部门监督职责。由于科研活动的不确定性特征，在科研过程中需要根据实际研究规律不断调整研究内容，从而不断调整科研经费。因此，对经费使用情况的监督需要遵循科研规律。在审计监督中，各级审计机关要以是否符合中央决定精神和重大改革方向作为审计定性判断的标准，要坚持客观求实，充分尊重科学研究灵感瞬间性、方式随意性、路径不确定性的特点，把因缺乏经验、先行先试出现的失误和错误，同明知故犯的违纪违法行为区分开来，实事求是地反映问题，客观审慎地作出审计处理和提出审计建议[126]。在科研经费监督中应克服刚性管理的弊端，真正做到让科研经费服务于科研人员。

对于科研经费评价来说，需要在公平原则的基础上，制定科学有效的评价制度与体系。首先，在选取合理的绩效考核指标的同时开展动态评价，在不同的科研项目阶段开展有针对性的绩效目标评价。其次，开展综合性的柔性评价，绩效指标的选取要破“四唯”(唯论文、唯职称、唯学历、唯奖项)，综合衡量科研产出的效益。最后，对于科学研究活动而言，其效益并非一时的，而是能够在未来很长时间内发挥作用的，因此，科研成果的评价需要由“点”向“面”扩展，即开展长期评价，对科研成果开展持续性追踪，从而最大限度把握真实效益。

6.1.8 小结

科研经费“包干制”对科研经费管理体制改革提供了新思路。随着科研经费"包干制"改革试点的不断推进,陕西省、江苏省等逐渐展开科研经费"包干制"的试点工作。科研项目经费"包干制"试点改革旨在解决科技创新的不确定性与预算管理要求具体化之间的矛盾,有助于打破科研经费预算科目和比例限制的严格框架,使科研经费使用更加符合实际科研需求[127]。在实践中,科研经费"包干制"依旧存在着落地难的问题,有学者指出,科研经费"包干制"实行"包干制"试点,要注重四个"不能",即不能"以包代管""以包代改""一包就灵""一包了之"[128]。同时结合高校科研经费管理实践来看,逐步实施科研经费"包干制"需要清晰认识以下几个误区:科研经费"包干制"是职能行政权力的弱化、科研经费"自留地"管理有了制度的"保护伞"、科研经费"包干制"摆脱了监管的约束等[129]。科研经费"包干制"的推广存在着"包干制"政策内容及权责不明晰、课题依托单位接不住、科研人员对放权的获得感不强、现行财务管理体系不完全适应新政策、负面清单难执行等问题。

因此,在进行科研经费"包干制"的进一步推广和方案设计中需要考虑如何解决现存问题,通过借鉴国外科研经费管理模式,比如以实验室为主体的科研经费包干、以研究人员为对象的资助包干、科研经费使用中的单项包干、模块式资助包干等,结合《国务院办公厅关于改革完善中央财政科研经费管理的若干意见》所体现的新特点(充分放权、全面覆盖、以人为本、权责匹配,宏观管理,分类管理,配套改革,主体责任、绩效引领、共同监管、多元投入等),真正提高科研经费使用效益。

6.2　科研经费"包干制"方案优化设计

科研经费"包干制"期望通过权力与责任、激励与约束等,在释放科研人员活力的同时,提升科研产出与绩效。在学术界,对于科研经费"包干制"的呼声越来越高,该项科研政策在部分地区、部分项目也进行了试点,取得了良好的效果。调研得知,大部分学者对于"包干制"到底要"包什么""如何包"等问题还不太清楚,目前各种类型项目、各个地区对于如何"包干"的参考依据不足,尤其是对于解决"包什么"这个问题比较棘手。在前期调研和访谈中,有受访者建议按照学科分类,甚至按照项目类型进行包干,也有受访者建议采取阶段性包干并为有效推进科研经费"包干制"提供了宝贵意见。本书针对该问题，基于前期的调研和访谈，尝试性地设计科研经费“包干制”的内容体系，为相关管理部门和课题承担单位及科研工作者提供参考。

国外经费管理中有经费包干的做法，包括单项包干和模块式资助包干等形式。其中，单项包干指的是对某一类的费用进行包干，由科研人员自主分配使用，若有结余部分可自行留存。模块式资助强调对小额项目，固定一个金额作为模块，对于金额内的资金使用不需要进行预算编制，由项目负责人自主使用，并解释其使用理由。以上做法为我国科研经费“包干制”思路提供了有益借鉴，但是必须结合我国国情以及各个高校和科研院所的不同情况，采取有针对性的包干方式。

6.2.1 以大科学(自然科学和社会科学)分类进行科研经费包干——以自然科学基金和社会科学基金为例

6.2.1.1 自然科学类项目包干方案——以国家和地方自然科学基金为例

自然科学作为当今社会重要的研究对象，是一门以观察和实验为基础，对自然现象进行描述、理解和预测的科学分支，其通过揭示现象的实质来把握规律，在此基础上进行预测，从而为实践提供基础。自然科学的主要研究领域是物理学、化学、生物学、地球科学和天文学，在研究过程中主要采取科学实验法、数学方法、系统科学方法等研究方法。自然科学的研究与发展对我国科技创新发展、经济社会和综合国力的提升起着至关重要的作用。我国在 20 世纪 80 年代开始对自然科学的发展予以高度重视，1981 年由 89 位中国科学院学部委员（院士）致信党中央、国务院，建议设立自然科学基金，并由此形成了国家自然科学基金的雏形。1985 年，《中共中央关于科学技术体制改革的决定》指出，对基础研究和部分应用研究工作，逐步试行科学基金制；设立国家自然科学基金会。在这之后，具有中国特色的科学基金制产生于 1986 年的《国务院关于成立国家自然科学基金委员会的通知》，并在不断发展中逐渐成为我国国家创新体系中的重要组成部分。按照资助类别划分，国家自然科学基金可分为面上项目、重点项目、重大项目、重大研究计划、国家杰出青年科学基金等，并已经形成了较为完整的人才资助体系[130]，对自然基金中以人才为主体资助的人才类项目，课题组将按照其项目特性在6.2.4小节中设计包干方案。

1. 国家自然科学基金项目的包干方案设计

2018年，习近平总书记在中国科学院第十九次院士大会、中国工程院第十四次院士大会中提到，基础研究是整个科学体系的源头。实现前瞻性基础研究、引领性原创成果重大突破，夯实世界科技强国建设的根基；要加大应用基础研究力度，以推动重大科技项目为抓手，打通“最后一公里”，拆除阻碍产业化的“篱笆墙”，疏通应用基础研究和产业化连接的快车道[131]。党的十九大以来，国家逐渐明确国家自然科学基金“鼓励探索，突出原创；聚焦前沿，独辟蹊径；需求牵引，突破瓶颈；共性导向，交叉融通”的新时代资助导向[132]。国家自然科学基金也应在全面创新的策源、创新人才的培育、高效体系的连接、开放创新的引领、科学文化的塑造、深化改革的示范等六大功能上进一步强化。因此，在面对新的时代背景和国家创新发展的现实需求的基础上，国家自然科学基金不断进行改革，其中包括在根据党中央、国务院关于科研经费管理改革有关要求和《国务院办公厅关于改革完善中央财政科研经费管理的若干意见》，以及新修订的《国家自然科学基金资助项目资金管理办法》中增加了科研经费“包干制”改革内容，并且发布了在国家杰出青年科学基金中进行科研经费“包干制”试点工作的通知。政策内容主要有项目负责人承诺制，即承诺科研经费全部用于与本项目研究工作相关的支出，不得截留、挪用、侵占，不得用于与科学研究无关的支出。

项目经费管理方面，项目经费不再分为直接费用和间接费用，项目资助强度为原来的直接费用强度和间接费用强度之和；项目申请人提交申请书和获批项目负责人提交计划书时，均无须编制项目预算；依托单位管理费用由依托单位根据实际管理支出情况与项目负责人协商确定；绩效支出由项目负责人根据实际科研需要和相关薪酬标准自主确定；项目结题时，项目负责人根据实际使用情况编制项目经费决算，经依托单位财务、科研管理部门审核后，报国家自然科学基金委员会。监督检查方面，依托单位应当对项目经费支出情况进行认真审核。在项目结题时，依托单位应在单位内部公开项目经费决算和项目结题/成果报告，接受广大科研人员监督，自然科学基金委结合项目管理，对经费使用情况和依托单位管理情况定期开展抽查[133]。对于不按规定管理和使用项目经费，存在截留、挪用、侵占项目经费等违规违法行为的依托单位和相关人员，按照相关法律法规严肃处理。目前，科研经费“包干制”试点实施范围已扩展到人才类和基础研究类科研项目，全国多个省份根据国务院办公厅印发的《国务院办公厅关于改革完善中央财政科研经费管理的若干意见》出台新的科研经费管理规定，推进科研经费“包干制”试点，为科研“减负”，给创新“松绑”。因此，本书以已经开展科研经费“包干制”试点工作的自然科学基金为例，设计和优化符合我国当前科技创新需求的、落地性强的科研经费“包干制”实施方案，根据理工科类研究项目特征，基于国家管理的宏观性，提出具有针对性的，符合理工科研究特征和需求的科研经费“包干制”政策措施。

首先，政府应当进行放权，实行项目负责人责任制。科研经费“包干制”应当建立在对科研人员信任的基础上，因此，在实行科研经费“包干制”的项目中，需要项目负责人签署承诺书，并且国家层面要有针对科研经费“包干制”过程中违法使用科研经费行为的一系列处理办法，包括规章制度和法律法规，并尽可能降低科研人员“钻空子”的概率，同时需要根据学科或项目研究特征制定具有普遍性的“负面清单”，为科研人员不违反“负面清单”提供依据。

其次，项目管理部门应加快推进政策落实。根据改革意见，对于开展试点的科研项目，项目费用不再区分直接经费和间接经费，项目申请时无须进行预算编制，绩效部分由科研人员自主确定，依托单位管理费用由依托单位和科研人员协商决定，最终由项目负责人编制经费决算等一系列政策给科研人员“松绑”。在实际操作层面仍需要进行政策、技术等方面的完善，比如在国家政策层面，尽快制定学校—学院层面的科研经费“包干制”管理制度，并明确类似依托单位管理费用的相关内容。

最后，监督检查环节简化过程财务检查。科研经费“包干制”并不是“一包了之”，而是建立在合理的监督基础上的充分放权。因此，在科研经费“包干制”项目的监督检查层面需要遵循简化过程财务检查，减少对项目执行过程的干扰，开展目标管理，重视科研成果产出评价。与此同时，在科研经费“包干制”项目中，需要对不同性质的项目进行分类管理，不断提高科研资金使用绩效。在自然科学研究中，研究经费的使用与人文社会科学科研经费有所区别。比如，在单个项目科研经费金额方面，大额项目数量占比大；在具体项目经费支出中，科研设备、耗材等支出所占比例大。因此，在该类学科的科研经费管理中，设备管理、资产管理、经费信息管理等方面的要求更高。

2. 地方自然科学基金项目包干方案

科研经费"包干制"政策试点最初由国家级的自然基金项目先行试点，随着试点工作的深入，试点范围逐渐扩大。从地区层面上来说，开展试点探索与实践的省市越来越多；从项目层面上来说，除国家级基金项目外，省部级项目甚至部分高校的校级项目逐渐加入科研经费"包干制"试点，并在实践中融合地方或高校特色，进而有效推动政策落地。科研经费"包干制"试点项目的扩大和下沉，一方面切实保障了科研经费"包干制"政策的落地，另一方面保障了广大科研人员的科研自主权获得感。当前，许多省市发布了完善科研经费改革的政策文件，并不断根据实践情况完善包干方案，进一步推动科研经费"包干制"政策的落地。

广东省的科研经费"包干制"试点首先在省级基础与应用基础研究基金部分项目中开展，取消项目经费预算填报，积极营造良好的基础研究自由探索创新氛围。截至 2022 年 3 月，试点实施科研经费使用"包干制"的省级基金项目已超 12 000 项，涉及科研经费超 12 亿元。在这之后，广东省决定全面开展科研经费使用"负面清单＋包干制"改革试点，将包干范围由部分试点扩展至全面实施[134]。由此可见，科研经费"包干制"在广东省的实践中取得较好成效。与此同时，在打赢关键核心技术攻关和科技强国建设中，需要更多的科研人员参与进来，自然科学基金项目作为推动创新发展的重要途径，将科研经费"包干制"扩充至基础研究，尤其是在省级自然科学基金项目中，赋予科研人员更多科研自主权，释放科研人员活力，提升创新内生力。因此，本部分内容将从广东省的经验出发，设计省级自然科学基金项目包干方案。

首先，坚持项目经费定额包干和分类包干。省级财政科研经费所资助的项目范围多样，对省级不同项目实施"包干制"，采用定额包干模式的同时，需要根据省级自然科学基金的学科类型、研究规律等进行分类包干。其次，完善负面清单明细。在前期调研中，部分科研人员反馈负面清单中相关概念较为模糊，在科研实践中涉及的经费支出较为多样，从而导致科研人员"不知道怎么用""不敢用"等问题。与此同时，自然科学基金的研究中设备费的使用占较大比例，但设备购买与市场变化息息相关，更加强调经费的灵活性使用和柔性化管理。因此，应进一步完善负面清单明细，开展负面清单讲解等活动，满足科研人员的实际需求。最后，着重强调依托单位主体责任制。省级自然科学基金项目相较于国家级项目，从项目管理和项目负责主体的层级上来说，层级较少，在管理中更易发挥扁平化管理特色，沟通协调效率更高。因此，在该类项目中，应注重发挥项目依托单位主体责任，一方面上级管理部门应适当放权，另一方面项目承担单位应加强服务意识，做好项目需求方和项目供给方的沟通协调，从而更好地发挥项目承担单位的主体作用，提高科研人员自主权，提升经费使用效率。

6.2.1.2 社会科学类项目包干方案——以国家社会科学基金项目和地方社会科学基金项目为例

社会科学类项目中的人文科学是以人类的精神世界及其沉淀的精神文化为研究对象的科学；社会科学的研究对象是社会现象，以发现并阐释社会现象及其规律为目标。社会科学类项目具有科学性和价值性。科学性主要指基于客观事实，采用科学的原理与方法，进行研究并获得结论；价值性是因社会科学的研究对象是人类自身的文化现象和社会现象，因此，具备一定的价值功能。相较于自然科学而言，社会科学的研究对象具有主观性，充满复杂的随机性，与研究主体的知识、情感等主观因素息息相关。从成果产出和成果转化上来说，在社会科学研究中存在着易出成果、应用性强、市场需求强的应用性研究，具体可表现为政策性研究等。社会科学的研究时效性较强，缺乏长久的学术价值，导致学术理论的缺乏，因此，在社会科学研究中应当重视基础性研究，但是相较于应用性研究，基础性研究的周期长且难转化为经济效益，存在一定的外部性，容易产生“搭便车”行为[135]。虽然理工科的基础性研究成果转化较低，但是仍有企业愿意进行研究投入，与之相比，社会科学的基础性研究则更加需要国家财政的支持。

社会科学类项目在广度和资助力度上与自然科学存在着较大的差距，因此，在科研经费的总支出和使用上与自然科学具有显著区别。社会科学类科研人员的经费支出主要集中于差旅费、劳务费、资料费等。与此同时，在社会科学类研究中，科研人员的智力投入占主导，而智力投入缺乏有效的绩效评价标准，从而无法进行物质补偿，因此，需要在科研经费中通过激励的方式来弥补科研人员的智力成本。

1. 国家社会科学基金项目包干方案

从总体上看，国家社会科学基金的建立推动了科学研究工作，特别是基础科研工作的开展，因此，本部分将以国家社会科学基金项目为例，探索社会科学类研究项目的科研经费“包干制”方案的优化。我国于 1986 年设立国家社会科学基金。同国家自然科学基金一样，国家社会科学基金资助对象包括全国范围内的科研人员，目前已经形成包括重大项目、年度项目等在内的资助体系，同时还注重扶持青年社会科学研究工作者和边远、民族地区的社会科学研究，它的设立有利于推动基础研究。2019 年 4 月全国哲学社会科学工作领导小组、财政部出台了《关于进一步完善国家社会科学基金项目管理的有关规定》，从简化项目申请管理要求、精简项目过程管理要求、优化项目资助经费管理、营造优良学术环境等四个层面出发[136]，贯彻落实党中央、国务院关于推进科技领域“放管服”改革等文件的要求，充分激发社会科学界创新活力，优化科研项目和经费管理，减轻科研人员负担。与此同时，全国哲学社会科学规划领导小组、财政部在 2021 年对《国家社会科学基金项目资金管理办法》进行了修订，同样完善了“包干制”项目资金管理的相关要求，包括无须编制项目预算；“包干制”项目负责人承诺遵守诚信要求……本着科学、合理、规范、有效的原则自主决定资金使用……无须履行调剂程序；对于项目责任单位的有关管理费用的补助支出，由项目责任单位根据实际管理需要，在充分征求项目负责人意见基础上合理确定；对于激励科研人员的绩效支出，由项目负责人根据实际科研需要和相关薪酬标准自主确定，项目责任单位按照工资制度进行管理等[137]。

科研经费“包干制”在国家社会科学基金中政策出台较晚、试点项目较少、整体进程较落后。与此同时，根据本书项目组对部分高校老师关于科研经费管理及科研经费“包干制”相关问题的访谈结果，有老师认为对社会科学要重视，在项目经费本来就少的前提下，不要再设法“剥削”老师；建议社会科学专业的经费采用“包干制”；社会科学类研究项目中需要老师付出大量脑力劳动，因此，需要进一步重视社会科学项目中科研人员脑力劳动的付出。由此可见，在社会科学类研究中实行科研经费“包干制”的呼声较高，同时根据社会科学类研究项目的特征，在国家社会科学基金对于“包干制”项目管理的政策要求的基础上，要优化社会科学类项目“包干制”方案，突出补偿智力成本的作用。

首先，社会科学“包干制”项目中需要项目负责人签署承诺书，以满足政策实施以信任为前提的要求，项目管理单位完善承诺书的内容，包括违规使用科研经费的处罚措施，并且根据人文社会科学项目研究特征制定“负面清单”进行管理。

其次，在项目管理方面，需要给予项目负责人和成员更大的自主权，删繁就简，减少行政审批手续，增加预算调整的灵活性和自主性，优化信息化服务，进一步明确预算调整政策，让项目实际承担人更灵活地进行经费预算和管理，节省科研人员的时间及精力。因此，项目承担单位需要根据实际情况与科研人员共同制定符合科研实际特征的预算自主调剂比例以及什么情况下无法进行预算调剂，在给予一定自主权的同时进行监督。相较于自然科学类需要进行实验的科研项目而言，社会科学类研究项目对于实验室、实验耗材等方面的经费支出较少，因此，相应的对于科研单位的管理费用应当与自然科学类不同，应将有限的经费放在专家费、调研费、绩效支出等方面。同时，由于社会科学类研究项目的成果转化低，无法通过成果转化进行一定的收入补偿，因此，“包干制”项目可以通过进一步提高间接经费中科研人员的绩效支出的比例来对科研人员进行一定的智力补偿，另可根据项目成果审核验收的等级（优秀、良好、合格）进行间接经费比例的合理调整。

最后，监督检查环节，对于人文社会科研类研究项目而言，评价体系应强调过程导向[138]，在符合人文社会科研规律的基础上，开展多样化的科研评价和激励[139]。同时需要项目主管单位、项目依托单位加强对项目成效的管理，在充分放权的基础上严格结项，强化产出成果考核，建立有效的防腐机制，遵循科研经费“包干制”，并非“一包了之”的原则。与此同时，社会科学类研究的“包干制”项目试点较少，但是科研经费“包干制”管理政策与社会科学科研项目的实践匹配度较高，因此，需要加快推进科研经费“包干制”在社会科学类项目中的试点工作。

2. 地方社会科学基金项目包干方案

由于科学研究的特性，智力成本一般难以衡量，特别是在一些为决策做支撑的地方社会科学基金项目的研究中，由于产出的量化评价缺乏统一的标准，经济效益难以衡量，并且由于研究过程不像自然科学基金项目需要大量耗材、设备等工具，科研经费投入相对较少，但是却对科研经费使用的灵活性要求较高，因此，此类研究较为适合采用科研经费“包干制”管理模式，突出智力成本补偿。

在地方社会科学基金项目中，以软科学为例进行科研经费“包干制”方案优化设计。软科学研究作为一门立足实践，面向决策的新兴学科，可为决策提供支撑，研究对象是复杂社会问题和自然现象，研究手段包括系统理论与方法、计算机技术等，研究目的是寻找问题的解决方案，为政策制定提供依据。基于软科学的研究特征，结合实践中迫切需要解决的决策类问题，综合运用自然科学、社会科学和工程技术等多门类、多学科知识，形成相关的软科学研究课题，并逐渐成为各省市科技计划的重要组成部分。软科学课题是指围绕深入实施创新驱动发展战略与科技体制改革中科技与经济社会中存在的重大决策需求，进一步突出支持重点，创新组织方式，强化研究的针对性，提高成果的应用性。目前软科学研究项目的立项过程一般由各省（自治区、直辖市）公开年度所需要的软科学课题，项目承担单位和项目负责人按照要求进行申请，由项目主管部门进行项目审核、推荐，并依据管理办法进行项目管理与监督。以江苏省软科学项目管理为例，在项目实施方面，软科学项目实施周期为一年左右，并且以项目承担单位自我管理为主，一般不开展过程检查，若研究过程中需要对合同约定的内容进行变更，项目承担单位需要及时提出书面申请；在经费管理方面，实行预算编制管理，在预算不变的情况下，可以自主调整直接费用的经费支出，项目承担单位办理相关调剂手续[140]。虽然目前软科学研究的发展逐渐受到重视，但是对软科学研究的投入仍有待加强。一般而言，在发达国家中，软科学的投入比例通常占其研究及开发经费的5%～10%，目前我国对软科学研究的投入低于发达国家，在科技研究中存在重“硬”轻“软”的现象。此外，软科学的研究范围和研究对象决定了其研究过程较为灵活，研究经费的使用与传统的经费类型划分无法完美契合，进而在经费使用中会遇到“不敢花”“不会花”“乱花费”等问题，造成经费使用效率低下。

随着科研经费“包干制”政策的试点和推广，部分省市已就软科学项目开展经费包干。例如，陕西省于2020年9月将试点范围扩大至省财政资助的软科学研究计划，主要包括项目经费定额包干资助、项目负责人承诺制、项目负责人签字报销制、据实编制项目经费决算[141]。在课题组前期调研中发现，科研人员对于陕西省软科学科研经费“包干制”的评价和认可度较高，不过仍存在虽然没有预算编制要求，但在部分实际支出时找不到经费报销类目，即项目承担单位的管理制度与科研经费"包干制"政策衔接不上、财务管理系统尚未更新等问题。因此，基于软科学科研经费"包干制"政策和现有实践，应进一步优化软科学类科研经费"包干制"方案，弥补智力成本难衡量等问题，最大限度调动科研人员积极性。

首先，由于软科学类科研项目相较于实验耗材、设备等成本，更多的是人力、智力成本，并且由于研究过程灵活性较强，经费使用柔性化较强，因此，建议实行项目经费定额包干，即对于部分经费，设定一定的经费额度，并对这一部分经费进行包干，由项目负责人和团队自主决定使用，从而给予科研人员最大的自主权。高校需要尽快出台相对应的管理规定，制定监督方案，防止出现经费滥用现象。

其次，在给予科研人员自主权的同时，要保障自主权可以落地，在软科学项目的"包干制"政策将经费使用权放开的同时，财务管理部门需要及时更新财务管理系统，保证在无预算编制的同时，科研中合理的实际支出能够报销且流程简便，促进政策和实际操作间的有效衔接。除此之外，在政策实行初期，项目主管部门、项目承担单位和项目负责人之间应当建立有效的沟通协调机制，利用现代化的信息技术，搭建沟通平台，以应对政策初期可能出现的各种问题，做到及时反馈，有效应对，不断优化。

最后，需要进一步加强人性化监督管理。由于软科学类项目采用无预算编制的方式进行经费使用与管理，直接面临监督困难的问题，同时监督过程应避免增加科研人员的负担。因此，对于项目监督部门来说，可以通过搭建信息化的经费管理系统，探索人性化的监督管理方式，在方便科研人员信息化报销的同时，实时监督经费使用情况。

6.2.2 跨学科跨领域研究特征突出的科研经费包干——以国家科技重大专项为例

加强基础研究是迈向高水平科技自立自强的必由之路，随着全球新一轮科技革命和产业变革的加速演进，基础研究不再是科学家基于好奇心驱动的自由探索，更多地展现出对国家战略需求和产业技术发展的带动作用。2023 年 2 月，习近平总书记在中共中央政治局第三次集体学习时强调，切实加强基础研究，夯实科技自立自强根基。虽然基础研究的研究周期长、不确定性强，成果转化效率低，但是当它取得重大进展后，却能够为之后应用性研究和关键核心技术的突破提供基础，并提高应用性研究成果产出的确定性。在这一过程中，加大了各学科领域的深度交叉融合，因而需要跨学科、跨领域的研究人员的加入。目前我国科研体制创新不足，缺少跨学科带头人，高校科研“单打独斗”的现象严重，这些都不利于跨学科、跨领域研究以及关键技术的突破与发展，从而严重阻碍了我国创新能力的提升。我国在2006 年发布了《国家中长期科学和技术发展规划纲要(2006—2020 年)》，其中提出要在重点领域确定一批优先主题，围绕国家目标，进一步突出重点，筛选出若干重大战略产品、关键共性技术或重大工程作为重大专项，并确定了核心电子器件、大型飞机等 16 个重大专项，同时提出国家科技重大专项是我国科技发展的重中之重[142]。

国家科技重大专项项目是国家有组织地开展大规模、多层面的创新活动。该类项目围绕核心问题和关键环节，通过知识和技术创新活动将相关的创新参与主体连接起来，以实现知识的经济化过程与创新系统优化目标的功能链节结构模式[143]。因此，国家科技重大专项项目具备较强的跨学科、跨领域特征，本部分以国家科技重大专项项目为例，探索在科研活动中存在的跨学科、跨领域研究活动的科研经费“包干制”方案及优化。目前我国科技重大专项项目组织管理分为国家、专项、项目(课题)三个层面，其中国家层面负责统筹协调；专项层面在多部门中明确一个部门作为牵头组织单位，并作为该项目的责任主体；项目(课题)层面的责任主体是法人单位。国家科技重大专项项目资金筹措多元，部分资金采取后补的方式，后续资金需要承担单位先行垫付，但是重大专项课题研发周期长、经费需求大、风险高，对垫付单位的要求高。与此同时，国家科技重大专项项目高、精、尖的技术内涵诠释了其预算管理是一个涉及面广、庞大、繁杂的工作，要求科研机构的技术研发部门与各职能部门共同参与[144]，由此可见，在国家科技重大专项项目中对科研经费预算管理的要求高，且由于国家科技重大专项项目的研究周期长、部门单位多，对于预算的动态管理要求也较高。在国家科技重大专项项目管理方面，存在着对管理重视不足，让科研人员承担科研外的工作的现象由于人精力的有限性，导致科研人员无法投入更多精力在学术研究活动中，降低了科研人员的积极性。

因此，国家科技重大专项项目以及其他的跨学科跨领域科研项目，需要根据其所特有的研究特征进行一定的科研经费“包干制”。一方面，优化科研项目管理、提高科研人员的积极性；另一方面，进一步推动我国在重大关键技术上的研究突破，推动国家创新能力和核心竞争力的提升。

首先，可以实行部分包干。由于跨学科跨领域科研项目，涉及不同部门、不同学科领域的交叉研究，基于学科差异产生的科研活动不同。比如，自然科学研究和社会科学研究的不同，它们在科研经费使用的侧重点和内容上具有较大差异，在这样的研究项目中，采用“无差异包干”不仅不能给科研人员“减负”，还会因为理论上的科研经费“包干制”与实际的科研活动不匹配而增加科研人员的负担。因此，除了前文提到的适用于自然科学基金项目和社会科学基金项目的包干方案，还可以采取部分包干。部分包干是指，并不是将全部的科研经费都采取包干的形式，而是将科研项目中的某部分经费进行包干。

其次，在科研经费“包干制”的管理上，需要统一协调预算管理，给予预算管理部门更大的自主权。由于跨学科跨领域的科研项目涉及多部门，其预算系统相较于其他科研项目更为庞大，涉及的单位和部门更多。因此，除了简化预算编制以外，更需要部门协同，保障科研经费管理和科研活动的高效率。在该类研究项目科研经费预算管理中必须体现“统一领导、分工合作”的战略思维，借助科学技术，搭建信息化预算管理系统，从而进行实时监控和过程管理，保证项目负责单位和负责人能够把握科研活动和科研经费的使用状况。在自主权方面，由领衔科学家带领的跨学科跨领域团队科研项目，可以自主确定研究课题、研究团队和经费使用，赋予国家科技重大专项项目科研人员更大的技术路线决策权，国家科技重大专项课题负责人具有自主选择和调整技术路线的权力；赋予科研单位科研课题经费管理使用自主权，除设备费外，其他科目费用调剂权全部下放给课题承担单位，各单位完善管理制度，及时为科研人员办理调剂手续；落实国家科技重大专项项目概预算管理改革，在不突破阶段概算的前提下，牵头组织单位可及时申请分年度概算在年度间的调整，在分年度概算控制数内，结合评审结果自主决定新立项课题预算安排。在减轻科研人员事务性负担方面，完善“一次性填报”，通过整合需要填报的表格，分别在申报、过程管理和验收等三个阶段“一次性”填报基本信息，避免重复填报，并将其固化到国家科技管理信息系统的管理模块中，采用信息化、电子化的处理方式，形成长效机制。同时可以建立科研助理制度，帮助科研人员处理科研活动以外的需要具备一定专业性知识的事务，从而大大减轻科研人员的负担。

最后，在监督管理上，需要进行统筹监督。根据《进一步深化管理改革激发创新活力 确保完成国家科技重大专项既定目标的十项措施》的要求，对于重点核心任务攻关课题定期开展检查，一般性课题实施周期内原则上按不超过 5%的比例抽查，实施周期三年(含)以下的自由探索类基础研究课题一般不开展过程检查[145]。目前基于国家科技重大专项项目的性质和特征，建议建立专门的监督管理部门进行统筹监督，其组织管理体系应该多关注宏观统筹和中观协调层面的组织架构设计，在监督管理环节加快建立以项目为导向的国家科技重大专项组织与管理模式[146]。跨学科跨领域科研项目的监督管理需要建立专门的职能部门，同时由于可能涉及不同学校、院系等多部门之间的合作，可以通过建立科研经费信息平台或系统，不仅让科研管理部门通过经费使用情况及时了解科研进度，对科研活动进行整体把握，降低科研经费使用风险，还能够让科研人员通过该系统进行科研经费信息化申请，完善填报信息，及时更新并记录研究进度，为之后的阶段性检查或最终的成果汇报提供依据。

6.2.3　产学研协同性特征突出的科研经费包干——以国家重点研发计划项目为例

《关于深化中央财政科技计划(专项基金等)管理改革的方案》针对由于顶层设计、统筹协调、分类资助方式不够完善，现有各类科技计划(专项、基金等)存在着重复、分散、封闭、低效以及多头申报项目、资源配置“碎片化”等问题，以强化顶层设计，打破条块分割，改革管理体制，统筹科技资源，加强部门功能性分工，建立公开统一的国家科技管理平台，优化科技计划(专项、基金等)布局等为目标，充分发挥科技计划在提高社会生产力、增强综合国力、提升国际竞争力和保障国家安全中的支撑作用[147]。

国家重点研发计划项目是将原有的国家重点基础发展计划项目、国家高科技研究发展计划项目及其他公益性科研计划项目等进行整合。国家重点研发计划项目研究对象是经济和社会领域中的重大科技问题，具有全过程的链条化特征，即由基础理论到应用技术示范，同时开展一体化组织实施，联合相关主体共同开展研究，发挥产学研协同优势，共同解决问题。国家重点研发计划项目基于问题导向，设立重点专项，同时聚合产学研不同主体发挥其协同作用，进行问题研究，提供解决方案。在国家重点研发计划项目的实施过程中，科学合理的资金预算管理有助于科研活动的顺利实施和成果的快速转化，同时产学研多元主体也可以在协同中创新管理模式，提升管理效率。然而，当前国家重点研发计划项目的经费管理存在项目间资助力度不平衡，经费拨付时间较长，项目过程管理效果低于预期，科研自主获得感低，项目承担单位管理能力尚不匹配科研实际需求等问题[148]，不利于发挥国家重点研发计划项目在国计民生和社会发展主要领域的重大、核心、关键等科技问题的解决作用。随着科研经费“包干制”的进一步推进，作为推动国家科技发展的重要内容，国家重点研发计划项目应当逐渐被纳入科研经费“包干制”的范围，多措并举优化科研管理模式、释放科研人员活力、提高科研人员积极性，从而推动社会整体的科技创新效能。

首先，进一步提升项目调整自主权。在国家重点研发计划项目中，项目的调整基于分级分类原则，除项目（课题）牵头单位、负责人、实施周期、主要考核指标、项目撤销或终止等重大调整外，其他一般性调整均交由项目牵头单位自行审批实施，如技术路线调整、项目参与人员调整等事项无须报专业机构审批。基于科技研究的特征，国家重点研发计划项目和国家重大科技专项项目具有一定的共性。因此，在国家重点研发计划项目中，需要进一步赋予科研人员更大技术路线决策权，且重点研发计划项目中有产学研多方主体的参与，若科研人员缺乏一定的技术路线决策权，则会加大多方主体的协调难度，不利于科研过程的顺利实施。

在国家重点研发计划项目申报期间，以科研人员提出的技术路线为主进行论证；项目实施期间，科研人员可以在研究方向不变、不降低考核指标的前提下自主调整研究方案和技术路线，由项目牵头单位报项目管理专业机构备案。除此之外，项目负责人可以根据项目需求，在申报期间按规定自主组建科研团队，结合项目进展情况在实施期间按规定进行相应调整，并在遵守科研人员限项规定及符合诚信要求的前提下自主调整项目骨干、一般参与人员，由项目牵头单位报项目管理专业机构备案。同时，给予科研人员更为合理的紧急采购权。此类科研活动需要大量的技术工具和科研材料的支持，一般该类经费在开始时需要科研人员列出，但是由于科研活动的不确定性较强，有时需要临时调整采购内容和采购预算，因此，需要赋予科研人员一定的紧急采购权，让科研人员根据实际情况确定设备或产品的需求优先性。对于急需的设备和材料，需要简化变更政府采购方式审批流程和申请材料，在执行政府采购程序的基础上，加快推进采购申请流程，保障设备和材料尽快到位，防止产生因设备或材料缺少而出现的研究活动中断现象。

其次，可以采取阶段性包干。科研活动具有一定的阶段性特征，即在不同的研究阶段或研究进程中，科研人员面临的困难和需要的科技资源（设备、材料、专家费用等）是不同的，此时，科研经费如果依旧保持较强的刚性，则无法与科研活动以及科研人员的实际需求相匹配，从而不利于科研活动的顺利开展。科研活动在实际运行过程中，一般是个体在固定的场所中进行较为隐私性的研究，具有不在场性的特征。由于地域、时间等因素的限制，科研管理部门无法随时随地进行监督和管理[149]。为了保障所拨付的科研活动经费能够具有一定的产出回报，在一般的科研项目或科研课题上，设置了中期汇报等阶段性成果检查活动，尽量对科研经费管理风险进行一定的控制。因此，在科研经费“包干制”推进过程中，可以结合科研活动的阶段性特征，实行阶段性包干，推动科研活动顺利实施。

阶段性包干是根据项目研究进程和研究特征，将科研活动较为合理地划分不同阶段，对于具备“包干”条件的费用进行包干。比如，当研究进行到某个阶段，可能需要大量的设备、耗材、资料费、专家费等，可以采取包干的形式。国家科技重大专项的特征是周期长，并要求对知识经济化，涉及过程较多，因此，科研管理部门可以协同科研人员对科研项目的阶段进行划分。比如，在研究伊始，一般认为需要大量但相对固定的设备、材料等工具，对于这一部分经费的申报，科研人员相对比较熟悉，可以以预算制为基础，并辅以一定的灵活性，以应对因市场等其他因素所导致的费用变动。而当科研活动进行到中期或其他阶段时，可能会出现非预期的问题和困难，需要采购新的设备、材料等，此时，对于这一阶段的科研经费可以采取包干的形式，并且辅以简化采购流程，加快采购进度，从而让科研人员能够在较短的时间内获取研究工具的支持，降低科研活动中断的风险。与此同时，其他类型的科研项目也可以采取一定的阶段性包干。

再次，进一步完善重点研发计划科研经费管理模式，提升管理效率。目前，国家重点研发计划项目的科研经费还未采用“包干制”的形式。因此，当前需要在预算制的基础上，进一步加强经费预算管理制度的建设，在尽可能提高科研经费管理效率的同时，能够为科研经费“包干制”的推进提供过渡期。在政策落实方面，项目承担单位要根据最新的经费管理办法和规定，出台相应的管理办法并承担政策解读和宣传职责，同时要及时更新科研项目经费管理系统，防止科研人员在根据政策进行实际操作时找不到对应内容。在预算编制方面，在目前三类项目预算分类的基础上，根据《科技部 财政部关于进一步优化国家重点研发计划项目和资金管理的通知》，使用精简后的项目基本信息表、项目(课题)目标及考核指标表、参加人员基本信息表、经费及人员投入情况、取得经济社会效益情况、项目牵头单位中央财政资金拨付情况表等 6 张表格以及课题层面的课题基本信息表、课题预算表、课题资金表、单位研究经费支出预算明细表、设备费-购置试制设备预算明细表等 5 张表格，实现“一表多用、一表多能”[150]。在具体的预算信息填报中要尽量让科研人员少填报相关表格，精简预算编制信息填报内容。对国内差旅伙食费、市内交通费等实行包干，对难以取得发票的住宿费，通过规范出差审批和费用发放程序，加强审核，同时在出差人员级别对应的住宿费标准以内发放包干费用，由出差人员统筹使用。与此同时，在实际科研活动中，越来越多的硕士、博士研究生参与到各种项目研究中，也要给予项目负责人向其发放劳务费的自主权，保证科研活动的可持续性。

最后，进一步优化重点研发计划项目的监督流程。《科技部 财政部关于进一步优化国家重点研发计划项目和资金管理的通知》要求，对于研发周期三年以下的项目，一般不开展过程检查[151]，以目标管理为主要导向，简化不必要的检查，提高监督管理效率。在项目监督管理中，采用专业的项目管理进行检查评估，且检查机构需要提前制定年度检查工作方案，检查时间要相对集中，避免在同一年度对同一项目重复检查、多头检查。同时，进一步加强数字技术在检查监督中的应用，利用互联网、大数据等平台，对于某些检查内容尽量采取信息化的方式进行，避免科研人员投入过多的精力在检查资料的填报上。

6.2.4 以人才为主体进行科研经费包干
——以国家杰出青年科学基金项目为例

以人才为主体进行科研经费包干的本意是通过筛选机制遴选具备一定科研潜力和能力的科学家，通过较长的资助周期与灵活自由的科研经费包干，为科研人才塑造良好的科研创新环境。当前我国以人才为主体的项目资助主要包括国家自然科学基金的国家杰出青年科学基金项目、优秀青年科学基金项目与青年科学基金项目。其中，国家杰出青年科学基金项目是科研经费“包干制”政策的首要试点项目，后续，优秀青年基金项目与青年科学基金项目皆被纳入经费包干范围。因国家杰出青年科学基金项目试点经费包干较早，具有更多的实践经验，因此，本书以国家杰出青年科学基金项目为例，进一步优化包干方案，为以人才为主体的经费包干方案提供参考。

自 2019 年《政府工作报告》中提出开展项目经费使用“包干制”改革试点工作后，国家通过多项措施提高科研人员和科研团队自主权。2019 年 12 月，国家自然科学基金委员会、科学技术部、财政部印发《关于在国家杰出青年科学基金中试点项目经费使用“包干制”的通知》，提出在 2019 年国家批准资助的国家杰出青年科学基金项目中试点实行“包干制”。国家杰出青年科学基金项目是 1994 年由国家自然科学基金委员会实施的人才计划，主要目的是促进青年人才成长，培养学术带头人，基金委员会的主要作用是支持青年学者选择研究方向，开展创新研究，以期推动我国科学技术发展。由此可见，国家杰出青年科学基金项目是我国进一步发展高层次人才的重要途径。

对一个国家来说，不论是硬实力，还是软实力，归根到底要靠人才实力。知识经济时代，培养和引进科技精英人才是带动新兴学科、突破关键技术、发展高新产业的重要举措。在人才资助中，高层次科技人才的马太效应明显，不利于真正发挥人才的创新效应[152]。2019 年，国家批准在国家杰出青年科学基金项目中进行科研经费“包干制”试点，一定程度上给予科研人员更大的自主权，让他们能够在相对有限的资源中更好地发挥自己的主观能动性，提高科研经费使用效率，进而提升科研人员的积极性。与此同时，《国家自然科学基金 2020 年度绩效评价报告》显示，国家杰出青年项目科研经费“包干制”获得了科研人员的普遍认可，通过对科研经费“包干制”试点单位项目负责人和科研管理人员问卷调查得知科研人员获得感增强。因此，国家扩大试点范围，2020 年将试点单位扩展到全部依托单位，并将青年基金项目纳入试点范围[153]。由此可见，科研经费“包干制”一定程度上取得了良好成效。

除了国家自然科学基金委员会对实行科研经费“包干制”的项目出台了

相关管理办法外，各大高校也相继推出了国家杰出青年科学基金经费使用“包干制”管理办法。比如，厦门某大学从职责体系、项目资金开支范围、预算调剂与结题管理、监督检查等四个方面对科研经费“包干制”进行管理，其中强调实行“统一领导、分级分类管理、责任到人”的管理体制，规定项目负责人是科研经费使用的直接责任人，实行项目负责人承诺制，项目资助资金不再区分直接费用和间接费用，并将管理费用分为校级管理费用和院级管理费用，且校级管理费用计提比例按照项目总经费的5%，院级管理费用计提比例按照项目总经费的2%，较为清晰地给出了管理费用的比例，提出科研人员可以进行预算调整，但是原则上不调减管理费用，绩效支出可以调减到其余各科目。在预算调剂上，一方面给予科研人员一定的自主权，另一方面也保障了学校能够有效运行的管理费用的权益[154]。然而，在实践中，依然存在着一定的问题，比如一些高校教师反映：虽然已经开始实施科研经费“包干制”，但是具体到学校财务管理的时候，本质上依旧是预算制，财务系统中需要预算具体科目，报销时也要根据预算的科目进行；学校内部管理存在标准不一致的问题，同样的发票，有的会计可以报，有的会计却不可以报；科研经费“包干制”落实不到位，包干的获得感差等问题。因此，本书在借鉴科研经费“包干制”实施经验的基础上，结合目前存在的问题进一步优化科研经费“包干制”方案。

首先，由于国家杰出青年科学基金以及其他人才类科研项目，人才主体倾向明显，除实行项目负责人承诺制外，还应进一步完善人才依托单位的经费管理规定。高校需要出台一定的科研经费“包干制”管理规定，并且需要就政策要求的内容进行进一步细化，比如学校和院系的管理费用收取比例应与科研人员进行协商后确定。虽然厦门某大学的管理办法中明确了管理费用的比例，但是不同学科的研究内容不同，有些研究需要场地，有些则不需要。因此，可以根据研究特性以及涉及的学校管理内容进行区分，并收取不同的管理费用比例，从而让更多的科研经费服务于科研人员，也为科研人员了解和进行科研经费“包干制”实践提供了制度基础。

其次，在科研经费管理方面，虽然在国家杰出青年科学基金项目中已经开始了试点工作，但是却存在着因学校内部管理和财务系统没有及时更新，导致科研人员没有完全体会到科研经费“包干制”的好处。因此，需要加强学校内部管理，对财务人员进行政策宣传，了解新的预算调剂、报销、决算等环节的变化，统一报销标准，包括对纸质和电子发票的认同，从而更好地服务科研人员，进一步增强科研人员的获得感。除此之外，科研依托单位需要升级财务系统，运用信息化和大数据技术，优化预算、报销、决算等内容，实行线上操作、实时监督的全过程管理，不仅方便了科研人员，而且提高了管理效率。

最后，需要进一步扩大资助范围，优化评价体系。《国家自然科学基金2020 年度绩效评价报告》以及对高校主持国家杰出青年项目教师的访谈显示，部分冷门学科和薄弱学科很难获得项目资助，部分学科资助资金较少。因此，需要关注学科平衡，加强对冷门和薄弱学科的资助和引导。同时完善评价机制，明确结题标准，引导和鼓励国家杰出青年项目负责人踏实科研，发挥引领作用，进而推动高层次人才的发展。

6.2.5　以实验室为主体进行科研经费包干——以国家重点实验室为例

国家重点实验室作为美国重要的科研组织方式，始于大科学时代的曼哈顿计划，主要目的是在满足国家战略需求的同时推动技术进步，相较于企业的科研活动，国家重点实验室更多地承担基础性研究，满足市场无法提供的国家科技战略需求。美国实验室建设与管理经验在于目标制定、人才流动、规模性经费投入以及有效管理等方面。“联邦所有、委托单位负责”的实验室管理体制，表明联邦政府与实验室之间的职责划分，即政府与实验室签订合同，采取任务合同制管理模式。实验室内部管理采取聘用合同制，一方面保证高质量的人才来源，另一方面保证人才的流动性，确保科研活力。

我国国家实验室建设时间晚，管理模式尚不完善。1984 年，基于社会主义现代化建设的需要，国家重点实验室建设计划启动。国家重点实验室在科技发展中主要起促进学科发展，引领带动原始创新力的作用[155]，实验室的依托单位是中科院各研究所、重点大学。经过多年的发展，国家重点实验室已形成涵盖科技发展的重要领域，包括学科、企业、军民共建等类别，具有一定规模且较为完善的体系，取得一批具有国际影响力的原创成果，并且聚焦重要发展领域，不断突破关键技术，提升国家科技核心竞争力，成为国家科技创新体系的重要组成部分[156]。与此同时，习近平总书记在 2018 年的中国科学院第十九次院士大会、中国工程院第十四次院士大会上指出，着力完善国家创新体系，国家技术创新中心、国家重点实验室等创新基地形成系统布局[157]。之后，《中共中央关于制定国民经济和社会发展第十四个五年规划和二〇三五远景目标的建议》明确提出，推进国家实验室建设，重组国家重点实验室体系[158]。目前，国家重点实验室的核心是国家研究中心和学科类国家重点实验室，主要依托中国科学院50多个研究所和70多所双一流高校建设，而进行重组旨在更好地加强这部分优势力量[159]。

研究显示，在国家重点实验室的建设中，政府推动力对实验室驱动贡献率是第一位的。因此，在国家重点实验室重组和建设中，需要发挥政府在国家重点实验室建设中的顶层设计作用[160]。我国在重点实验室建设运行中，在规划层次、投入机制、管理体制、布局方向、评估体系等方面还存在一些亟须解决的问题，例如在满足国家战略发展需求、攻关重大科技难题、推动科技管理体制创新、吸引与培育国际顶尖人才、荣获重大国际奖项（诺贝尔奖和菲尔兹奖）、建设与共享大科学装置和大型科研设施、进行产学研合作等方面仍有待提升[161]。国家重点实验室在我国基础研究和高精尖科技研究中发挥着重要作用。因此，需要重视对国家重点实验的管理建设，让服务功能到位，让科研人员能够专心研究。科研经费"包干制"作为科研管理改革的重要部分，在减轻科研人员负担、激发科研人员活力等方面发挥着重要作用。本部分将以国家重点实验为例，借鉴发达国家实验室建设和管理的经验，对以实验室为主体的科研活动或项目的科研经费"包干制"方案进行优化设计。

目前，国外的实验室科研经费的管理模式主要有两种：分散型管理模式和集中型管理模式。对于分散型管理模式来说，美国高校在管理科研经费时，以实验室为主体对科研经费进行包干，国家实验室实行项目合同制管理，实验室科研人员可以从项目经费中获得薪酬并自由使用。在科研项目监督方面，美国实行全过程监督。对于集中型管理模式来说，日本高校通过建立一套包括科研人员姓名和研究内容等信息的跨部门研发管理系统进行科研经费管理，并有效规避信息不对称问题。法国为提高各大高校的总体科研实力，由法国政府联合高校创建了一批有影响力的联合实验室，实验室经费划拨采用基于评估的稳定经费拨款制度，并根据科研活动的性质，分类建立经费投入和管理机制，确保各类科研活动有序进行[49]。

在我国的国家重点实验室科研管理体系中，由科学技术部进行宏观管理，贯彻落实党中央关于科技创新工作的方针政策和决策部署；国务院组成部门（行业）或地方省市科技管理部门是国家重点实验室的行政主管部门。结合国外分散型管理模式和集中型管理模式，首先，在实验室建设中，政府资助经费使用的灵活性较差，因此，以我国的科研实验室为主体实行科研经费“包干制”时可以根据不同实验室的研究特征，进行部分包干，提高间接经费比例，给予科研人员更大的自主权，充分激发科研人员的科研活力，提高政府资助经费使用的灵活性。同时，在某些科研项目中实行项目合同管理制时可借鉴横向课题管理模式，进一步扩大科研人员的经费自主权。除此之外，在科研经费“包干制”试点工作的过渡期制定明确规定，确保政策的连续性和公信力。其次，针对实验室建设中人员配置比例不合理，无法更好地服务科研人员，导致科研人员承担更多的琐事这一现象，可以通过评估确定人员配置的合理比例，增加一定的行政和辅助人员，并建立科研行政、辅助人员及科研助理制度。在规范除科研人员以外的其他人员的行为和职责外，还能够有效减轻科研人员的事务性负担。需要注意防范过多的人员所带来的机构臃肿问题，此类问题不利于科研活动效率的提升。最后，在监督管理方面，由宏观管理部门、主管部门和实验室依托单位共同建立跨部门科研管理系统，对科研经费进行全过程监督；利用系统完善项目各个节点的相关信息，并要求各方人员根据研究进度实时更新信息，让管理人员、科研人员都能够获得相关信息，减少因信息不对称导致科研活动不顺畅的情况出现；减少资源浪费现象，保证项目进度，提高科研效率，推动科研项目获得预期目标；确保科研经费“包干制”试点收到成效，不断提高科研资金的使用绩效，保证科研活动的可持续发展。

6.2.6　小结

本章基于科研经费“包干制”试点实践中存在的问题，结合前述内容所设计的科研经费“包干制”内容体系，融入当前我国科研活动中存在的不同项目形式、不同学科的科研特点以及科研活动的阶段性特征，对科研经费“包干制”进行了具体的方案设计。

首先，基于学科类型的科研经费“包干制”方案，从自然科学研究与社会科学研究两个方面出发，结合国家与地方自然科学基金、国家与地方社会科学基金的研究特点及存在的问题等对科研经费"包干制"进行设计，重点突出不同研究特征下的科研经费如何有效包干。其次，跨学科、跨领域研究特征突出的包干方案，主要以国家重大科技专项项目为例。国家科技重大专项项目是国家有组织地开展大规模、多层面的创新活动，具备较强的跨学科、跨领域特征，因此，包干方案以采取"部分包干"与提升管理协调效率为主，以便更有效地发挥科研经费"包干制"的作用。再次，本书以国家重点研发计划项目为例，基于其组织产学研优势力量协同攻关的特征，提出包含阶段性包干在内的包干方案，推动国家重点研发项目纳入科研经费"包干制"项目范围。接着，以人才为主体的科研活动的经费包干方案，结合国家杰出青年科学基金项目，充分发挥科研经费为人"服务"的特征，满足科研人员的实际需求，保障我国科研人才梯队和高层次人才建设。最后，以实验室为主体的科研经费"包干制"，结合我国的国家重点实验室建设，借鉴国外对于实验室科研经费的分散型和集中型两种管理模式，对实验室的经费、人员配置等方面进行优化，从而不断推动国家重点实验室的建设，发挥其在国家科技创新能力建设中的重要作用。

Chapter 7

第 7 章

科研经费“包干制”推进机制构建

本章分别从信任机制、容错机制、激励机制、考核机制、人性化审计与监督机制、防控预警机制和法治机制的角度构建了科研经费“包干制”的推进机制。

自科研经费“包干制”在国家杰出青年科学基金项目、优秀青年科学基金项目以及青年科学基金项目等人才类项目中试点以来，取得了一定的成效，科研人员反响较好，但由于各科研项目承担单位对科研经费“包干制”认识不足、新老政策存在矛盾、项目承担单位财务管理改革滞后等原因，导致该政策执行过程中还存在较多的难点堵点。例如，部分科研项目承担单位以及科研人员对于“包干制”的内涵认知缺失、财务政策与“包干制”政策衔接不完善等因素致使科研经费“包干制”出现碎片化的执行困境，程序化的预算表负担、经费比例协调复杂以及诚信考核缺失等难点堵点问题，这在一定程度上制约着科研经费“包干制”的全面推广与效能的发挥，影响着科研人员经费管理自主权的真正下放。

本书在对科研经费“包干制”问题进行分析、对创新激励效应进行测度的基础上提出了科研经费“包干制”的内容体系并对包干方案进行了优化设计。在实际践行中，为了更好地推进我国科研经费管理改革，推动各类科研经费“包干制”优化方案的顺利推行与落地，既要适当地“放”，充分信任科研人员，将经费管理权更多地下放给科研人员，建立适当的信任容错机制和激励机制，以加强各部分协同运行效率；又要适当地“管”，建立一定的考核与审计监督机制以及多层次、多部门、多主体相协调的推进机制，最终实现提高科研效率、提升创新能力的目标。

从制度设计层面上看，通过自上而下的管理体制，首先由纳税人以加强顶层设计为基础通过监督机制对接科研经费资助部门（例如财政部、科技部），再由科研经费资助部门将经费拨付于项目承担单位，在项目实施时因科研经费使用特性必需将其划分为直接费用和间接费用，科研经费资助部门应通过加强顶层设计对直接费用和间接费用进行考核与防控预警。再由项目承担单位对接科研人员，构建双方以信任为基础的机制将经费转拨于科研项目被资助方，并分别构建考核机制、激励机制、容错机制、监督机制。此外，由相关司法部门通过法治机制来监督科研项目被资助方对科研资金的高效使用。通过建立多层次、多主体、多部门互相协调的推进机制，释放管理制度优势，化解经费管理难题，保障科研人员经费的合理使用，实现提高科研资金使用效率、激发科技创新活力的目标。从总体统筹来考虑，科研经费“包干制”推进机制逻辑关系见图 7-1。

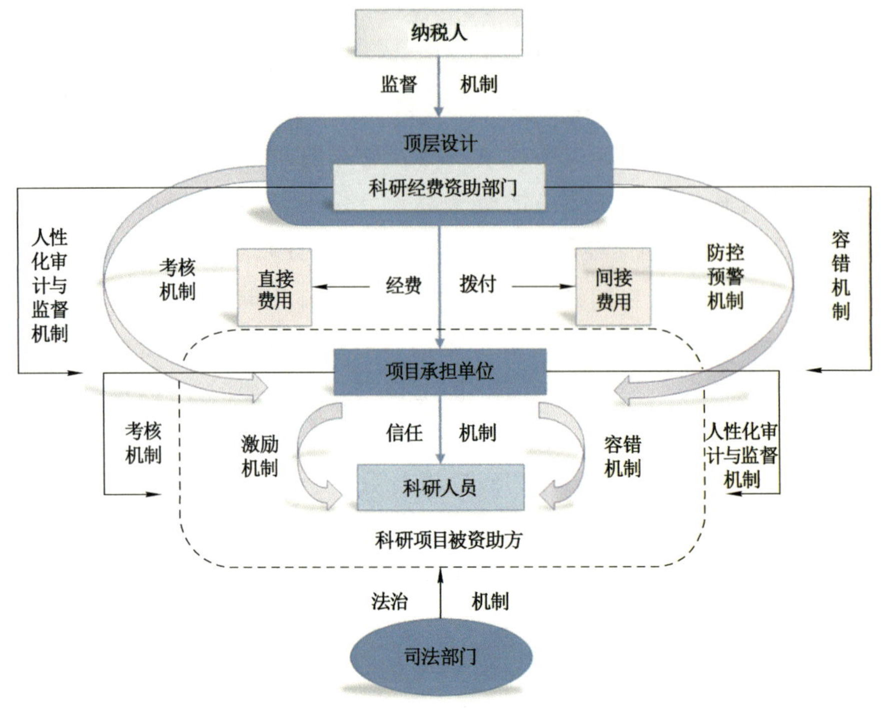

图 7-1 科研经费"包干制"推进机制逻辑关系

7.1 信任机制

信任是在特定条件下的社会活动中所诞生的产物，根据其产生的原因、路径以及相关工具，学术界对其进行了相应的类型区分。总体来看，道德文化、相互交往以及制度工具是建立信任的三种重要途径[162]。

在科研创新活动中，科研项目承担单位以及科研人员之间的信任建立，主要受到道德文化、相互交往和制度工具的影响。在道德文化层面，科研项目承担单位为科研人员提供完善服务，开展有针对性的管理是强化契约精神的表现；科研人员反向益于科研单位管理的科研自律同样是基于科研人员对自身科研责任的理解和承担。在相互交往层面，科研项目承担单位与科研人员的交往频率与经验影响着二者之间普遍信任的建立进程[163]。在制度工具层面，个人信用信息制度、科研绩效奖惩制度以及科技资源分配制度都是建立科研信任的重要制度工具[164]。科研人员的科研诚信建立在科研自主的基础之上，只有在具有充分预留空间的科研活动操作范围内，科研人员才能真正考虑长期利益，在半径较小的科研圈内珍惜自己宝贵的个人声誉与职业道德，从而建立并巩固科研信任机制。

上述三种科研信任建立方式的重要性不言而喻，但想要契合科研经费“包干制”的问题导向和目标导向来建构较为完善、稳定的科研信任机制还需要从正反两个方向切入，综合正面建构路径和反面建构路径生成双重信任关系以共同推动科研经费“包干制”的全面推广与落实。

7.1.1　信任机制的正面建构路径

7.1.1.1　尊重科研人员主体性地位，进一步简化程序

科研经费“包干制”信任机制所强调的信任是国家与科研项目承担单位对于科研人员个体的信任，是对科研人员科研主体性特征的肯定，是一种基于信誉的信任[165]。因此，国家与科研项目承担单位应该在信任科研人员学术道德与职业信誉的基础上为科研人员进一步下放科研经费自主支配权，进而使科研团队能够实现科研运作过程的迭代更新与结构调整，进一步释放科研创新活力，充分发挥科研经费“包干制”的科技创新效能。

虽然科研经费“包干制”目前已经在各类人才项目中逐步开展，且明确了获批项目负责人在提交项目计划书时无须提交预算编制明细，但是仍划分了大类的科研经费适用范围。在访谈过程中，有科研人员表示科研项目单位的财务制度建设落后，部分财务政策未能实现与国家科研经费“包干制”的有关规定相衔接，财务报销平台仍需要填写预算明细编制以应对后续审计监督。部门之间的协助沟通问题间接影响了科研人员的科研经费自主支配权，在拿到定额经费的同时还要填写形式上的预算编制以符合程序正义。这种介于信任与不信任之间的制度操作相对来说加重了科研人员的不合理负担，分散了科研人员的科研精力与热情。

同样的情况也出现在科研经费与科研科目的调剂问题中。有部分科研人员提到，目前的科研项目承担单位是给予科研人员一定的经费比例调剂权的，但是相对来说，科研人员申请经费调剂时要层层申请，科研人员往往因为繁杂的申请程序而选择放弃调剂，从而阻碍了科研活动进程，甚至会因

此产生科研经费套取等行为的出现。因此，科研经费"包干制"信任机制正面建构时，要充分考虑简化科研经费调剂申报流程及过程管理，在合理的调剂需求公开的基础上，真正实现"材料一次报送"，真正减轻科研经费"包干制"推行过程中科研人员的不合理负担。

7.1.1.2 进一步保障科研人员获得理性公正的科研绩效评价

目前，高校科研绩效评价方法多是以量化形式为主的评价，强调将"数字"嵌入科研成果评价的全过程，通过"数字"实现科研评价权的重构与再分配，并以此开展相关评价[166]。诚然，量化科研绩效评价方式使得科研主体的科研绩效跃然纸上、清晰明了，在提高科研绩效评价运行机制效率的同时，刺激了科研人员的科研热情。但是，如果单纯地使用量化科研绩效评价方式，容易出现指标虚浮、科研成果质量低下以及错方向的"数字内卷化"等负面现象[167]。

针对以上问题，应当基于对科研项目承担单位以及科研人员的信任前提，将量化科研绩效评价与质性评价、同行评议、多领域专家评价等相结合，探索能够激发科研经费"包干制"效能的创新型科研绩效评价方法。

首先，明确"量化＋质性"的整体性科研绩效评价目标。质量相对于数量来说是科研产出效能发挥的重要内核，也是科研人员坚持科研初心，坚定科研理想的力量源泉。基于此，应构建量化指标与同行评议双轨科研评价方式。虽然给予科研评价使用计量指标的权利，但是需要根据学科特色与个人专长对科研绩效指标进行合理的情景化分析。如果同行专家的评议结果与量化结果产生较为明显的差异，应进行二次审核以形成一定的制衡效应。

其次，应强调校外多领域专家对于科研成果的综合评价，以动态发展的眼光看待科研活动，构建具有一定量化要求的质量指标，以此代替单纯的量化指标并淘汰相对低质量的科研产出，切实瞄准科研经费"包干制"释放科研活力，推进科研创新的目标导向。

最后，要强调个人评价与团队评价相结合，尊重并认可科研人员对于团队的实际贡献。科研团队尤其是跨学科科研团队涉及多种专业和学科，对此类多学科交叉的科研成果进行评价时要厘清学科交叉的结构。厘清学科交叉的结构有助于合理确定团队科研成员的成果归属与贡献分配[168]，从而充分发挥科研经费“包干制”在此过程中的激励创新作用，以激发创新突破的产生。在结合个人评价与团队评价时，还要注意采取措施应对科研绩效评价时所出现的“四唯”现象。根据学科特点以及项目的技术倾向来合理评定个人对团队的实际贡献，给予不同专业领域内的青年科研人员一定的科研晋升机会；通过科研经费“包干制”与信任视角下的科研绩效评价相结合，加快重大科技创新突破的步伐。

7.1.2　信任机制的反面建构路径

7.1.2.1　加快科研经费诚信管理信息化建设进程

除了通过提高科研信任所带来的正向效益，给予科研人员更多的科研自主权和自由空间，以便切合不稳定、不确定的科研规律以激发重大科研突破外，还需要从信任的反面视角出发，加大针对科研欺骗的多层次惩罚机制，守住法律底线，切实抵制科研经费“包干制”推行过程中套取科研经费的行为。

鉴于目前科研监督呈现的科研资源碎片化、信息不对称等问题，应当加快科研经费诚信管理信息化建设进程，尽快形成统一的科研监督与科研诚信信息系统。应采取奠定科研契约或合同等具有法律意义的方式对科研人员使用科研经费的底线行为进行明示，并加强配套社会舆论监督机制建设，有效降低机会主义心理带给科研人员的负面影响。通过科研合同与科研诚信信息系统的实行与完善，记录科研项目承担单位以及科研人员重要节点的科研信息与科研诚信状况，构建精准数字信息之上的科研经费套取行为预防与提醒机制。在此基础上分阶段、分形式地与全国科研信息平台实现联通，共享科研诚信信息，为实行科研主体“黑名单”制度、科研诚信终身追究制度以及实现跨部门跨地区联合惩戒提供技术支撑。

7.1.2.2　适当减少科研工作的全盘化、被动化的全面公开

在访谈过程中，频繁的科研检查与考核是多位受访者所强调的影响科研经费“包干制”全面深入推进的重要因素。有受访者表示，该种较为频繁的科研检查在科研人员技术路线的变更时尤为明显，要求科研人员全盘化公开科研工作信息，以便防止科研欺骗以及科研经费套取行为的产生。尽管这种频繁考核是为了预防科研欺骗行为的发生，但是在明确法律底线的

基础上仍采用该种监管检查方式会给科研人员带来较大的心理压力和科研压力。同时,高度热衷于全盘化、信息化的科研信息公开不利于良好的科研经费“包干制”信任机制的形成,容易通过压力逼迫使科研人员付出更多精力应对审查要求,从某种意义上说可能使科研人员产生逆反心理并产生不诚实的科研行为[169],科研人员可能会自主规避或篡改即将被审查的材料,科研主动性和积极性遭到破坏,对于科研诚信信息化工程的建设与完善造成一定的阻碍作用。

科研规律本身的不确定性、长周期性以及灵活性并不适合全盘化、被动化的信息公开,可以在综合考虑科研规律、科研人员特性以及科研经费“包干制”推行初衷的基础上,考虑针对不同的科研主体与环节展开一定程度的信息公开与外放以平衡“科研自由”与“科研有效”之间的关系。例如,公开科研项目承担单位与科研人员所签订的涉及科研服务供给、科研诚信行为的科研契约;匿名同行专家进行评议时要考虑公开评议过程与结果;科研人员技术路线改变时应提供技术路线改变的重要标准及论证而不必将所有资料公之于众。需要强调的是,在科研项目进程中,有必要公开的科研信息应当是学术规范决定的、影响最终科研成果质量的信息,该类信息应当是经得起反复检验与论证的重要信息。除此之外,应当进一步完善科研信息管理平台,招聘科研助理等专业人士对科研信息进行分类与管理,使科研信息管理平台能够健康良好地运行,以减少内外部的科研猜忌。

7.2 容错机制

构建科技创新容错机制,是为了符合创新探索的科研规律、进一步推进科技创新发展与提升,通过相关制度设计和机制调节,基于信任关系的正面建构给予科研人员更大的科研活动自主权,容忍和纠正科研创新活动中可能出现的一定程度的失败和偏差,通过必要的制度形式来豁免相关创新主体责任[170]。

科研项目研究,尤其是前沿突破及原始性创新成果研究,需要耗费大量的人力、物力、财力且延续周期长,其中充满不确定性。如果基于不信任科研人员的制度设计出发点,按照传统刚性的预算编制,科研过程得不到及时的基金支持很难正常进行,科研人员的积极性和创造性也会受到打击,因此需要为其设置弹性化的容错机制，为科研经费“包干制”的顺利推行提供相对宽松完善的机制设计。

7.2.1　明确免责主体及适用范围

实行容错机制的重要前端程序是做到明确容错免责机制主体及其适用范围。首先，在基本原则层面要切实做到“三个区分”，明确免责适用情形为高校以及科研院所等相关科研人员因不可预见或不可抗力的技术因素、市场因素等所产生的科研错误。那些法律明令禁止却知法犯法的科研违规行为以及巨大风险事故则不在免责范围内。在这个过程中，要注意明确容错的科学边界，避免将“容错”等同“避责”[171]。

其次，在基本原则的指导下，在具体实践的过程中可以采取制定完备的负面清单的措施。建立容错机制切实开展免责行动，鼓励高等院校、科研机构等建立错误行为负面清单，完善尽职免责规范和细则，健全负面清单管理制度。在政策规定层面，负面清单可分为两级，一级负面清单为原则性、概念性禁止要求，二级负面清单则是详细的实践操作规定，对重要环节、敏感细节进行具体规定。相关条例可结合科研项目承担单位特点来制定，科研项目承担单位所补充的个性化内容应该在所在地科技局进行备案，在有关门户网站进行公示。

最后，在宣传教育方面，省市科技局和项目承担单位要加强对科研人员的科研负面清单教育，讲清楚科研经费“包干制”过程中容错免责使用情形，清晰容错免责界限以及相关规章制度及监管重点[172]。通过教育宣传让科研人员切实感受到容错机制的意义和好处所在，督促科研人员提高自身学术素养，强化自我要求与管理，让科研人员在思想和行动上都做到远离科研高压线。相关人员按照法律法规、规章制度履职尽责，落实“三个区分开来”要求，增强科研人员严格执行负面清单管理自觉性，在合理范围内通过科研经费“包干制”勇于试错，探索创新。

7.2.2　建立免责工作认定程序

构建科技创新容错免责机制需要构建完善的认定程序，要充分尊重科研创新的特点规律，在对科研项目进度及成果、科研人员的绩效成绩、科研经费使用情况以及其个人的综合学术诚信进行明确的调查评审后予以容错免责的决策认定。认定程序可分五步进行。

(1) 提出申请。科研人员认为符合容错免责机制适用情形的,可在科研项目验收之前向科研项目承担单位提出审核要求,单位可根据项目等级向所在地区科技局提交书面申请及审核材料。审核材料包括所在单位证明,科研经费审计报告、科研进度报告以及其他佐证材料。

(2) 调查核实。科技局受理之后,要及时组织相关人员成立调查小组进行走访核实,在调查过程中充分听取申请人及项目承担单位的申辩。调查结束后,要对照免责适用情形作出初步的判断。

(3) 评审决定。评审决定分为专家评审及大众评审。专家评审是指由科技局组织有关领域的专家开展专业评审,围绕科技创新活动的原始创新性、战略性、必要性、对后续研究的启发性,原始资料和记录的完整性,经费使用的合规性等进行综合评判。如果专家组认定审核材料可以证明科研人员已经履行了勤勉尽责的科研准则技术,即可作出容错免责的审定结果。大众评审是指在调查核实以及专家评审的基础上,科技局组织集体进行大众评审,作出最终的审定结果。

(4) 结果公示。科技局通过门户网站公示容错免责审定结果。公示期内对公示有异议的,科技局应核实情况并提出调查处理意见。

(5) 反馈归档。科技局应及时将容错免责项目及人员的相关资料统一归档并做好标注。将容错免责结果及时反馈给有关单位与个人,以便日后科研人员能够正常进行科研创新活动。

7.2.3 增强容错机制结果应用

目前对于科研项目的经费拨付方式大多为刚性预算制,这种传统的经费方式没有尊重科技创新的规律,忽视了科研试错探索的价值。目前常用的科技评价方式大多重绩效轻潜力、重过程轻结果,这样"一刀切"的科技评价方式所得出来的评价结果在一定程度上缺乏客观性与真实性。将这样的科技评价结果作为下一次项目预算的标杆并不合理,这无疑会打击科研人员的信心和创造性。因此,科研容错机制的出现和完善在科研经费"包干制"的发展过程中起到了机制保障的重要辅助作用。

首先,在科研容错机制的作用下,科研经费尤其是间接经费的使用权应该更多地下放给项目承担单位及科研人员,间接经费的使用只需要提供基本的测算说明而无须提供明细。其次，在科研项目进行过程中要切实给予科研人员一定的容错空间，加快资金拨付进度。在原始创新能力强且具有强大潜力的项目遇到资金瓶颈期时，可适当给予二次资助以促进项目顺利进行。最后，要分情况改进结余资金管理。正常情况下，项目完成并经过审核后，结余资金应归项目承担方使用，可用于后续延伸科研支出，也可用于团队内部奖励。被认定容错免责的科研人员，虽不予追究科研失败责任，不影响相关评价与考核以及以后的财政资金申请，但对于验收结果不理想的项目，要严格按照规章制度对项目负责人和科研团队进行问责，剩余经费上缴所属科研单位，并返还财政部门，实现国家科研经费的再利用。

7.2.4 容错纠错机制相结合

容错机制提倡给予科研人员更多的科研活动空间，会相应减少频繁的评估检查，但是也要为了及时纠错而加强科研计划项目实施及经费管理的事前事中监管[173]。严格落实重大事项调整变更报备、中期检查、绩效评估等制度，推行科技计划项目关键节点“里程碑”式管理，及时了解项目执行进展情况和绩效目标任务实现程度。采取随机抽查等方式，对科技计划项目核心任务完成、法人责任落实等进行监督检查，及早发现苗头性、倾向性问题并督促其限期整改，对未及时改正或整改效果不明显的，给予严肃处理。

7.3 激励机制

从预算编制、经费申请、分配使用到拨付进度、监督审计等多方面构建系统化的激励机制。不仅要做好科研经费“包干制”加减法，还要做好乘法，做到对症下药以解决长期以来困扰科研机构和科研人员的经费使用难题，激发科研人员创新活力与动能。

7.3.1 做好科研经费“包干制”加法，增强科研创新活力

7.3.1.1 推进间接经费比例上调

间接经费补偿有利于实现财务收支平衡、进一步提高科研人员积极性。间接费用是资助者引导项目承担单位高效完成项目的重要管理工具。资助

者可以通过间接经费的成本设置来引导科研项目承担单位实现高效管理，合理上调间接经费比例可以正向激励科研人员专注于科研工作。

科研人员是科研单位的人力资本，也是科学研究中最重要的组成部分，因此科研经费中间接经费比例应该有所上调，扩大劳务费开支范围，用以满足科研项目中"人"的相关费用需求。国务院办公厅印发的《国务院办公厅关于改革完善中央财政科研经费管理的若干意见》提到，科研间接经费可以全部用于绩效支出。上调间接经费，应采用渐进式改革的方式方法，短期内适当提高间接经费的比例用以绩效支出，可以有效缓解项目行进过程中人员补偿不足问题[174]，保持对科研人员激励成效。间接成本比例的核算与测度需要以成本核算为基础，可采用分档和小组谈判的方法来建立合理的间接经费补偿机制，使间接经费实现科学合理的上调范围[175]。努力实现科研间接经费管理在中长期走向真正的科学化，进一步契合当前中国科技自立自强背景下间接经费的使用特点，充分发挥间接经费对于科研项目进程的激励和推动作用。

7.3.1.2 加强科研人员奖励激励

除了经费比例上调，还应赋予科研人员更大的经费使用自主权。科研人员在完成科研项目推进过程中倾注了大量时间、精力，应当给予相应的奖励和酬劳。实行科研经费"包干制"后，科研经费管理由各课题组自行负责，可以在组内设立奖励基金，对课题参与成员的隐性付出成本和间接经费比例进行测算，使其感受到科研经费"包干制"带来的获得感，产生重要激励作用。对科研成果有突出贡献者，可进行二次奖励。完成任务目标并通过综合绩效考核后，剩余资金可以由项目承担单位留存使用。项目承担单位要将结余资金统筹安排用于科研活动直接支出，对于具有进一步发展和完善潜力的科研课题和项目来说，使用结题项目的结余经费不仅能够给科研人员提供良好的科研条件，解决前期工作缺乏科研条件的窘境，使科研人员能够迅速投入课题科研后续研究，保留对课题后续的研究思路。科研人员能够顺利地开展新的研究工作，形成已完成课题带动新课题科学研究的良性机制，具有重要的应用价值。科研项目承担单位应对结余资金实行专业化、人性化的管理模式，加快实现结余资金的善用、活用。同时，为鼓励基础研究，对于深耕基础研究的课题组及重要贡献人员提供一定延续资助，促进科研产出最大化。可以有效设置科技成果转化收益的相关机制，给予科研人员更多获得合理收入的机会[176]，并积极鼓励科研人员参与，进而刺激广大科研人员的科研热情和活力。

7.3.1.3　加强创新成果产权激励

除了规定科技成果转化现金奖励不受绩效工资总量限制以外，研发机构产生的科技成果及知识产权应由其本身依法取得、自主决定转化及推广应用。科研项目承担单位尤其是部分极具前瞻性的高校找准了着力点，通过产权激励科研人员积极性，从而使得科技成果转化工作取得巨大进展[177]。2020年科技部等9部门印发的《赋予科研人员职务科技成果所有权或长期使用权试点实施方案》强调了项目承担单位可以结合本单位实际，将本单位利用财政资金或者受企业、其他社会组织委托形成的科技成果所有权授予科研人员，单位和科研人员共享科技成果产权及所有权。单位应与科研人员签订书面协议，在科研项目进度良好，科研成果转化顺利的情况下赋予科研人员职务科技成果长期使用权。具体实践操作可以借鉴四川试点在分配机制上的创新经验[178]，将科技成果所有权部分赋予发明人，并由单位、个人共同享有创新成果所有权，利用产权激发科研人员科研积极性。

7.3.1.4　加大科研人员的资金支持力度，强化责任担当，实现乘法效应

“减负3.0行动”针对青年科研人员崭露头角难度大、起步成长通道窄的问题提出“增机会”的解决策略。首先，应当提高省级科研院所以及直属高校针对青年科研人员的经费支持比例至50%左右，稳步加大省级自然科学基金青年科学基金项目资助力度，提高科研项目对青年科研人员的资助率[179]。其次，应当提倡将项目阶段前移，加强青年科技人才发展的顶层设计和统筹，构建贯穿青年科研人员教育、培训、资助等整个成长过程的协同支持体系。国家层面应在重点研发计划项目更大范围内，根据项目特点与领域，设立青年科学家项目或在项目下专设青年科学家课题以鼓励和引导用人单位支持青年科研人员发展。鼓励优秀青年科研人员利用创新路径和方法大胆探索，更加深入地研究原始创新及突破性的科研难题。最后，要利用“揭榜挂帅”的方法给予青年科研人员充分的信任与鼓励，充分发挥其在科技攻关任务中的重要作用。在项目团队构建及成员培养方面，应充分发挥博士后在科研活动中的积极作用。科研单位应当支持科研人员根据科研

任务需求招聘博士后[180]。鼓励和支持团队成员与国外优秀青年人才进行学术交流[181]，进一步加强本土青年科技创新团队多元化学术和科研背景的历练，使有限的科研经费在最大程度上实现“乘法效应”。

7.3.2 做好科研经费“包干制”减法，减轻科研事务负担

7.3.2.1 简化科研经费预算编制

目前大多数高校和科研机构所实施的是较为烦琐的静态预算表。静态预算表的格式结构相对固定化，没能根据项目类型和科研特点进行分类预算编制，也没能给可能出现的科研突发状况留有空间，违背了科研活动的自由性和探索性，使得科研项目申报人只能在项目开始前凭主观臆断来进行不够专业的预算编制。针对此种现象，首先应该简化预算编制[182]，进一步精简合并预算编制科目，按设备费、业务费、劳务费三大类编制直接费用预算。其次，应当根据项目类型和级别，制定符合科研本质属性的差异化预算编制条例，合理调整经费比例。最后，应当扩大科研经费“包干制”实施范围。在人才类和基础研究类科研项目中推行科研经费“包干制”，不再编制项目预算。

7.3.2.2 简化科研经费审核程序与报销过程

首先，针对目前高校和科研机构诟病的“报销难”问题进一步改进财务报销方式。对于项目承担单位实际科研活动需要所产生的跨国家、跨区域的城市交通费、差旅费可考虑将其纳入业务费进行报销。允许项目承担单位对国内差旅费中难以开具发票的伙食费、城市交通费、住宿费实行“包干制”。其次，需要进一步简化科研经费报销程序。项目承担单位应该结合自身特点，对各项科研经费报销细则进行修订简化，在修订简化的过程中要认真倾听科研人员的意见，了解科研人员在报销过程中真正存在的堵点、难点以建立起真正符合科研规律的较为精简的科研经费报销流程。高校和科研机构应尽快建立起网上报账系统，尽快实现数据共享，积极开展科研经费无纸化报销试点，进一步实现科研信息共享以减少科研人员因信息沟通不畅而出现的重复、紧急提供科研信息的情况。最后，建立健全科研财务助理制度[183]，配备科研财务助理以实现与专业财务审计人员的业务对接，及时解决项目组的相关财务问题。应将科研人员从“报销难”的困境中解放出来，

保障其研究精力与稳定性。

7.3.2.3　进一步完善“减表”行动，减少考核程序和频率

科研人员，尤其是青年科研人员是我国科技人力资源的主体，且往往处于创造力高峰。但对于许多青年科研人员来说，考核压力大和事务性负担重是青年科研群体的集中痛点。青年科研人员普遍面临考核周期较短、考核次数频繁等压力负担。针对此类考核负担，应推动科研单位按照科研人员的职业特征和学术层级，合理调适科研考核阈值，为不同层级科研人员量身定制出既体现考核激励价值又能体现该群体特点的考核标准。

考虑到青年人员正处于职业生涯早期和人生阶段的特殊时期，应将青年人员与自身科研人员区分开来，减少针对青年科研人员和部分原始创新程度较强的项目的考核频次，实行聘期考核、项目周期考核等中长期考核。要注意考核标准设立依据的多样化，尽可能地参考青年科研人员的工作尽职情况、科研表现以及相关的成果产出来进行全面考核，避免“唯第一作者论”的失衡现象。实施考核绩效标准相对化的前提在于明确科研人员科研质量的最低点，谨防以数量冒充质量的低劣科研产出[184]。

此外，制度设计不完善也会使科研人员尤其是青年科研人员困于科研资助机会少，成长通道窄以及不必要的事务性负担重的尴尬窘境。除了开展简化报销程序、优化财务报销管理行动外，还应当聚焦于科研人员的行政性事务负担重、科研时间不足问题。相关的高校及科研机构应统筹本单位科技计划项目有关数据与科技统计工作，简化科研项目预算编制，项目验收实行一次性综合绩效评价，对符合条件的科研项目取消财务验收。不断完善科研单位科技计划项目管理系统和专家库的服务功能，加大共享基础数据信息力度，科研单位尽可能不借调一线科研人员从事一般性行政事务工作。

7.3.2.4　减少科研行政干预，创造人性化的学术环境

一方面，要鼓励高校青年积极参与科学研究。可以在高校开设学术沙龙、创新基地来给青年学者营造自由舒适的情境与平台[185]，让其尽早参与课题组科研活动融入科研氛围，激励科研人员发挥主观能动性致力于科研项目，为科研经费“包干制”发挥重要效能提供人才保障。另一方面，要倡导团队合作、交叉学习等科研精神。要积极开展跨学科、跨领域、跨国界的学

术交流，强化科研合作机制，为科研人员打造坚实有力的学术共同体提供智力支持。在强化合作机制的过程中要强调对于个体的认同激励，从而激发科研人员的科研热情。项目承担单位对高校科研人员的情感管理要强调民主、人情和情感投入。在生活以及工作中，项目承担单位管理者要注意权力适当下放，要关心和满足科研人员的精神需要，避免过度的行政干预造成的压迫感，充分调动高校科研人员的能动性，使高校科研人员自觉遵守相关规则，从而实现高校管理目标。

7.3.3 充分释放科研经费“包干制”乘法效应

7.3.3.1 发挥财政科研经费“包干制”的杠杆作用、导向作用与乘法效应

一方面，省级财政将持续加大财政科技投入力度，确保财政科技投入力度只增不减，加大对原创性、突破性创新科研项目的持续支持[186]，进一步扩大财政科研经费“包干制”的实施范围，完善财政科研经费“包干制”推进措施与管理体系，形成稳定支持与有序竞争相协调的投入机制。另一方面，在财政科技投入力度稳步加大的同时，要充分发挥财政科研经费“包干制”的杠杆作用与导向作用，引导企业积极参与，引导金融机构设立科技支行、科技信贷事业部、科技金融中心，支持各市设立科技信贷风险补偿资金池，有序、高效地带动金融资本、民间资本和社会资本支持高校、科研院所等科技创新发展活动。架构专门的机构或中介网点为产学研合作发展提供平台与丰富的科技资源，打造新型“校厂联合发展”模式[186]。设立完善的项目开发与管理体系，积极探索并加快实现多渠道、多样化、多层面的科研稳定投入，充分利用地方政府等社会力量为科研项目高质量完成的目标注入更多能量。

7.3.3.2 推动原始创新性强，具有重大价值的科技成果转化应用

优化科技创新类引导基金使用，进一步提高出资比例，加大让利幅度，撬动并引导社会资本投资大学科技园、国家级科技企业孵化器、新兴产业综合性创新创业中心以及高校和科研院所等科技成果转化项目，加快发起设立一批种子、天使基金，推动更多具有重要价值的科技成果转化应用[187]。在优化科技创新类引导基金使用的同时，要加快培养和引进更多高层次科技金融专业人才以应对科技型企业、高校以及科研院所等科研信用记录不

完整以及科技成果应用价值评估难等问题[188]。高层次科技和金融专业人才的丰富在一定程度上提升了中介机构的服务能力和水平，更好地连接政府、市场、研发实体等，增强信息交流[189]，进一步提升科技创新引导基金对重要价值科技成果转化的促进作用。要加强科技成果转化调查研究，对相关政策进行动态评估与修正，要结合科技成果转化和产业化的实际，尊重科研活动规律，充分发挥科技创新类引导基金对于科技成果转化全过程的服务与支持作用，稳步推进科技成果转化进度。

7.3.3.3　引导拓宽基础研究投入渠道，促进基础研究与需求导向良性互动

拓宽基础研究经费投入渠道，通过设立企业联合基金，探索设立省市联合基金以及企业与自然科学基金联合基础研究基金等方式，促进基础研究与需求导向良性互动。鼓励高校以及科研院所联合企业开展横向课题研究。横向课题研究强化市场需求和应用导向，由企业率先探测市场风向和科研实用价值，提出科研需求并进行投入和组织研发。在这一过程中，高校以及科研院所应充分发挥科研优势，致力于长期的、具有重大科研意义的基础性研究项目。横向科研经费要求高校以及科研院所按照企业合同自主、规范使用。此外，可适当丰富基础研究投入模式和途径，针对目前我国主要依靠科技部、自科基金委的集权式资助现状，可借鉴国外着力基础研究的国家战略科技力量治理实践，赋予特色鲜明的国家科研机构或部委一定的科研资助经费自主权[190]。另外，若要实现对基础研究项目的注意力转移，可适当提高对基础研究项目拨款额度，让其脱困于只依赖于竞争性经费科研困境，争取实现差异化的经费资助机制，促进基础研究与科技攻关的双向开花。

7.4　考核机制

近年来，国家出台的科研经费管理改革政策瞄准科技创新突破过程中的经费使用难点，力求构建适合我国科技高质量发展新阶段的新型科研经费管理模式。实行科研经费“包干制”的过程中应加强经费使用绩效考核，优化绩效考核指标体系和考核方法。充分运用预算绩效评价实现对科研经费“包干制”各环节的激励和监督作用，对科研经费“包干制”实施下的科研

成果质量进行客观合理的评价。

7.4.1 绩效考核相关奖惩制度和问责制度

应完善绩效考核相关奖惩制度和问责制度，促进科学研究成果有效转化为生产力。考核和奖惩制度必须有效对应[191]。在设立明确的绩效考核目标的同时，要与之匹配完善的奖惩制度来保证绩效评价结果的真实性和有效性，从而推进科研经费“包干制”的进一步推广与优化。项目管理部门应强化绩效评价结果运用，将绩效评价结果作为项目调整、后续支持以及对应奖惩的重要依据。要引导科研资源、相关经费以及绩效工资向优秀的科研团队倾斜。针对不当的科研经费使用行为，要尽快建立健全科研诚信信息建设，明确科研主体责任，对于学术不端问题一律采取“零容忍”态度，依据科研违规行为切实实施惩戒处理措施并加以公告，建立和完善以目标为导向的绩效考核体系。科研部门应建立科研诚信数据库及严重失信行为记录的共享信息系统[192]，对科研人员信用档案进行高效、快捷的信息化管理，针对存在严重失信行为的责任主体，剥夺其规定期限内的项目申报权，多地、多部门联合对其实施惩戒，建立终身问责制。将科研诚信同经费使用权相挂钩，根据绩效评价等级量身给予相应自主权。使科研人员遵守诚信，严守科研经费“包干制”底线，逐步建立科研领域守信激励机制。加强科研人员的科研诚信与伦理教育，引导其树立正确的科研价值观，专注于单纯的学术研究，引导学术界建立符合本领域特点的科研诚信标准。

7.4.2 实行分类考核和管理

在保证科研经费绩效考核结果公正性的基础上，根据不同学科类别实行分类考核，推出与科研经费“包干制”相适应的科研经费绩效分类评价指标体系[193]，从而提高绩效评价结果的准确性，使科研经费在“包干”后真正花在“刀刃”上，督促科研人员端正科研态度，集中精力开展科学研究[194]。在进行绩效评价时，要充分考虑科研人员的学术领域及职称之分，要按照档次对科研人员进行阶段性绩效评价，以促进其科研积极性，给予青年科研人员更多机会。要针对项目类型加强分类绩效评价，对自由探索型、任务导向型等不同类型的科研项目，实现科研共性指标和学科特色指标的有机结合，构建差异化、多样化的绩效评价指标体系。对于部分原创性或是颠覆性的重大项目,要灵活运用考核机制,对其取得的突破性阶段成果予以肯定,在系列评价鉴定后使其顺利结项。在对项目进行考核时,要做到侧重点明确。对于人文社科类项目要注重其论文数量及质量、创新程度以及政策转化可能性。针对科普研究和应用研究,要注重其科研成果转化进展情况,所取得的社会效益以及市场反馈情况。

7.4.3　以质量和结果导向相结合的绩效考核

党中央、国务院多次强调科技评价和考核改革的重要性。2021 年 5 月,习近平总书记在两院院士大会、中国科协第十次全国代表大会上讲话时提出,要重点抓好完善评价制度等基础改革,坚持质量、绩效、贡献为核心的评价导向,全面准确反映成果创新水平、转化应用绩效和对经济社会发展的实际贡献[4]。2021 年 11 月,李克强在国家科学技术奖励大会上提出,完善科技评价机制,加快建立以创新价值、能力、贡献为导向的人才评价体系,改革科技奖励制度,精简数量、提高质量,继续为"帽子热"降温,让原创水平高、应用价值大的成果获得应有激励[195]。2022 年 4 月,习近平总书记在《求是》杂志上发表文章进一步指出,要重点抓好完善评价制度等基础改革,坚持质量、绩效、贡献为核心的评价导向[196]。这为我国科研经费"包干制"配套的绩效考核改革加快了步伐,为新时期推进科技体制改革指明了发力方向,有利于进一步深入推进科研经费改革。当前,以质量、结果和贡献导向相结合的绩效考核成为推动科研经费"包干制"的主要动力和方向标,引导和鞭策科技工作者进行科技创新。

相关管理部门在建立绩效评估和信用评价体系时,要根据科研活动规律和项目类型分类进行质量评价,要建立起以贡献和创新能力为导向的人才考核评价体系[197]。要学习和借鉴国外先进经验,制定完善的评价方法,对科研项目成果的效益和成果进行考评[198],优化配置经济资源,避免重复投入和闲置浪费,提高财政资金的使用效益。同时,应根据科研成果质量的评价结果将间接费用和人员费用设定在合理水平,使人员绩效支出比重达到 30%～50%,解决"见竹不见人"和缺乏绩效激励机制问题。

7.4.4　中长期相结合的绩效考核

将中期考核和长期考核相结合,有利于科研工作者既重视科研产出,提高科研效益，又能够静下心来做基础研究。实施中长期相结合的绩效考核可以有效推进科技体制改革，使得科研经费"包干制"在实践中不断得到推进和落实[199]。基础性研究和部分重大科技创新项目从前期研究投入到学术成果产出再到科技成果转化，需要经历较长周期，难以在短时间内评价其效益价值，应当考虑其长期效益并建立中长期绩效考核机制。同时，要根据项目特征和经费使用特点，将中长期绩效考核目标和短期绩效考核目标有机结合，实现有效衔接，从而能够从时间维度去准确考核科研成果，打造良好的科研生态环境。建立综合评价与年度抽查评价相结合的绩效评价长效机制[200]。设定绩效评价周期年限，对科研项目承担单位进行综合评价，涵盖责任定位、科技产出、创新效益等方面。在绩效评价周期内，每年按一定比例进行年度抽查和评价，重点关注年度绩效完成情况等关键环节。

7.4.5 精简人才"帽子"，强调青年人才创新产出效能考核

首先是推进精简"帽子"行动，释放青年科研人员的创新活力。破除不恰当的"帽子"限制应从"两个精简"逐步推进。第一，精简人才计划，深化人才评价改革。在科研评价活动中，要依照符合科研活动发展规律、体现青年人才成长规律的分类分阶段的考核标准进行考核与评价[201]，要解决将学历、职称以及资历等科研评价活动中人才"帽子"作为评审评价指标、人才"帽子"与薪酬和职称评定等物质利益直接挂钩等问题。从认识上改变通过眼花缭乱的人才计划来体现重视人才的思维惯性，让青年科研人员具有使命感、获得感和认同感。第二，精简行政主导的评估评价工作。人才和科技成果评价是专业性、学术性较强的工作，应将评价权归还学术共同体，实现学术与人才评价领域行政权力与学术权力关系的调适机制。其次是注重对于青年科研人员科技创新产出效能的评价。对青年科研人员的绩效考核标准应丰富多样。不仅要关注论文、专著等学术成果质量，还要关注多学科、多主体合作研究成果的创新程度以及市场化的实际应用效果[202]。鼓励青年科研人员积极与企业实现对接，以市场需求为导向，尽快实现科研成果的转化与创新，实现良好的校企合作创新关系。

7.5　人性化审计与监督机制

在过去刚性为主的科研经费管理体制下，科研经费的使用接受多方的监督，通过扩大检查面、增加检查频率和细化检查点，进而降低检查风险。这虽然取得了一定的成效，但在科研人员办理项目申报、项目立项、财务建账、经费支出、审计验收、课题结题时，需要重复提供科研材料、多部门跑腿、财务报销手续烦琐，严重影响了科研人员积极性[203]。

为了降低频繁检查给科研团队带来的不利影响，减少科研人员承担的检查压力，合理把控科研经费使用和有效降低科研人员面对的信誉风险，一个合理又人性化的审计与监督机制应运而生。此监督机制最大的特点是简洁与高效，通过抽样审计，积极掌握经费使用轨迹，搜集审计证据，进而提出不存在重大风险的合理保证。该监督机制不仅能体现检查的准确性与高效，还能减少周期检查次数。科研人员经费使用自由的前提是，根据科研人员之前的经费使用情况对科研人员的信誉进行评价。这样便形成科研诚信联合奖惩机制，避免高校科研经费“包干制”出现系统性风险[204]。此监督机制可分为三个阶段：科研项目申报时的审计与监督，科研项目开展时的审计与监督和科研项目结题后的审计与监督。科研经费“包干制”审计与监督机制见图7-2。

7.5.1　科研项目申报时的审计与监督

科研项目申报时的审核与监督对项目申报的审批尤为重要。面对承担单位申报的科研项目，应当根据各地区统一的科研项目经费标准，并基于各地区差异化的标准，由财务相关人员对直接费用构成以及测算说明的合理性进行判断。因为不再需要列示直接费用名下的明细科目，所以对于直接费用构成的合理性以及项目申报整体金额的合理性审查显得不可或缺。劳务费、业务费以及设备费等，直接费用与间接费用各自占比的确定可结合科研项目负责人先前项目的执行情况判断是否可以在所申请的经费构成中提高间接费用的占比。

为此，首先应当对不同的科研项目进行分类，明确不同的科研任务、不同的科研难度、不同的科研性质等，对不同类型的科研任务所需要的经费组

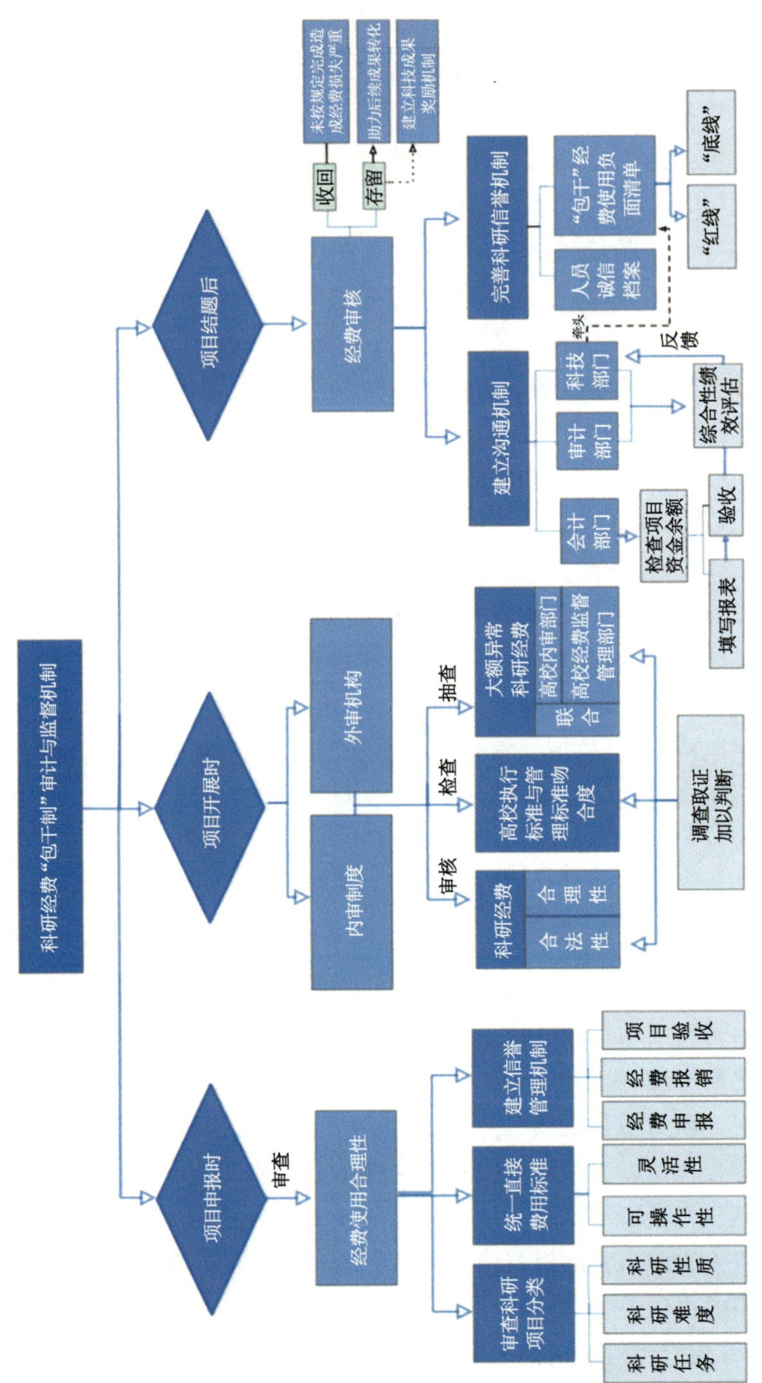

图 7-2 科研经费"包干制"审计与监督机制

成进行合理预估。其次,经过分类后,在全国范围内对不同的直接费用设置统一的标准。例如,对差旅费来说,前往不同的城市出差,将设定不同的差旅费标准。同样,其余直接费用可根据地方经济与消费水平的差异,设立不同的经费标准,并将标准下发到各省市,各地方可以根据实际情况依据规定的标准上下浮动,以提高实际执行的可操作性。

落实科研财务助理机制,科研财务助理人员熟悉高校以及各学院的财务规章和财务流程,科研财务助理提供专业化服务,协助科研人员进行预算编制和经费报销等方面的工作。在接受审计与其他监督管理部门的检查时,财务助理应当扮演好桥梁角色,协助审计与监督管理部门开展工作,减少科研人员的负担。科研财务助理在财务方面的专业性,例如,能迅速提供较为精准的数据,也为监管人员提供了便利,提高了检查工作的效率。因此,教育部门、各高校、社会三方要积极研究和完善科研财务助理制度具体实施举措,在机制建立、人才培养、经费投入等方面做好保障,营造良好的科研工作氛围,让科研人员能够更加积极主动地参与科学研究[205]。

将科研经费“包干制”建立在对信任科研人员的基础上,这样科研人员诚信与否将主导科研项目进展过程中的经费使用,为此,应当将诚信作为一个可以量化的指标,建立起完善的信任监督制度并配以负面清单的管理办法。负面清单管理保障了科研人员对于科研经费使用的自主权,同时也能通过更为细化的负面清单加大禁止行为的可操作性,让科研人员对于科研经费使用上的权责界限有更为清楚的认知[206]。此外,应构建一个针对科研人员诚信指标考核的体系,在基金立项、评审、实施等各个环节建立起信誉管理机制,依据科研人员在科研项目执行过程中科研经费申报、报销以及最终验收项目成果时是否存在瞒报、漏报、误报等现象,对其诚信评价进行动态调整,进而形成一份科研人员诚信档案,作为科研人员初期进行项目申报时所参考的指标[207]。

信任监督制度对于科研人员诚信的评判,将成为审计过程中可以参考的审计证据,直接影响误报的发生。诚信评分较低的科研人员执行的科研项目在接受审计时可以列为特别风险进行检查。该制度的执行是否有效是审计执行过程中应当考虑的问题,可通过控制测试与风险评估程序加以判断。

7.5.2 科研项目开展时的审计与监督

在高校科研经费使用过程中应建立起有效的内审制度，同时还应引入外部审计机构开展定期审计监督，保证在权力下放的同时有足够的监督力度。高校作为项目申请的承担单位，应充分发挥主体责任，高校内部应该设立单独的科研经费监督管理机构，专门针对科研经费的使用和管理进行把控。监督机构主要关注高校内部控制是否存在虚报、舞弊等违规现象。为避免高校内部经费管理发生不规范甚至违法行为，高校应及时调整内部控制措施，规范经费使用。具体操作方法包括修改规定、明确经费使用流程和责任部门、建立内部审计机制等。同时，可以考虑针对不适合管理的人员进行调整，确保高校财务管理团队的稳定性和专业性。在对科研项目经费使用规范进行审计与监督时，高校财务部门和相关审计部门之间应利用大数据信息化手段构建快捷、高效的信息联络平台，以实现科研经费管理信息的实时共享与联合反馈，方便监管部门对经费流向进行监管。通过这些方法，高校可以更好地规避风险，促进财政经费的合理运用。

科研财务助理应遵循预算、财务规定及高校内部制度，对科研费用使用做初步审核，保障科研经费使用的合理性、合法性和规范性。当发现存在违规情况时，应及时通知科研人员更正，确保科研经费使用规范。由于内部审计部门属于高校的内设部门，独立性受到较大限制。同时，因为科研经费的申请关系到高校与教师的切身利益，为了保护教师申请科研经费的“积极性”，高校管理层对内部审计发现的问题重视程度不够，导致内部审计在揭露相关违法违规问题方面积极性不高、在执行审计制度方面不够严格等问题比较突出[208]。

可通过询问、观察、检查以及控制测试等方式对高校经费管理使用效率进行检查，包括评估其有效性以及科研人员对经费使用自主性的作用。同时，还需要观察执行标准与管理标准是否相符以及是否存在因此导致的相关审计问题；应该健全内部审计问责整体框架，纪检、监察和审计等部门应该增强工作合力，构建内部审计问责监督体系[209]。此外更要为科研人员提供帮助和服务，在避免内控失效的同时也要避免过于严苛的内控。高校内部可以依靠外部审计与监督部门的协助与建议简化科研管理流程，减轻科研人员负担，降低科研项目受到检查的影响，帮助科研人员更好地投入科研活动。

科研任务进展中，经费使用是否真实合理是开展定期审计工作时所需要额外重视的。在科研经费“包干制”下，对于费用的报销将比原先的预算制度更加高效，但随之带来的问题是在所有报销当中并非所有的开支均有发票佐证，只有差旅、住宿等费用可以用票据表明确实存在此项支出。为此，审计与监督人员应当注重费用中的大额支出，并与相关部门的负责人对其合理性和真实性进行核实。同时关注相关银行账户是否存在异常交易，必要时可以开展全面检查，调查是否存在大量、频繁、流向固定账户的小额交易，避免科研人员依赖科研经费“包干制”的实施给予其对于经费的支配权为自己谋取利益，通过列示不正当的费用支出将科研经费最终流向科研人员本身。

在审计检查中所发现的问题，应当经过调查取证，加以判断，是否是由科研人员主观层面造成的过失，若其主管上级不是为了谋取个人利益，并且未造成严重后果的，尤其是该科研人员第一次出现相关问题的，应当基于人性化，对该科研人员以批评教育、整改问题、规范工作为主，慎用纪律处分，以包容为主。若在调查中发现，科研人员故意规避监管、套取骗取科研经费、谋取个人利益的，应当立即收回科研经费，停止其科研任务，并将其列入负面清单，在全国范围内规定统一的处罚标准，按照党规党纪和国家法律法规严肃处理，并在一定范围内进行通报，抓好警示教育，形成有力震慑。

7.5.3　科研项目结题后的审计与监督

除了国家政策调整的需要或课题项目没有按规定完成并造成科研经费损失严重的情况应该予以收回外，其他项目经费结余如若在全面客观地分析后没有发现不合理支出，应该将结余部分留给课题组，可以用于补助科研项目组未来的科研发展支出，也可用于课题组在项目结题后后续的成果转化和推广以及拓展性和延续性的研究，但同时要控制结余资金的比例，确保经费使用的科学性、合理性。

一方面，要加强会计部门、审计部门和科技部门三者之间的沟通，提高审计结果利用效率，加大相关审计问题整改力度。在保证科研经费充足的情况下，优化科研经费管理和使用制度，让内部审计贯穿科研经费使用的全过程，发挥科研经费使用的最大效益性[210]。在最终验收之前，应根据审计部门提出的整改意见进行修改和落实。在项目结题时，会计部门应协助项目负责人检查项目资金余额，并根据实际情况填写科研经费报表，验收通过后，会计部门应监督项目负责人规范项目资金的处理，并告知科研管理部门结算结果。简化科研项目验收程序，财务部门与科技部门协调过后对科研项目的结题展开一次综合性绩效评价，优化项目结题的检查流程。应通过对劳务费用、人员费用、会计与审计等具体方面的要求来避免有关机构和人员在项目验收和检查中出现对政策理解和执行上的偏差。

另一方面，完善科研信誉机制，完善科研人员经费使用诚信档案，依据科研人员在此科研项目执行过程中的表现，动态调整诚信指标评级，并且推动负面清单使用，由科研管理部门来牵头制定包干经费使用负面清单。在企业中，负面清单主要是明确列出了相关的法律规定[211]。在科研经费管理部门层面，负面清单应该是科研经费使用违规违法行为的集合。例如，存在先前科研经费管理当中的违规行为并未列示在负面清单中的情况，应当修改负面清单的内容，同时，项目承担高校应当结合高校实际情况补充一些具体禁止事项。负面清单可以帮助科研管理部门明确“红线”和“底线”，确保科研经费的有效管理和合理使用，负面清单的实施能更好地促进创新绩效提升[212]。为此，项目承担单位应当不断加强对科研人员的负面清单教育，讲清楚负面清单的实施目的、现实意义、对于科研人员的帮助以及所禁止的行为，讲清楚相关规章制度的监管重点、负面清单的具体要求，切实让科研人员珍惜包干机会、珍惜单位和个人声誉、清楚权责界限、提高自身素养、强化自我要求和自我管理，增强严格执行负面清单管理的思想自觉和行动自觉。

7.6 防控预警机制

实行科研经费“包干制”应重点强调支撑服务体系建设，提高有关科研人员的服务效率。应在常态化的监督、考核等机制中进一步丰富科研团队内部自查自纠管理，从而进一步规范科研经费的高效率使用，这在一定程度上能够避免项目资金使用的违规操作。科研经费“包干制”需要依托完善的防控预警机制。完善的内部控制和监督制约配合预警提醒机制，能够确保经费合理规范使用。

7.6.1　良好的内部控制环境

良好的内部控制环境是科研经费防控预警机制有效实施的必要条件，不仅可以有效保证内部控制的实施、预防科研项目进展过程中科研经费使用存在的潜在风险，还可以为外部监督管理与审计机构提供帮助。当面对来自高校外部的审计与监督部门的检查时，不仅可以提供有保证的财务数据，还能保证高校内部管理的效率和效果。

通过塑造良好的内部控制环境可以潜移默化地塑造高质量团队，为科研经费"包干制"推进提供坚实保障。科研团队是开展各种科研项目以及学术研究的重要组织，对于进一步推动科研经费"包干制"的落实发挥关键作用。随着我国对各高校在科研经费投入方面的逐年增加，各高校所肩负的科研项目责任也逐步上升，且能够获取的科研经费也表现出逐年增长的发展趋势。作为一个承担科研项目研究和接受科研经费管理的重要单位，更应通过营造良好的内部控制环境，加大检查与惩罚力度，以现存科研经费犯罪或触碰法规的例子进行反面教育，警示科研人员不要触碰"红线"，加强对科研经费的监督与管理。

通过审查管理人员是否能够具备与之相匹配的专业素养，能否胜任所在岗位，是否存在管理人员与科研人员之间相互包庇、舞弊等现象；通过人员调换、制度改革并引入第三方机构等方式协助改善内部控制环境。改善内部控制环境的首要条件是要保证各职位的独立性，从而避免科研人员与管理人员之间出现相互包庇、舞弊的现象；通过加强组织内部考核机制、人员轮换机制等相对应措施，提高管理人员的专业素养以及其独立性。只有维持良好的内部控制环境，才能确保内部控制的有效实施。

7.6.2　风险评估及应对

风险考核作为内部控制构成的重要一环，科研项目的目标及进程的合理化规定必须以完善的科研经费评估框架为基础，清晰明了地考核科研项目的开展过程。高校内部控制部门应能够及时并准确地识别项目潜在的风险，对潜在的风险进行评估，并及时与科研团队进行沟通，查明是否存在由科研团队主观故意的行为造成科研经费管理风险的现象，进而采取对应的措施。如果是因为内部控制环境、外部环境、政策变动等所导致的风险，科研团队的经费正常流转也必将受到影响，通过高校内部控制部门及时迅速地调整，可采取财务部门介入的方式帮助科研团队尽可能避免科研经费在使用过程中潜在的风险。若因科研团队成员人为造成风险的存在，例如存在包庇等现象，则应当积极寻求与科研团队交涉，解决存在问题。如果交涉无果，则应上升至触犯行政法、刑法等层面，交由有关部门进行管理，科研项目应暂停或者取消。若因内部控制体制本身存在漏洞，高校应迅速反应，可以通过外聘第三方机构来进行评估，依据专业机构给出的意见重新构建内部控制体制，进而解决现有问题。

内部控制可以帮助高校通过风险评估及时发现并规避风险，这在一定程度上起到了防患于未然的作用，能够为科研职能部门重新制定或审核团队制度提供相关指引，同时也能够排除一些不合规项目，免除不必要的人力财力浪费。目前，我国科研工作依然处在发展阶段，高校内部控制同样存在不少漏洞，部分内部控制部门依然存在难以发现的风险，因此需要经过长时间的累积不断地完善内部控制体制，提高内部控制人员素质。

7.6.3 信息系统与沟通

发现、评估和应对风险的各个环节都离不开各部门之间的信息交流。防控预警的重要线索是信息流，信息不对称会严重影响防控预警的准确性与必要性。信息交流要具备一个完善的内部系统，信息流的传递不仅要准确及时，而且要在团队内部或部门与部门之间具有一定的联动性，只有这样才能确保信息流收集、传递与抵达的每个环节不出差错。如果无法全方位落实电子业务审批以及网上经费报账，依然延续先前的报账流程，那么管理流程上则显得费时费力。如果在管理信息系统上没有将数据实现高效对接进而形成统一化的管理系统，那么信息共享和信息对接则很难实现。人工完成不仅存在管理盲点，而且效率和质量比不上数字化人工智能，同时会存在因个人问题而导致其他连带问题的出现，从而造成整体的业务流程衔接不够完善。信息沟通应当搭建高效的信息沟通平台，促进信息之间的交流，所以信息化建设的健全发展是必要的。

加强高校内部信息化建设，提高内部控制部门的信息化，可以有效监管新的科研项目从申报到结题，确保每个环节都可以被追踪和监督，可以有效提高在内部控制部门进行风险评估和应对时的效率。各科研项目的信息均可以随时调控，且信息彼此之间是联动的，不同的环节及模块都可以在同一个系统下完成，这样可以在减少不必要信息搜集的同时确保科研经费“包干制”进展顺利。

7.6.4　科研人员信誉风险评价

防控预警不仅针对外部不确定风险，而且包括对科研团队内部人员的监管。科研经费“包干制”的特点之一是给予科研人员完全意义上的信任与资金使用自主权，但其对于科研经费的自主权并不是毫无限制的，同样受监管团队的控制监督。通过内部控制部门的监管来预防科研项目出现不合规操作、经费支出不合理以及违规操作等不良行为的发生。监管的目的在于规范科研经费“包干制”在实施进程中出现违背行业规范及职业道德的科研人员。近年来，我国的“放管服”政策给各大高校科研人员创造了非常良好的科研项目研究环境，这无疑在很大程度上优化了科研人员针对自身科研经费的管理权力，但对经费监管的难度随之提升，优化科研人员经费支配权的同时造成了难以对监管经费时的信誉风险进行合理评估。

科研人员的信誉难以衡量，其在经费使用过程中也存在诸多不确定因素，造成内部控制部门难以对科研人员潜在的信誉风险进行直接评价。可以通过询问、检查、观察等手段，通过执行过程中的一系列表现，结合科研人员的诚信档案，对科研人员实际科研信誉进行评价。如果存在科研人员诚信档案与实际表现极不符合的情况，可以选择重新执行、更换检察人员等相关程序对科研人员进行再次评价，以降低误判风险。相关评价结果既可以被外部监管部门加以使用，也可以公布于高校官方网页，接受来自社会人员、学生、高校教师等各方面的监督。另外，高校也可以将其评价结果列入科研人员诚信档案，用于调整诚信档案评价。为实现科研信誉管理相关职责分离，各高校理应分离管理机构与评价机构，避免因职能混淆导致该诚信档案准确性受到影响。

7.6.5　控制活动

做到理想化的防控预警需要一套完善的内部控制策略，科研经费“包干制”并不代表所拨付的经费可以完全不考虑其他因素自由使用。准确地说，科研经费"包干制"放宽的只是科研经费调剂的权利,项目执行时科研人员具有科研经费的调剂权。例如,项目进展过程中有需求,科研人员可以将预算需要根据现实情况及时修正,将相关资料和说明同步到内部控制部门和财务部门,预计花费超过预算拨付也要及时规划科研经费使用。过程中对其存在的风险与是否合乎规定应由内部控制部门进行把控。

首先,应当对科研经费的申报进行评估,及时与相关部门进行核实,科研经费是否得到准确授权与批准,该授权与批准是否合法、合规,应从科研经费的源头对其进行把控,以确保该科研经费审批未受程序层面的风险,降低科研人员骗取科研经费以及由科研经费审批及管理人员舞弊造成的国家资金流失风险。

其次,在科研项目申报时关注项目所能达到的预期成果与最终实际产出之间的差异,综合分析造成该差异的原因,关注该原因是否合理。如果该差异由异常原因造成,应采取必要的调查和纠正措施,防止科研人员通过开展实际并不存在的科研项目进而骗取国家资金现象的出现。

再次,加强对信息技术应用的控制,重点关注报销等业务流程层面运行的人工或自动化程序,避免因信息技术故障致使内部控制产生偏差,定期对生成、记录、处理、报告等有关经费数据进行检查和维护,降低造成认定层次的重大错报风险。注重过程中对于信息数据的保存,以便发现问题时,可以及时提取相关信息与证据。

最后,关注科研团队所购置的实物资产是否真实存在,确保该实物资产存在的完整性和真实性,防止科研人员列示不存在的费用造成科研经费的流失。同时,应保证科研经费管理各岗位职责分离,防止各岗位之间存在人情、受贿等现象。由专业能力强的人员单独任职,确保其独立性地位。

7.6.6 对控制的监督

高校内部监督管理部门通过持续的监督活动、单独的评价活动或者两者的结合对内部控制实施监督,评价高校在科研项目进展过程中,内部控制是否有效运行。通过与外部监督管理单位的沟通,判断高校管理部门是否发现内部控制出现偏差并及时纠偏,由内部审计部门协助高校内部控制部门进行修正。不同监管部门之间的差异性可能导致不同系统的建设出现"孤岛"现象。科研经费"包干制"的推行可以促进高校内部经费管理和监管平台建设，从而实现全过程的动态化监督管理，并提高覆盖范围，全面优化科研项目在监督管理工作中的效率，并能够使实际状况同步到科研项目承担单位。

在监督管理过程中，要求在保证项目真实、合理、有效的前提下来制定科研人员内部管理规章，完善内部控制及监督机制，在约束资金规范使用的同时动态监控资金去向，并且提供实时预警提醒，这一举措落实了项目预算调剂、间接费用统筹使用、劳务费管理、结余资金使用等的管理权限。另外，为了提高政府研究开发管理效率、方便研究机构和研究人员的项目申请及增强政府经费使用的透明度，可以集中相关部门的研发项目管理信息，以便研究机构和研发人员全面了解不同研发项目的信息。此外，适当披露国家财政科研投入的流向，可以向社会公众提供更多信息，同时实现省份间研发管理活动的横向联系。这种做法可以避免政府部门研究经费重复分配和过度集中的现象，同时促进国家科研经费的有效配置和透明化，以及降低项目资金内控风险。

在“放管服”改革大背景下，科研经费管理还需要坚持“严肃违规处理、简化过程控制”的理念。科研经费“包干制”的实施，要求相关部门适时转变管理思路，依据“能放尽放”的原则，充分调动科研人员科研工作的积极性，减轻科研人员科研任务之外的事务负担，简化程序，提高效率，构建以信任为前提的科研管理体系。相比于之前科研经费“事无巨细”地审批和监督管理，这种模式的特点是试图通过相关部门全方位、全流程的监督管理达到科研经费高效合理、合规使用的目的。突出强调程序的简洁化及经费使用的自主化，要求科研管理自主高效的同时，应在一定程度上降低科研经费使用的内控风险。首先，应限制科研人员的不当科研经费使用，以遏制不良行为的出现，确保科研经费的合理、合规支出。其次，一定范围的信息披露，以及各种类型的审计及资金检查，有效遏止了不实花费的报销，削弱了利用各种违法手段套取大量科研资金的情况。

7.7　法治机制

2019 年 1 月，国务院办公厅发布《国务院办公厅关于抓好赋予科研机构和人员更大自主权有关文件贯彻落实工作的通知》，文件强调了充分赋予科研机构及科研人员更大自主权并作出政策落实相关规定。2019 年 4 月,《中共教育部党组关于抓好赋予科研管理更大自主权有关文件贯彻落实工作的通知》主张各大高校完善科研管理制度、落实科研管理自主权。2021 年 8 月,《国务院办公厅关于改革完善中央财政科研经费管理的若干意见》强调要扩大科研项目经费管理自主权、加大科研人员激励力度、改进科研绩效管理和监督检查。从现有的政策文件上来看,科研经费“包干制”是释放科研创新活力,促进创新发展的柔性化科研经费管理方式[213]。

然而针对科研经费包干使用权、相关事项以及后续可能出现的套取挪用科研经费的行为,司法文件中尚未有明确条例进行参考,学术界对此展开了一定范围的研究。

7.7.1 完善科研经费套取行为的司法认定方式

部分学者认为,在我国以往出现的科研人员违规使用科研经费的案件中,大多以贪污罪对科研人员进行刑事制裁,“一刀切”的法治治理措施没有任何缓刑余地,犯罪记录也让相关科研人员在今后无法从事本领域的科研工作。因此,应该在合理衡量科研人员的身份、科研项目具体进度以及科研人员工作态度等方面完善科研经费违法行为的定罪标准。不再进行罪责衡量区分的基础上使用刑罚会打击科研人员的动力、积极性与创造性,从而阻碍我国科技创新发展之路[214]。

应在对国内外地区科研经费违规行为处理结果比较、借鉴以及分析的基础上,明确科研经费法治机制完善的首要前提是要切实做到“轻缓化”“从宽处理”的法治精神[215]。在对科研经费违法范围进行实际定罪时要合理划分科研人员的身份层次以确定犯罪界限,针对具有一定行政级别的科研人员,要充分调查其违规行为的多方面原因及其性质特点[216]。要重点调查一般科研人员挪用科研经费的原因,只有科研人员没有进行科研活动,以科研项目的名义进行冒领、套取科研经费,勒令其将经费退回拒不履行的情况下才能将其认为是犯罪行为。

7.7.2 构建科研经费“包干制”多元法治机制

要推进经费制度与其他相关制度的衔接,推动相关部门在“尊重科学家、遵循科研规律、提高财政资金使用效率”的原则下尽快共同制定实施细则，列出科研经费使用负面清单，刚柔并重、划明“红线”。要明确科研人员经费使用“红线”，不在“红线”范围内的应以包容审慎的态度实行监管，切实解决相关政策不协调、不落地的问题，解除科研人员后顾之忧，让科研经费回归支持创新本源，更好地为人的创造性活动服务[217]。

首先，应完善事前监督。对于科研经费管理的大趋势为宽松化法治，那么就要强化法治机制的前端程序即事前监督[218]。要健全并统筹协调各部门的监督职责，要创建信息化的监督平台，切实做到各监督部门信息共享、情况互报。项目承担单位在拥有科研经费使用自主权的同时要切实按照相关条例加强自查，坚持问题导向，关注科研经费使用中的疑难点。除了内部自查，还要加强审计监督。在监督过程中要充分尊重科研人员对于科研经费的治理行为，充分尊重科研规律，对于不担当、不作为的科研经费使用行为有针对性地提出修改调整的建议。除了完善监督体系之外，应为科研经费监督行为的落实提供明确的政策和法律依据，要确保在符合科研创新精神，有利于激发科技创新热情、提高科技创新能力的前提下切实保障科研经费使用的最大安全半径。在监督过程中如果发现科研经费使用一般违规行为，可对其采取通报批评、退回经费、暂停资助资格等多样化的惩罚措施。总体来说，我国科研经费“包干制”法治机制的推进要切实做好事前监督这一前端程序[219]，通过完善的科研监督机制促进科研群体道德自律的形成，实现学术共同体的自治模式。

其次，在监督过程中如果发现科研人员违反规定使用科研经费的行为，要先考虑通过民事处理或者行政处罚来进行追责。司法机关应该不断完善并补充相关条例，详细解释科研经费“包干制”的法治内涵与行为标准，明确科研经费犯罪行为的界限与类别，在此基础上去追求为科研经费“包干制”开辟新的法律条例，为此类案件提供法律依据和参考办法。

最后，要严格明确科研经费使用的负面清单，在科研经费使用过程中要禁止通过虚假列支、虚报成员的方式冒领科研经费；禁止将科研经费用在私人开支领域；禁止编造虚假发票进行报销等触及法律“红线”的行为[220]。

对于涉及以上禁令、情节恶劣且造成严重后果的涉案人员，可以根据情况合理量刑，建构尽职无过错科研人员的免责机制。尽可能不采用监禁的处罚措施，扩大减刑的适用范围。不要阻止科研人员之后在本领域内的科研活动，可采用戴罪立功等多种宽容化措施。

7.7.3 实施科研经费“包干制”失信行为惩防联动机制

在科研经费腐败的法治治理过程中，包括个人自律和权力监管在内的学术共同体自治的落实尤为重要。因此，行政部门、司法机关等在监察查处科研经费管理及使用的违规犯罪行为时，要本着“惩防并举，以防为主”的原则[221]，坚持惩罚腐败与预防腐败并重。例如，对科研项目承担单位和科研人员进行分类约束和处罚，加大在科研经费使用过程中故意违规违法行为的付出成本，按照相关条例并参考个人的职权、工作内容等追究其行政与法律责任，通过科研经费“包干制”失信行为案件的办理推动科研单位和科研人员自治能力的提升。应对科研经费使用及管理违规行为采取多类型的监管处罚措施，加快实现跨地区、跨部门组建联合调查小组以应对重大违规事件，按照各自分工和职责，实现有机结合，构建适合科研经费“包干制”落实需求的失信行为惩防联动机制。

科研经费“包干制”推进机制实施的具体对策与保障措施

本章论述了科研经费“包干制”推进机制实施的具体对策以及实施过程中的有关保障措施。

科研经费“包干制”是我国科研经费管理和改革的一项重要举措。本书根据科研经费“包干制”的管理特色和科研人员的切实需求构建了防控预警、激励、容错等机制，以确保能够在科技体制机制创新改革的新阶段为科研经费“包干制”的广泛推广提供机制框架。目前，若想切实调动科研人员的积极性和创造性，以实现更多原创性核心技术突破，就必须在实践过程中保证政策落实到位，充分信任科研人员，同时要建立完善的配套技术。为此，本书提出从相对微观具体对策和相对宏观保障措施两个层面来保障科研经费“包干制”推进机制顺利运行。

8.1　科研经费“包干制”推进机制实施的具体对策

新时代科技自立自强的战略背景意味着党和国家对科技创新的重视和期待。基础性研究、跨学科科技攻关创新、有组织科研等科研形式蓬勃发展，科研项目经费与日俱增，科研经费管理标准随之提升，需要采取切实可行的对策来深入推进科研经费“包干制”。

8.1.1　实施“预算＋负面清单＋绩效”新型管理模式

长期以来，科研经费“不够花、不好花、不管用”的困局[222]对我国科技创新人员的科研工作进度产生影响，抑制了其科研热情。近年来，我国不断出台相关政策文件以突破科研经费管理难点，推进科研经费使用“放管服”改革。除了从简化科研经费报销、完善人才评价以及加强部门协同等方面去提高科研经费使用效率，还应当将研究点聚焦于科研经费审批流程，强调从科研经费的拨付源头来推进科研经费改革进度，加快我国科技创新步伐。

纵观我国科研经费管理模式的实施历程，“正面清单”模式一直是我国科研经费资助机构和科研项目承担单位的惯用模式，强调事前预算审批对科研项目各环节管理的正面作用。从科研项目研究特点来说，该模式“预设”科研过程，忽略了科学研究本身的不确定性、风险性以及可变性。从科研人员的科研经费使用体验来说，科研人员往往面临着科研经费栏目设置过细、预算申报过严、预算调剂过繁等科研财政事务性困境。2021 年 8 月，我国出台的《国务院办公厅关于改革完善中央财政科研经费管理的若干意见》明确提到，在给予科研人员更大科研经费使用自主权的同时，要支持新型研发机构实行“预算＋负面清单”管理模式。负面清单起源于投资领域，该领域相当于明确禁止外资进入的领域[223]。而科研经费负面清单模式将负面清单的概念融入科研领域，即将科研经费使用全过程中法律法规和相关制度所禁止的行为归纳、编制成负面清单。在此概念的基础上，“预算＋负面清单”模式是为了保证科研项目的顺利进行，在科研经费使用负面清单以外的领域合理拨付预算，并且不要求科研人员提交预算明细，可根据技术路线的需求和实际变动自主支出项目经费。

职能部门实施“预算＋负面清单”模式是建立在对科研机构和科研人员充分信任基础之上的，是本着“法不禁止皆自由”的原则列出并明令禁止违法违规使用科研经费的情况，使真正搞科研的科技工作者有更多的科研经费使用权[224]。这是科研经费使用全过程管理体系的重大变化，负面清单是该种充分放权的“红线”。为此，科学合理地制定负面清单尤为重要。第一，必须要在深入研究国家相关法律法规的基础上对科研经费使用风险进行全面分析，一定要做到科研经费“负面清单”条目的编制条例有法可依。第二，在法治底线前提下，负面清单的编制应当遵循科研规律，根据科研项目类型的不同合理编列负面清单，在编制过程中要充分尊重科研人员及科研机构的意见和建议，做到因地制宜，结合科研单位的具体情况制定可执行的负面清单。第三，负面清单的制定涉及多领域、多学科、多方向，专业性、综合性较强，为此应当积极吸收来自科技管理、审计、财务等各方专家的建议，积极组织专家召开座谈会进行讨论，以保证清单条目的完整性与封闭性。第四，整个科研活动以及科研经费投入应以绩效为导向，切实提高科研经费使用效率。因此，负面清单的制定和调整应做到与时俱进、谨慎、及时地修正相关内容，以推进实行“预算＋负面清单＋绩效”管理模式[225]。

习近平总书记在党的十九大报告中明确提出全面实施绩效管理。习近平总书记在两院院士大会、中国科协第十次全国代表大会的讲话中明确指出，要重点抓好完善评价制度等基础改革，坚持质量、绩效、贡献为核心的评价导向[226]。2021 年，国务院办公厅印发了《国务院办公厅关于完善科技成果评价机制的指导意见》，贯彻习近平总书记关于科技评价“三个导向”的原则，围绕科技成果“评什么”“谁来评”“怎么评”“怎么用”作出了部署，要求重点抓好完善评价制度等基础改革，坚持质量、绩效、贡献为核心的评价导向。绩效导向正是需要回答和解决“谁出题”“谁来干”“谁来评价”的问题。只有推进财政科技经费绩效管理，树立绩效理念，完善交账机制，将预算绩效评价理念和方法融入项目评价、机构评价、成果评价和人才评价等现有科技评价制度中，构建全链条、全方位的预算绩效管理体系，才能更好地发挥财政科技投入导向和杠杆作用。因此，将“预算＋负面清单＋绩效”三种管理模式相结合不仅可以发挥科技资源配置指挥棒作用，而且对推动科研组织创新、科技体制改革和科研生态营造具有重要引导作用。

“预算＋负面清单＋绩效”模式探索的出发点是为了让科研经费为科研人员的科研创新活动服务，将更大的科研经费使用自主权下放给科研人员，保障科研人员潜心科研、全力攻关原创技术难题。因此，该模式的实施并不意味着简政放权，必须加强对科研经费的事中和事后监督，强化科研诚信建设，并且应采取必要措施保障“预算＋负面清单＋绩效”模式的顺利推行。首先，科研经费“预算＋负面清单＋绩效”模式的推行需要一定的过程。为了保证该模式后续的顺利运行与管理，应先采用试点的方法来观察模式效果[227]。要强化试点依托单位的主体责任，强调实施全过程信息化公开，将科研经费的预算拨付、使用和结题的全过程在相关的信息平台进行公示，以加强对科研经费执行的事中、事后监管。其次，应强化外部监督。建议科研项目承担单位接受同行监督、公众监督、第三方监督，以实现对于科研经费使用全过程的科学评估。最后，应加快推进科研诚信信息化建设，加强对科研人员的科研诚信教育宣传，进一步规范科研人员的科研经费使用行为，强化其科研伦理意识[228]。将严重违反科研规定的科研机构和人员列入科研诚信黑名单，对其进行制度和措施上的处罚，例如禁止其一定时期内的科研项目申报、收回科研资金等；对于触犯法治机制约束底线的科研人员酌情采取法律措施。

8.1.2　配套建立科研人员诚信档案

在科研项目执行过程中，科研人员的个体化差异会在更多时候影响科研经费的合规使用。科研经费使用权的下放增大了科研经费使用的不确定性与风险性。例如，《国务院办公厅关于改革完善中央财政科研经费管理的若干意见》针对直接费用中除 50 万元以上的设备费用外，其他费用只提供基本测算说明，不需要提供明细的规定，在保证科研人员经费使用自由度的同时，无形中增大了对于科研经费流向的监管难度[229]。因此，根据现行的制度加以规范,难以将科研经费监管风险降至低水平,需要配以科研人员专有的科研信誉机制,建立科研信誉评价平台,对每位科研人员建立个人诚信档案,对科研人员在先前开展的科研工作中诚信与否进行评判。

2018 年,《关于进一步加强科研诚信建设的若干意见》提出,推进科研诚信建设制度化,预防惩治同步,建设共享共治的科研诚信格局。该文件制定了加快推进科研诚信信息化建设的要点:建立完善科研诚信信息系统、规范科研诚信信息管理、加强科研诚信信息共享应用[230]。为了评估科研人员的诚信状况,应考虑多方面的因素,包括科研经费的使用情况、参考银行信用等信息以及采用问卷调查等方式来了解科研人员的诚信表现。在评估科研人员诚信时,可以从科研课题诚信、学术论文诚信、获奖科研成果诚信、知识产权诚信、社会诚信等角度进行分析,全方位地了解科研人员的诚信水平。结合科研人员对科研经费实际执行情况以及个人作风等方面,经过高校内各院系管理部门、财务部门、内部控制部门等有关部门的讨论,给予每位科研人员诚信评价、分级,从高到低实行差异化管理。

对于诚信度较高的科研人员可以按照先前申报的科研经费照常审批,给予其相应的科研经费管理自由度。对于诚信存疑的科研人员开展科研任务时,应当以更为严苛的审查标准对所申请的项目进行审批并对申报预算的合理性进行检查等,在科研经费审批时,可以扣留一定比例的科研经费,后续在科研项目进展过程中,未发现其在科研经费使用中有存疑部分,可以选择分批下发,以确保诚信存疑的科研人员在项目申报时不存在过往不诚信的表现。例如,科研人员在先前的科研项目中诚信表现过于糟糕,其诚信档案中存在相关评价,则可拒绝其申请科研项目经费的补助。

科研人员从申报课题到最终产出科研结果整个过程中要接受来自校内外的数次检查。可通过对科研项目的开展进行询问、检查,了解该科研项目在执行中是否存在通过劳务费、差旅费等明细的支出使国家科研经费最终流向个人的现象。通过此类不定期的突击抽查进一步了解该科研人员的诚信情况,将信息及时同步到其他监管部门,可以依靠该信息动态化调整对科研人员的诚信评价。同时,可以落实科研财务助理制度,由各个项目的科研财务助理对科研项目的检查情况进行记载,关注科研经费使用及流向是否属实,是否存在虚报漏报的情况存在。校内各院系要接受各级教师、学生以及社会公众的监督与举报,通过扩大监督面,降低科研人员信誉误判风险,且应及时将资料进行整合最终上报给项目承接单位科研监督管理部门，项目结题后按照科研人员在项目执行过程中整体科研经费使用的诚信情况对其在项目中的表现给出信誉评分，最后归档录入科研信誉系统，调整各科研人员的信誉指标。

诚信档案的建立依赖于信息平台。科研经费“包干制”的实施对经费使用的监管力度有所降低，所以应加强对科研人员的诚信调查，通过搭建信息平台，实现监管部门与该校财务部门、院系管理部门等信息共享，从而实现及时、动态化地调整对于该科研人员的诚信评价。

高校作为国家科研的主要力量，也是国家科研后备力量的摇篮。若要在全社会形成良好的诚信范围，高校应当结合科研诚信问题展开教育，依据国家政策，响应国家号召，结合实际案例，开展对于科研人员以及科研预备人员关于诚信的教育，在全社会形成良好的诚信氛围，加强科研人员诚信意识。一旦出现诚信问题，如恶意使用国家资金、谋求私利等现象，经调查取证后，追回已经立项的课题经费，将其列入不诚信名单，在学校各院系的主页公告，起到警示的作用。同时税务部门、银行等机构也可以将该科研人员列入不诚信名单，从各方面对其进行惩罚。

8.1.3　加强项目承担单位各职能部门的沟通和协调

从当前高校或科研院所科研经费管理的实际情况来看，我国在科研项目管理整体流程中存在不少问题，诸如项目申报后层层审批效率不高、项目经费批复速度有待提升、项目管理不到位、报销费用流程烦琐等现象的存在，造成这类现象频发主要源于涉及部门交叉业务时，各部门之间难以形成统一意见，甚至存在各部门推诿现象，缺乏部门之间及时沟通与协作。为保证科研经费“包干制”的有效实施，应加快和完善制度建设，不仅应构建管理部门、项目承担单位和各课题负责人之间的多主体沟通协调机制，加强财政、审计、科技、管理部门之间的协作性。在项目执行过程中所涉及的各部门之间可通过信息平台实现无阻碍交流，提高各组织之间遇到问题、解决问题的协同性。

各部门之间的有效协同和沟通不仅可以提升业务流程审批以及执行速度，精准监管科研经费使用过程中是否存在问题，以及发现问题后提高及时沟通、处理的效率，同时可以减轻科研人员科研负担。作为项目承担单位，校内各院系管理部门作为对科研经费整体流程监管部门中的主力，由校内高层管理部门牵头，合理分配各层级监管工作、有效分配资源，实现部门之间的优势互补、协调各部门之间所遇到的矛盾。接受外来部门检查时应做好交流沟通，携手校内有关部门配合外来部门检查。

8.1.3.1 加强项目相关部门的信息沟通及协同

承担单位应主动承担主体责任，不仅应当构建起合理的科研管理流程、优化内部控制环境，同时还要合理分配好财务部门、内控部门、监管部门等各部门的任务，加强各部门之间的信息交流，保证信息的同步性、完整性以及可靠性，统筹下属各部门的工作，汇总来自高校内部各部门的信息。另外，需要加强项目管理部门、财务管理部门等各部门之间的协同，切实保证科研项目从审批、经费拨付到最终的项目结题流程中科研经费的划拨及管理工作。

各院系应当承担起对院系内科研项目的监督管理职责。由各院系管理部门作为上下层信息沟通的桥梁，定期汇总院系内各科研项目的进展情况以及科研经费报销情况，接受高校内部控制部门以及内审部门对科研经费使用的检查，将汇总的信息上报校级管理部门，配合财政部门及高校财务管理部门做好科研经费的管理情况。

如果出现因部门人员原因造成管理部门协同性较差的问题出现，可以加强对各部门人员的考核和监督，必要时可以由国务院相关部门出台文件纠正部门不作为的问题，例如简化批复手续、提高拨付速度等，依靠强制的行政手段改善因部门人员个人素质原因造成部门协同性较差的问题。

我国科研经费管理并非仅由单一部门进行管理把控，而是涉及多个职能管理部门。项目承担单位作为主体应当在工作实际开展时协调校内外各部门工作有序展开。项目推进时，各部门首先应当优化部门内的管理流程，其次应加强与其他部门之间的协同性，保证多部门工作同时开展，避免各职能部门之间的脱节。整合现有各科研项目的信息资源，建立一体式闭合的经费管理系统，包括报销、票据系统、内部审计等[231]。该系统需要多个部门的配合及参与，诸如内审部门、管理部门、内控部门、项目组成员以及外部审计与监督管理部门一同参与，各部门之间通过加强沟通与协商后明确各自职责与任务，利用信息技术实现信息共享，有效提高管理效率，避免造成单一部门管理职能的脱节，进而充分发挥各部门的优势作用。同时，明确各部门责任，保证出现问题时能够通过各部门之间的有效合作实现快速追查。

8.1.3.2　构建科研管理专人负责制度

若想高校科研经费管理流程能够在信息方面畅通无阻，首先应完善科研管理部门之间的经费管理协调机制，使科研经费管理部门从流程上确保财务信息的流通与对称性。完善内控制度，保障内控环境，从而创造更好的科研环境为科研工作保驾护航。科研项目的管理并非一成不变，项目初始的经费预算、项目开展时根据实际情况产生的变动等都需要各部门之间协同。为此，需要在科研团队与高校组织之间建立起有效联系。各部门应当落实专人专项负责制度，可以有效提高效率，落实责任到人，避免原先部门内部推诿现象反复出现，此外可以及时为科研团队提供帮助，便于科研团队接受更为专业的服务，协助项目组工作。各部门因项目产生紧密联系，实现部门之间的协同，也加强了各部门与该项目负责人之间的联系。各部门中由专人对不同的科研项目负责，资料汇总以及上报过程中均由专人进行，项目执行过程中出现调整可以做到快速反应，项目出现问题，无论是各部门还是科研团队，均可以做到追责到人。

项目承担单位可以设立跨部门的科研项目经费管理服务机构，分别从多个部门中抽调具有较高专业素质、较强沟通协调能力的专业人员重新组成专门的协同管理机构。该协同管理机构主要负责统筹和协调各个部门的工作，协调财务部门对项目负责人在经费预算、申报方面进行协助和指导，同时提供资金合理分配的指导意见，实现及时通知，提供经费申请、项目执行、资金使用、决算准备、审计协助等全过程一站式服务。高校必须做好科研经费内部环境控制，项目负责人不断提高其态度和素质，对科研经费的相关法律进行深入学习，树立正确的科研经费使用观，科学合理地使用和管理科研经费[232]。高校可以从外部招聘具有科研或财务背景的综合人才加入科研项目经费管理服务团队，以丰富科研团队的人员结构，提高科研经费管理的专业水平。同时，应建立科研经费管理人员的专业培训体系，通过培训、考核等方式提高科研团队的整体专业水平。这些措施可以提高科研经费管理服务的质量和效率，促进高校科研项目的顺利开展。

因此，高校应通过优化科研管理流程，加强部门之间的协同，落实个人负责制，有效解决原先科研管理中存在的效率不高、部门间协同性不足、追责时各方推诿等问题，从而完善科研管理机制，为实现全面科研经费“包干制”保驾护航。

8.1.4 利用数字技术加强科研经费信息化管理

数字技术赋能各行业、各领域管理效能不断提升。作为科研服务的重要环节，科研管理应加快数字技术应用，加快科研经费信息化管理建设。一方面，要通过现有数据转化为计算机语言并设置控制，加快人机对话与人机互动决策；另一方面，要通过衔接不同部门间的工作职责，保障信息流转流畅。项目承担单位内部的科研经费管理应当基于信息化平台建设，将内部多个部门的信息进行汇总与整合，并将相应信息呈现在该平台上，满足不同部门、不同群体的需求，加强建设该平台的信息分析与统计功能，利用信息化、网络化、流程化管理手段在决策、执行、监督、反馈等各个环节上提供方便快捷真实完整的财务信息，提升财务部门的标准化作业水平，降低手工化财务工作的出错率[233]。

利用数字技术赋能项目管理部门、项目承担单位、科研管理、财务部门、审计部门、项目课题组，提升协同效应，建立健全科研课题、研究进度、阶段性成果、科研成果数据信息库，加入预算控制系统，进行大数据分析，预算科目与会计科目相对应，课题支出的每一笔经费，在财务做账的同时，相应计入预算管理模块的已执行数列，实时与预算数据相对比，实现预算的实时管理。同时，加强预算执行分析，对科研经费执行进度与科研任务期限相结合进行对比分析，应对科研项目全过程进行严格的管理和控制，由被动式管理转为主动式管理，由事后控制转为事中控制，以达到科研经费管理效率提升的目的。此外，审计部门也可以检查和监督科研经费的使用情况，及时发现问题并加以处理。

8.1.4.1 信息披露

项目承担单位内部可以依靠不同信息平台汇总的信息数据，进一步加强和完善内部控制管理，建立科研项目信息披露机制。披露内容包括：该项目申请人、科研团队成员、经费预算、预估科研产出以及对科研人员的信誉评分等关键信息。除部分涉及机密的信息外，在高校内，由各院系对该院系的科研项目进行披露，后续科研项目开展时，接受来自校内外的审计、抽查后，收到审计报告、整改意见，通过摘选出重要信息，依靠项目承担单位内部信息平台，在各院系以及校级层面进行披露，加大了科研过程的透明程度，保障了高校内各院系教师、学生的知情权。依靠微信公众号、公告栏等信息公布平台，将科研项目各信息公示，接受社会纳税人的监管，通过信息化管理实现信息披露。通过扩大监督面，降低科研经费使用潜在的检查风险，进一步降低高校内科研管理的管理风险。

8.1.4.2　加强信息化管理建设

科研经费管理流程中，普遍存在效率低下问题，为了提高整体流程的管理效率，需要优化整体流程的信息化程序。尽管在我国教育体系下，项目承担单位早已实施信息化管理，但是其覆盖面较窄，难以全方位覆盖高校，依然存在漏洞。因此，加强高校内信息化建设，针对科研经费的管理，应优化管理流程，形成校内多部门一体化的信息交流以及管理系统，该系统应涵盖内控、内审、财务以及科研管理等多个关联部门。首先，通过建设信息交流以及管理系统，提高信息沟通的效率。依赖高校传递的信息，开展对科研人员有效的考核，对表现优异的科研人员应予以激励。其次，应做好对科研人员滥用科研经费的防控预警，在执行相关程序时，降低由信息不对称、迟延性以及个人原因带来的管理层面的风险。基于信息共享平台建设，协调多部门间的管理交集。最后，可以开发财务“智能问答”系统，提供 7 天×24 小时自助服务，用户只需输入关键字，系统依托后台知识库，利用联想计算交互功能实现自动识别判别，实时推送相关答案，随时随地提供财务咨询服务，有效降低了财务信息获取难度[234]。

应当利用计算机技术和先进的互联网技术优化高校内财务信息管理平台，改善先前流程烦琐的问题，优化科研经费申报审批流程，提高信息处理能力以及改善部门间信息沟通效率。灵活利用“互联网＋”对高校现有的财务信息管理平台进行功能扩充，搭建起财务与高校内部控制、内部审计、科研管理等部门的信息共享平台。各部门在开展检查活动时，可以依靠该信息化平台，同步共享来自其他部门的信息，提高信息传递的速度，降低信息传递中不确定因素造成的影响，从而有效将高校内各部门连接为一体。

基于信息化平台建设，提高科研项目执行过程中监督管理的效率。利于各监督管理部门在科研项目的整个生命周期中依靠信息化平台获取的全面且可靠的信息，更利于实现对于科研经费事前、事中、事后的全面控制，尽可能避免了科研人员在科研任务执行过程中对于科研经费的贪污、滥用等无法实现有效监管的现象出现。

高校在收集、统计科研人员申报课题、后续科研进程等相关文件和资料的工作较为烦琐，在科研执行过程当中，实施内部控制、审计的执行程序以及外部监督管理部门抽查等所需要的信息收集和归纳工作量较大，容易出现纰漏。当下，我国正处于快速发展阶段，各个行业的发展离不开高校科研团队的支持，与之而来的科研项目的数量也在不断扩充，科研进程也在不断加速。不同的科研领域涌现出大量的科研项目与任务，导致高校内进行信息统筹与管理时的压力激增。为了保证内控的有效性、费用报销的真实性、文档信息保存的完整性，高校内部的信息管理与统计工作必不可少。只有确保信息管理和统计等基础工作的准确性和效率，才能保障科研管理工作所需要信息的真实性与准确性，确保科研管理机制有效运转。

为了实现科研管理机制的有效运行，还应当降低高校内信息化管理建设中潜在的信息化系统运行错误的风险，不断完善信息系统处理数据的能力，同步提高管理该信息系统人员的专业素质，避免因信息输入错误导致的系统信息产出错误。通过多层面的检查以降低人工控制风险，通过提高监管力度和惩戒力度，降低信息技术平台可能对内部控制产生的特定风险，例如未经授权访问数据将会造成数据毁损。

实行一站式管理，更有利于完善各高校的内部控制。管理部门应当通过该系统，改善内部控制环境，加强其独立性，保证其独立地位。内控部门通过该信息系统来获取实时信息，进行内部自我检查、评估，进而调整内部控制的执行。内控部门在接受来自外来审计以及监管部门检查时，依赖该信息共享平台，充分获取审计证据以及信息后，更为准确与高效评估内控的有效性，提出改善内部控制有效性的建议。通过信息换取、获取证据与信息来评估有效性、调整内控执行程序、优化内部控制。

8.1.5 立足成果质量与科技创新，采用科研经费动态管理模式

首先，在中国以往的科学研究管理中，资金拨付通常采用较为刚性的预算制度，从预算支出项目编制到财务审批，直至最后到科研项目承担单位账

户，整个过程漫长且复杂，因而到账时间存在一定的滞后性。时间上的滞后性不仅阻碍了科研项目进度，而且压缩了留给科研人员的报销时间，使得科研人员难以应对繁杂的报销过程。其次，以往科研经费管理政策的更新迭代忽视了过渡期项目的管理办法调整，使得尚在执行期内的科研项目成为制度的空白点，不利于科研项目的顺利推进。因此，需要采用科研经费动态管理模式来为科研项目提供更加强有力的资金支持和政策保障，使得科研经费的使用更加科学合理，确保科研经费“包干制”推进机制的顺利实施。

第一，实施科研经费动态化拨付及报销模式，稳定其对于科研项目的资金支持。目前，科研项目的进行缺乏强有力的较为稳定的资金支持。科研本身是一项创造性的活动，其技术路线的改变或者突发情况的发生都是常见现象，因此很难对其持续时长和成果产出进行预估。尤其是基础性研究项目和国家级重点项目，其研究效益和影响一般来说较为巨大，但在短时间内无法取得成果或效益[235]。这样的研究特性往往使科研经费资助不能够持续性投入，造成科研进程戛然而止的局面，使得之前的研究投入浪费，同时也使科研人员的研究热情和动力持续受损。繁杂冗长的科研经费报销程序使得科研人员深陷“报销难”的困境，无论是从个人精力方面还是从科研热情方面来说都不利于科研绩效的提高。因此，要优化科研经费拨付方式，实施动态化科研经费报销模式。① 可根据项目类型来分类拨付，例如数学这种纯理论基础研究项目，在进行资金拨付时要适当提高其间接经费比例，扩大劳务费开支范围。② 要加快经费拨付进度，合理确定经费拨付计划。项目管理部门要在项目任务书签订之后的规定周期内将经费拨付至项目承担单位。可以在项目中期阶段以及成果转化阶段采取二次资助的方式，加大成果转化激励强度。需要注意首笔资金拨付比例要与科研人员进行充分沟通，在考虑项目特征、人员学术素养以及信用情况的基础上确定，以保障科研活动资金需要。③ 应对科研经费结余实行分类管理，对于验收通过且信用评价良好的单位，允许课题组将结余科研经费用于后续科研支出与成果转化的物质激励。相反，对于验收未通过，不在容错免责情形内且信用评价差的单位应明确收回结余科研经费。④ 要完善科研人员配备科研财务助理以应对专业化的报销事宜。可以采用较为动态化的“零报销”标准[236]，对于难以取得发票且数额较小的交通费、差旅费进行包干。要加快建设项目信息共享平台，及时分享经费数据，促进数字化经费报销办公。

第二,针对过渡期项目特征,做好新旧政策的动态调整与衔接。近年来,党中央、国务院聚焦完善科研管理流程与机制创新,先后出台了一系列政策文件,例如,2016 年的《关于进一步完善中央财政科研项目资金管理等政策的若干意见》和 2018 年的《国务院关于优化科研管理提升科研绩效若干措施的通知》以及 2021 年的《国务院办公厅关于完善中央财政科研管理改革的若干意见》,这些文件在赋予科研单位和科研人员自主权、优化项目资金管理等方面取得了显著效果,为科技创新发展各个阶段提供了有力的政策支撑。随着时间的推移以及科技创新体制的改革,科研经费的管理措施需要不断调整以解决政策落地过程中所存在的实际问题。在政策体系渐进调整的过程中,尚在执行期内的科研项目,即过渡期项目处境尴尬,是否要按照新规定执行管理措施成为需要解决的问题。针对这种情况,项目承担单位要在深入研究新政策内容后,邀请科研项目参与人员及时召开座谈会,与科研人员进行充分协商,在了解项目进度、经费使用情况以及主要诉求后决定其是否按照新规定执行。在确定使用新规定的基础上,要积极采用专家会谈法与评议法商量修订实施细则,确保做到新规定与旧政策的顺利衔接过渡,以保证过渡期项目的顺利结题[237]。

8.1.6 有效落实科研经费管理自主权下放

习近平总书记强调,科技管理改革不能只做"加法",要善于做"减法",要赋予科学家更大技术路线决定权和经费使用权。科研经费管理放权也充分体现了科研经费的柔性化和人本化管理,激发科研人员潜心、静心开展基础研究,保持持久的创新热情,多出高质量成果,培养高层次人才。因此,建议高校和科研院所可以在适度区进行探索,加快政策落地和积极推广,充分扩大科研人员经费管理自主权。

第一,实施参与式预算,促进预算及调剂权下放。参与式预算在财务管理、地方治理等各个领域取得了较大成功,有效促进了公共财政资金分配更加公平合理。调查发现 67.42%受访者认为在科研经费管理方面需要合理、及时、规范地调整预算。科研活动具有未知性、风险性、创新性等特征,建议在科研经费顶层预算和项目总体预算等方面实行参与式预算,能够将预算和调剂权实现真正下放,扩大预算编制自主权。在实施包干过程中进一步明确将大类预算科目根据实际情况弹性地设定为四个,即"材料设备费""会议差旅费”(包括出国交流等)“专家咨询及劳务费”(个别类型项目的评审费可归纳到该科目中)及“其他”,每个科目可根据实际情况设定可上下浮动的比例,让项目负责人有更灵活的经费预算和管理权限。

第二,适当提升间接经费比例。为最大限度激发科研人员的潜能和调动科研人员的积极性,《国务院办公厅关于改革完善中央财政科研经费管理的若干意见》指出,纯理论基础研究项目间接费用比例进一步提高到不超过60%,以该比例为参考,建议各类基金间接经费比例可考虑由当前的 30%提升至 45%左右,这对科研人员创新绩效的提升无疑会产生巨大激励作用,调查显示有 53.03%的科研人员建议进一步提高间接费用比例。有受访者建议,应在间接经费中取消项目承担单位的管理费(项目承担单位科技部门管理人员本来就享受发放工资和福利等待遇,建议取消管理费收取),间接经费可全部用来作为绩效开支,这样科研人员真正拥有权限来分配和使用经费,以至于能够“敢用”“用好”宝贵的科研经费资源。

第三,实施科研经费“包干制”后对科研人员进行柔性化激励。传统的刚性科研经费管理缺乏对科研人员的有效激励,科研人员只是被动执行相关政策,面临“谁使用,谁将受到审计”的风险,导致很多科研人员不愿意投入科研活动、不愿意使用财政性科研经费等现象的出现,严重降低了科研人员的积极性,影响了科研绩效水平,因而如何使用柔性化管理理念来激励科研人员显得尤为重要。

① 建议充分信任科研人员并授予其自主权。当前科研人员如果要调剂科目之间的经费比例,就需要到所在单位的科研管理部门、财务部门签字盖章,耗费了科研人员大量时间,若可以通过在线申请调剂并快速得到审批将大大节约科研人员的宝贵时间。② 若各类课题间接经费能够提升在 45%左右,科研人员本身科研价值得到体现和尊重的同时,经费使用权将大大提升。在提取绩效工资时,课题负责人向承担国家科研任务较多、成效突出的科研人员倾斜,扩大劳务费开支范围,只要与科研活动相关而产生的费用,均可提取和发放。③ 简化报销和预算调整手续,优化信息化服务,减少报销难度,减少签字流程,节约科研人员的时间及精力。④ 以绩效和完成度为标准监督经费使用,主抓项目成果,强化产出成果考核,加强结果导向而非预算导向,同时配套推行“回头看”审计制度。

第四,对项目剩余经费进行柔性化管理。在过去传统的刚性管理思维下，科研人员小心翼翼地使用科研经费，甚至出现"不敢用"或在课题即将结题时赶紧使用科研经费等现象，导致部分科研经费出现结余，科研资源配置无效。为避免此类问题进一步恶化，建议对确实需要结余的科研经费进行柔性化管理，扩大结余资金使用权，增加科研经费管理的灵活性，在调查中78.79%的科研人员认为在完善单位科研经费工作时应增加灵活性。首先，鼓励科研人员本着诚信原则，在课题研究过程中积极主动使用科研经费，积极开展课题调研、咨询专家，根据贡献大小为课题组成员（尤其是研究生）发放体现个人价值的劳务费，并在课题结题时强化多元化的绩效评价。其次，若因无正式发票等原因出现经费结余现象，只要科研活动属实，就可以凭借小票等正常报销；若因课题负责人失职、没有及时进行课题研究等原因造成的，建议合理、合规、合法收回剩余经费，并采取一定惩罚措施，可以使科研人员感受到公平、宽松的科研政策环境。最后，由于科研活动具有一定的延续性，建议根据科研活动增强经费使用灵活性，并延长科研经费使用期限。

8.2 科研经费"包干制"推进机制实施的保障措施

为保证科研经费"包干制"推进机制和具体对策能够在实践中得到实施和落实，需要从人力、物力和财力等方面提供保障，本部分提出了科研经费"包干制"推进机制和具体对策实施的保障措施，各项保障措施之间的逻辑关系见图 8-1。

8.2.1 完善科研经费管理的制度和政策体系

科研经费"包干制"实施的目的在于为科研人员松绑，扩大科研人员的经费使用自主权，减轻科研人员不必要的事务负担，进一步激发科研人员科研创新活力。在科研经费"包干制"推进的过程中，科研经费管理的制度和政策体系起到了指导、统筹的作用。自 1985 年启动第一轮科技体制改革以来，国家层面出台了许多文件以推进科研经费管理的进一步优化。但是目前仍然存在着许多制度障碍，导致中央政策与地方政策衔接不畅、横向单位存在执行障碍等问题。因此，在科研经费"包干制"推进过程中，应当厘清政策落实过程中的制度障碍，优化科研经费管理的制度和政策体系建设，为科研经费"包干制"提供理论指导。

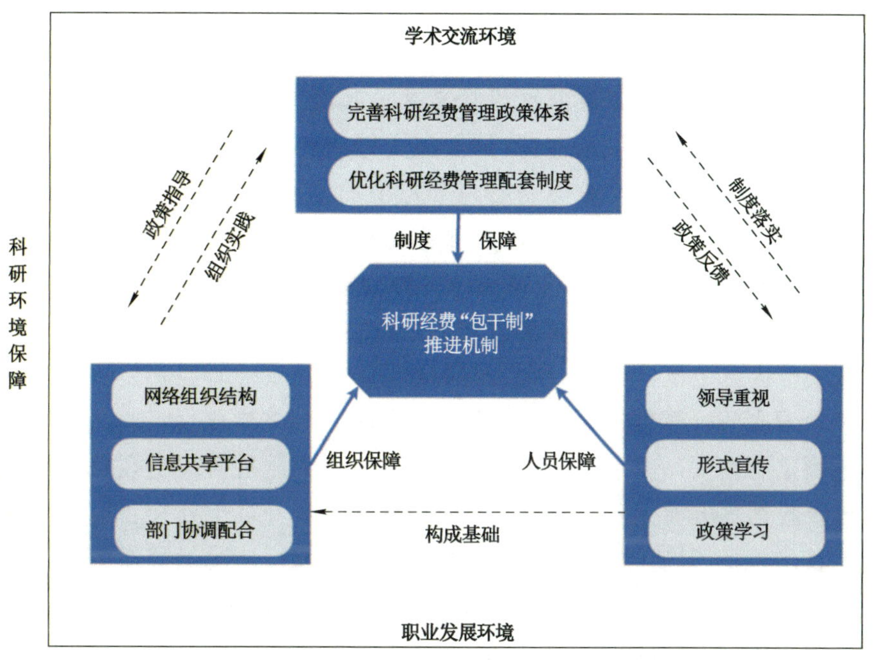

图8-1　科研经费“包干制”推进机制实施的保障措施间的逻辑关系

第一，加强科研经费管理的顶层设计，逐步形成更为系统的、成熟的政策体系。① 从横向上来说，科研经费管理制度和政策并不是一套完全独立的政策体系，它的制定和实施涉及国家科技创新体制、经济与财政体制改革与变迁过程[238]。因此，为了科研经费管理的政策体系能够呈现出更好的政策效果，要从横向视角去考虑其与其他政策体系的适配衔接。具体到政策制定层面，要加强多部门政策评估，组织财政、审计、人事等相关管理部门一起参与政策研究与制定过程。在统筹考虑各部门的利益需求与工作特点的基础上，尽可能地去设计统一标准以减少科研经费“包干制”推行过程中的协调障碍。达成共识的正式文件应在公开的网络平台进行公开宣传，提高政策透明度。② 从纵向上来说，虽然国家层面出台了一系列的政策文件来优化科研经费管理，有力地激发了科研人员的创造性和创新活力，促进了科技事业发展，但是在科研经费管理方面仍然存在政策落实不到位的问题[239]。落实不到位的问题具体体现在中央政策与地方高校与科研机构政策不协调，政策宣传不到位以及科研单位不积极、不主动为科研人员进行科研经费“解绑”等。因此，首先要做的是加强顶层设计，例如应尽快出台有关科研经费“包干制”的相关实施办法，完善相关配套政策，为地方科研院所及高校提供较为完善的顶层制度设计范式。其次，政府职能部门和项目承担单位需要积极疏解政策堵点，贯彻和落实国家科研管理政策，以高标准、高规则的要求构建符合高校自身特色和定位的科研管理制度，保障科研部门管理工作的规范性。最后，目前有部分高校和科研院所仍然采用较为刚性的科研经费管理模式，无法充分调动科研院所和人员的积极性，因此需要吸收借鉴国外较为先进的科研管理经验，在制度层面上将科研经费与一般的财政资金区分定位，结合本单位的科研项目类型和科研经费使用特点进行分类包干或分阶段包干，促进科研经费管理更加规范化、精细化。此外，要尽量稳定制度改革频率，朝令夕改的政策氛围会让科研人员在项目经费开支以及报销等方面无所适从，从而降低科研效率。对于处在新旧政策过渡期的科研项目，科研项目承担单位要切实结合项目情况做好新旧政策的衔接过渡，及时启动相关修订工作，为过渡期科研项目提供政策依据。

第二，完善科研经费管理环节的相关制度建设。① 从制度层面简化科研经费预算编制与报销程序。首先，应在制度层面强调进一步下放科研经费使用自主权与费用调剂权，加快科研资金拨付进度，以解除科研人员“等米下锅”的科研窘境。项目验收无问题后，剩余的资金留置于项目承担单位作为科研单位物质激励、劳务费用等科研支出。其次，应根据科研特点不断简化科研经费报销过程，积极开发并倡导无纸化报销办公模式，适配科研财务助理，减轻科研人员不必要的负担。利用符合科研经费使用规律的政策调整措施来满足科研人员的现实需求，努力构造更加开放、科学的科研经费预算和报销制度，力求早日实现科研经费的完全“包干制”。② 建立合理的科研经费绩效管理制度，以促进科研经费“包干制”效能的最大限度发挥。科研经费“包干制”的推行是为了给科研人员“松绑放权”，激发科研人员全身心投入科研工作，以提高科研创新绩效。除了经费拨付与报销程序的开放创新，还需要制定合理的科研经费管理制度，以促进复合型科技人才的培养，适应国家创新驱动发展目标。应提高间接经费比例，从资金和权益两个方面加大激励力度，构建以知识产出、增加知识价值为导向的收入分配机制，为科研经费“包干制”的试点和全面推行提供有力的科研绩效激励制度保障。应建立科学、差异化、中长期的科研经费绩效考核与评价体系，遵循公平、科学、透明的评价细则。应根据不同情况创新监督检查制度，具体体现为将科研经费管理区别于政府行政经费管理，善用负面清单管理模式，重点实施“负面清单＋绩效管理”模式，将负面清单与信用体系挂钩，合理搭配容错免责机制，实行随机抽查，利用大数据等信息技术手段，整合部门间科研资料，建立统一公开的国家科研管理平台，提高监督检查效率。在科研经费管理自主权下放的大趋势下，深入推进和完善科研经费管理制度，重视提升高水平科研人才发展。只有推动各方协调合作管理，才能够真正打通政策落地的“最后一公里”，才能通过完备的配套政策体系来为科研经费“包干制”最大效能的发挥保驾护航。

在做好完善各项制度的同时，还要做好相应的配套改革，科研经费管理制度完善的同时需要良好的推行环境。例如，科研财务管理需要把科研人员从“层层审批、人人存疑、每票必核、违规难罚”的科研困境中解放出来，推动构建“规矩在先、责任自负、科学抽样、违规必究”[240]的柔性化科研管理新模式。

8.2.2　项目承担单位高度重视宣传教育

首先，科研单位领导的重视是做好科研经费管理工作的前提和保证。领导对于科研经费管理的重视应该是从精神和实践两个方面来呈现。在精神层面，科研单位领导应该具有尊重科学研究的可贵精神。在实践层面，科研单位领导应积极贯彻科研经费管理的指导方针，亲自部署科研管理部门、财务部门、审计部门等联合召开横向科研会议，在科研财务助理的协助下对科研经费管理过程中的风险进行深入分析以统筹推进科研经费管理工作不断规范化、合理化。

其次，科研单位领导应高度重视科研经费管理过程中的审计和监督情况，加强追踪指导，适时开展对于科研经费管理政策落实情况的检查，及时发现问题并进行协调和总结，推动改革落地见效。

再次，有关部门要及时修订相关规定与办法，保证与国家层面的文件精神相符。可以通过组会形式对科研人员进行思想教育，加强科研人员对于新政策的学习和理解，严格按照国家有关政策规定和权责一致的要求强化自我约束和自我规范，及时完善内部管理制度，确保科研自主权接得住、管得好。

最后，要加大宣传培训力度。可以利用大数据等现代信息技术，通过门户网站、微信公众号等相关媒体进行国家科研经费管理新政策的宣传解读，以扩大其政策影响力，更好地贯彻落实科研经费“包干制”的相关政策。同时，要加大人员业务培训力度，尤其应加强针对财政部门、审计部门以及科研人员的专题培训，不断提高经办服务能力水平。

8.2.3 切实发挥联动管理的组织保障

首先，对科研管理组织体制进行创新，加强科研单位内部控制环境建设。许多高校和科研院所大多采用家长式的垂直领导结构。这种管理结构较为简单，清楚地划分了各层级人员的职责，同时也有利于上下级之间传达科研项目的相关资料信息及国家政策动向。但是，这种管理结构在一定程度上违背了科研的互动性、跨越性和协同性的特点，容易出现上级领导专权的情况，从而导致科研人员没有办法在较大的自由空间内进行科研突破。为此，高校及科研院所应当改变并优化传统式的垂直组织结构，减少中间层次以建立扁平化、网络化的管理结构[241]，保障科研人员经费不受约束；在使用决策权和协调权时，能够加快科研信息共享，实现经费配置优化以及科研管理组织体制创新。具体操作中可以考虑将财务、审计等管理部门与项目组以及科研人员看作三大管理对象，并配置科研财务助理以实现三者之间的协调与沟通，可定期开展综合会议以顺利实现工作交接合作。在这样的组织架构下，可以有效避免科研经费管理过程中可能出现的领导全面指导和把控的紧张局面，同时也更加符合科研规律，有利于实现科研资源的优化配置。

其次，建立科研经费管理信息共享系统，打破科研经费管理“信息孤岛”的单薄局面。在以信息化与智能化为核心的第四次工业革命浪潮冲击之下，大数据、云计算及“互联网＋”等一些新技术、新理念、新模式正在重新定义公众以往对信息化的认知。数字技术可以进一步将碎片化的科研信息进行分析整合以实现更加整体化、有序化的数据整合，提供决策基础。为此，应在全国范围内构建科研经费管理信息和数据共享平台，在兼顾国家安全与科技发展的前提下[242]，实现科研项目及经费申报、拨付、使用以及结题等环节全过程、全透明、可查询、可追溯、可问责的信息反馈共享机制。在透明共享信息库中，可以有效避免科研项目重复研究、重复投入。为了确保科研数据的正确性和及时性，科研管理部门应做好服务平台的数据导入、更新工作。除了构建科研经费管理信息和数据共享平台，还应当联合信息技术部门或者是采用外包的方式在该共享平台打造包括行政管理模块、财务管理模块、资产管理模块、审计查询模块等在内的信息操作协调区。除了给予行政管理部门、财务部门、审计部门更多的信息化操作空间，还应该确保每个模块之间都有相应的内部工作程序衔接，以实现各部门的信息共享和协调配合。此外，还应当不断推进科研出差审批和经费报销的信息化处理模式以提高科研管理的水平和效率。

最后，加快实现科研单位各部门之间的沟通协调和联动配合，形成合力以保障科研任务的顺利进行。应进一步加强科研管理部门、财务部门、审计部门以及企业之间的协同创新，合作沟通。可以设置专业的科研经费使用管理委员会，重点分析重大风险点并借助大数据等数字技术来提高科研经费使用效率，加快科技成果转化率。科研管理部门除了重点关注科研项目的考核和验收问题之外，还应当发挥主体责任，切实加强科研经费使用全过程管理。财务部门则要在适当了解科研项目专业性知识的基础上重点关注经费开支的真实性和合理性，并适当调用专业财务人员指导帮助科研人员实现更加顺利的科研报销流程。审计部门要加强事中事后监管，实行以大数据为依托的高效率监督检查方式，避免过度检查，充分尊重科研规律和科研人员的学术自由。此外，科研项目承担单位还要加强与外部企业的交流与合作，借助企业先进的科技资源和技术实现双向的知识流动以加快实现原创性科技突破，充分发挥不同合作个体间的协同功能。

8.2.4　为科研人员营造良好的学术环境与职业发展环境

高校及科研机构内部对于科研经费政策管理与优化、领导对于科研经费“包干制”的高度重视以及组织层面的联动管理是科研活动顺利开展、科研经费效能充分发挥的重要保障，但缺少良好的科研环境支持其进一步坚定发展方向、加快发展速度[243]。因此，项目承担单位应多维营造良好的科研环境以激发科研人员的研究热情，进而提高科研成果质量。参照国外对科研环境的塑造与创新，我国可以将科研环境评估进行细化，增设院校级的科研环境评估环节，在开展科研环境评估时制定一套规范、科学、可行的院校级科研环境评估指标[244]。具体来看，良好的科研环境应包括科研人员的职业发展环境与学术环境。

在职业发展环境层面,应考虑青年科研人员职业发展的不稳定性以及脆弱性[245],采取较为温和的续聘考核模式代替极具竞争性的"非升即走"考核模式,为不同类别教师建立符合其成长规律的科研评价体系[246]。高校可在课程安排、行政事务等方面减轻高校青年教师的不合理负担,强化教师的工作时间意识,引导其在科研经费"包干制"制度背景下潜心科研,进一步提高科研成果的创新性和突破性。此外,还应当重视科研生活保障对于科研经费"包干制"政策实施效果的影响[247],应差异化、精准化提供后勤保障服务,加强人本管理。在学术环境层面,科研单位应积极搭建学术交流平台,积极开展国内外学术交流活动,可根据项目需要和自身的学术特点邀请相关专家进行学术咨询与技术指导,以进一步开阔科研人员视野、提升科研绩效。

Chapter 9

第 9 章

研究结论与展望

本章对全书的研究结论进行了总结,得出了 6 条研究结论,并展望了未来研究方向。

9.1　研究结论

本书系统研究了科研经费“包干制”在实施中存在的问题，科研经费“包干制”实施后对科研人员所产生的创新激励效应，并进一步优化了科研经费“包干制”方案，提出了相关对策和措施。

（1）科研人员积极支持科研经费“包干制”的实施，但实施过程中还存在一些问题，政策推进过程中还存在诸如具体“包干”内容不明确、项目承担单位和科研人员对科研经费“包干制”不太了解、政策落实不到位、相关部门及各项辅助政策衔接不够等问题。

（2）科研经费“包干制”的实施在一定程度上提高了科研人员的积极性，科研经费“包干制”对科研人员产生了正向激励作用，同时对科研人员的工作满意度起正向调节作用。

（3）科研经费“包干制”的实施可以对科研人员产生明显的创新激励效应，且所产生的激励效应呈动态变化，对该政策落实比较好的单位所产生的激励效应尤为明显。

（4）科研经费“包干制”的实施有助于科研单位充分放权，从烦琐的经费报销以及“花钱难”的经费管理困境中解脱出来。科研人员从科研项目经费管理改革中提高了自身获得感，科研经费“包干制”受到广大科研人员的欢迎。

（5）通过实证研究检验了科研经费“包干制”的实施对科研人员产生创新激励，较大地提升了科研人员的绩效产出，且具有长期效应，因而在更大范围内应扎实推进科研经费“包干制”。

（6）应从科技管理体制机制改革、相关部门及各项辅助政策衔接程度、科研自主权进一步下放、诚信与激励机制建设等方面深入推进，确保科研经费“包干制”落地推广。

9.2　未来研究展望

在本书研究过程中，多采用线上调研的方式，通过线下方式开展系统调查和访谈的力度还不够，样本数据不够充分，未来研究过程中应注重线下调研。另外，本书相关课题承担单位对科研经费“包干制”有一定程度的了解，但是仍处于观望心理，相关的审计、财务等政策改革无法完全跟上，很多单位对科研经费“包干制”贯彻落实还存在一定距离。今后应从国家层面、管理部门层面、项目承担单位层面、课题组层面加大科研经费“包干制”落实力度，这样才能使更多的科研人员真正享受到政策红利。

参考文献

[1] 习近平. 习近平主持召开科学家座谈会并发表重要讲话[EB/OL]. (2020-09-11)[2023-06-20]. https://www.gov.cn/xinwen/2020-09/11/content_5542851.htm.

[2] 习近平. 决胜全面建成小康社会 夺取新时代中国特色社会主义伟大胜利:在中国共产党第十九次全国代表大会上的报告[J]. 中国人力资源社会保障, 2017(11):10-27.

[3] 李克强. 政府工作报告:2019 年 3 月 5 日在第十三届全国人民代表大会第二次会议上[EB/OL]. (2019-03-05)[2023-06-20]. http://www.gov.cn/zhuanti/2019qglh/2019lhzfgzbg/.

[4] 习近平. 在中国科学院第二十次院士大会、中国工程院第十五次院士大会、中国科协第十次全国代表大会上的讲话[EB/OL]. (2021-05-28)[2023-06-20]. http://www.gov.cn/xinwen/2021-05/28/content_5613746.htm.

[5] 李克强. 在国家科学技术奖励大会上的讲话[EB/OL]. (2021-11-03)[2023-06-20]. https://www.gov.cn/gongbao/content/2021/content_5651722.htm.

[6] 李克强. 政府工作报告:2022 年 3 月 5 日在第十三届全国人民代表大会

第五次会议上[EB/OL].(2022-03-05)[2023-06-20]. https://www.gov.cn/premier/2022-03/12/content_5678750.htm.

[7] 习近平.加快建设科技强国 实现高水平科技自立自强[J].求是,2022(9):4-15.

[8] 习近平.高举中国特色社会主义伟大旗帜 为全面建设社会主义现代化国家而团结奋斗:在中国共产党第二十次全国代表大会上的报告[J].党建,2022(11):4-28.

[9] 李克强.政府工作报告:2023 年 3 月 5 日在第十四届全国人民代表大会第一次会议上[EB/OL].(2023-03-05)[2023-06-20]. http://www.gov.cn/zhuanti/2023lhzfgzbg/index.htm.

[10] 国务院办公厅.国务院办公厅关于改革完善中央财政科研经费管理的若干意见[EB/OL].(2021-08-13)[2023-06-20]. http://www.gov.cn/zhengce/content/2021-08/13/content_5631102.htm.

[11] HALPERN J. The U. S. national academy of sciences: in service to science and society[J]. Proceedings of the national academy of sciences of the United States of America,1997,94(5):1606-1608.

[12] SAV T. Tests of fiscal discrimination in higher education finance: funding historically black colleges and universities[J]. Journal of education finance,2000,26(2):157-172.

[13] MARINOVA D,NEWMAN P. The changing research funding regime in Australia and academic productivity[J]. Mathematics and computers in simulation,2008,78(2/3):283-291.

[14] HICKS D. Performance-based university research funding systems[J]. Research policy,2012,41(2):251-261.

[15] GORDON D. Major funding initiative in Germany enhances research efforts[J]. Gastroenterology,2001,120(2):334.

[16] DZIEŻYC M,KAZIENKO P. Effectiveness of research grants funded by European Research Council and Polish National Science Centre[J]. Journal of informetrics,2022,16(1):101243.

[17] SOLESBURY W. Research users,producers and funders:challenges to scientific research in British universities[J]. Higher education quarterly,1994,48(3):194-206.

[18] BLOCH C,SØRENSEN M P,GRAVERSEN E K,et al. Developing a methodology to assess the impact of research grant funding:a mixed methods approach [J]. Evaluation and program planning, 2014, 43:105-117.

[19] MUSCIO A, QUAGLIONE D, VALLANTI G. Does government funding complement or substitute private research funding to universities? [J]. Research policy,2013,42(1):63-75.

[20] ABELSON P H. The national science foundation[J]. Science,1968, 160(3827):487.

[21] CAMERON G,PROUDMAN J,REDDING S. Technological convergence, R&D,trade and productivity growth[J]. European economic review,2005, 49(3):775-807.

[22] NICHOLLS M G,CARGILL B J. Establishing best practice university research funding strategies using mixed-mode modelling[J]. Omega, 2011,39(2):214-225.

[23] FOX M F,BRAXTON J M. Misconduct and social control in science: issues,problems,solutions[J]. The journal of higher education,1994, 65(3):373-383.

[24] WINNACKER E L. The excellence initiative:high hopes for boosting university research in Germany[J]. German research,2005,27(3): 2-3.

[25] FRØLICH N. Multi-layered accountability:performance-based funding of universities[J]. Public administration,2011,89(3):840-859.

[26] MYERS E F,PARROTT J S,CUMMINS D S,et al. Funding source and research report quality in nutrition practice-related research[J]. PLoS one,2011,6(12):28437.

[27] FRANSSEN T, SCHOLTEN W, HESSELS L K, et al. The drawbacks of project funding for epistemic innovation: comparing institutional affordances and constraints of different types of research funding[J]. Minerva, 2018, 56(1): 11-33.

[28] EISENBERG R S. Public research and private development: patents

and technology transfer in government-sponsored research [J]. Virginia law review, 1996, 82(8): 1663.

[29] ÁLVAREZ-BORNSTEIN B, BORDONS M. Is funding related to higher research impact?: exploring its relationship and the mediating role of collaboration in several disciplines[J]. Journal of informetrics, 2021, 15(1): 101102.

[30] BENDISCIOLI S. The troubles with peer review for allocating research funding: funders need to experiment with versions of peer review and decision-making[J]. EMBO reports, 2019, 20(12): 49472.

[31] DAVIS M, LAAS K. "broader impacts" or "responsible research and innovation"?: a comparison of two criteria for funding research in science and engineering[J]. Science and engineering ethics, 2014, 20(4): 963-983.

[32] MUSIOLIK J, MARKARD J, HEKKERT M. Networks and network resources in technological innovation systems: towards a conceptual framework for system building [J]. Technological forecasting and social change, 2012, 79(6): 1032-1048.

[33] FAGERBERG J, VERSPAGEN B, CANIËLS M. Technology, growth and unemployment across European regions [J]. Regional studies, 1997, 31(5): 457-466.

[34] MIYATA Y. An empirical analysis of innovative activity of universities in the United States[J]. Technovation, 2000, 20(8): 413-425.

[35] KOSCHATZKY K, STERNBERG R. R&D cooperation in innovation systems: some lessons from the European regional innovation survey (ERIS)[J]. European planning studies, 2000, 8(4): 487-501.

[36] DEMIREL P, MAZZUCATO M. Innovation and firm growth: is R&D worth it? [J]. Industry & innovation, 2012, 19(1): 45-62.

[37] KAPLAN R M, JOHNSON S B, KOBOR P C. NIH behavioral and social sciences research support: 1980-2016[J]. The American psychologist, 2017, 72(8): 808-821.

[38] 杨得前，严广乐，唐敏. 财政投入科研经费中的逆向选择与道德风险

[J]. 科学学研究,2006,24(1):42-46.

[39] 徐孝民. 高校科研项目人力资本投入补偿的思考:基于科研经费开支范围的视角[J]. 中国软科学,2009(12):32-38.

[40] 殷献民,李志斌,彭志文. 财政性科研经费的使用问题及政策建议[J]. 北京社会科学,2012(6):60-65.

[41] 冷静,王海燕. 解读制约科研人员创造力的制度性障碍:基于科技政策落实情况的分析[J]. 中国软科学,2020(7):187-192.

[42] 陶楠,刘梦. 如何提高高校科研项目经费预算执行效益[J]. 科研管理,2017,38(S1):692-694.

[43] 薛澜. 关于我国财政科技拨款体制改革之我见[J]. 科学与社会,2014,4(3):3-5.

[44] 赵立雨,娄俊婷. 科研经费管理的国际比较及对中国的启示[J]. 自然辩证法通讯,2019,41(7):108-116.

[45] 眭依凡,许超. 大学内部经费资源的科学配置:以美国一流公立大学的预算系统为例[J]. 高等教育研究,2022,43(5):35-44.

[46] 吴建国. 德国国立科研机构经费配置管理模式研究[J]. 科研管理,2009,30(5):117-123.

[47] 汪国平,张翠英,耿玮,等. 科研项目资助的影响因素调查分析[J]. 科研管理,2015,36(S1):357-360.

[48] 寇明婷,朱仁然,杨一帆. 科技经费来源结构对高校科研效率的影响研究[J]. 科学学研究,2021,39(12):2201-2212.

[49] 赵立雨,闫嘉欢,杨可. 科研经费“包干制”改革逻辑动因及推进机制研究[J]. 科技进步与对策,2021,38(24):124-131.

[50] 刘文军,李赓,黄丰雨. 转变财政科技经费配置管理方式,提升科技投入效能[J]. 中国科学院院刊,2023,38(2):193-202.

[51] 贺德方. 美国、英国、日本三国政府科研机构经费管理比较研究[J]. 中国软科学,2007(7):87-96.

[52] 张川,娄祝坤,王志成. 科研经费管理效力及其影响因素的实证研究[J]. 科学学研究,2015,33(8):1193-1202.

[53] 韩凤芹,李丹. 以双层治理推动基础研究类院所改革[J]. 科研管理,2022,43(12):198-203.

[54] 齐书宇,曲绍卫,褚洪.高校科技创新政策执行偏差问题及对策[J].中国行政管理,2013(6):96-98.

[55] 付晔,孙巧萍.科研经费使用行为的关键影响因素分析[J].科学学研究,2017,35(5):729-736.

[56] 高峰,夏孝瑾,贾蓓妮,等.基于最小颗粒解构的科研诚信政策演化研究[J].科学学研究,2024,42(5):1011-1020,1063.

[57] 骆嘉琪,匡海波.高校科技创新团队科研资源绩效评价指标体系[J].科研管理,2015,36(S1):116-121,156.

[58] 杨敏,费锡玥,魏宇琪,等.基于资源共享与子系统交互的两阶段 DEA 评价方法:兼对我国“一流大学”科研绩效的评价[J].中国管理科学,2022,30(2):256-263.

[59] 俞立平,戴化勇,段云龙.单项科研项目经费资助强度越大越好吗?:以人文社科项目为例[J].科研管理,2022,43(11):163-171.

[60] 阿儒涵,李晓轩.构建科技预算绩效评价 3E 理论,促进科技投入效能提升[J].中国科学院院刊,2023,38(2):203-210.

[61] 张治河,冯陈澄,李斌,等.科技投入对国家创新能力的提升机制研究[J].科研管理,2014,35(4):149-160.

[62] 陶春华,李国平,周宏.政府购买服务、科研绩效评价与科研激励机制[J].会计研究,2019(2):87-93.

[63] 高洁,汪宏华.教育经费投入对科研创新影响的实证研究[J].科研管理,2020,41(7):248-257.

[64] 杨柏,陈银忠,李爱国,等.政府科技投入、区域内产学研协同与创新效率[J].科学学研究,2021,39(7):1335-1344.

[65] 郑舒文,欧阳桃花,张凤.高校牵头国家重大科技项目科研组织模式研究:以北航长鹰无人机为例[J].科技进步与对策,2022,39(10):11-20.

[66] 谢永佳,吴登生,焦文彬,等.科研经费均衡度度量偏差的机理分析与实证研究[J].科学学与科学技术管理,2017,38(6):31-42.

[67] 赵慧.政策试点的试验机制:情境与策略[J].中国行政管理,2019(1):73-79.

[68] 赵立雨,葛蕊,孙钰.基于 PSM-DID 的科研经费“包干制”政策激励效应研究[J].科技进步与对策,2022,39(16):142-152.

[69] 高阵雨，张永平，刘益宏. 科研项目经费使用“包干制”政策研究：基于国家杰出青年科学基金试点工作总结[J]. 研究与发展管理，2023，35(3)：172-178.

[70] 张耀方. 科研项目经费包干制改革试点成效的分析与思考：基于地方政府和高校政策的视角[J]. 中国高教研究，2022(10)：75-81.

[71] BERNARDIN H J，HENNESSEY W H，Jr.，PEYREFITTE J. Age，racial，and gender bias as a function criterion specificity：a test of expert testimony[J]. Human resource management review，1995，5(1)：63-77.

[72] LEBAS M J. Performance measurement and performance management[J]. International journal of production economics，1995，41(1/3)：23-35.

[73] 龙晓云. 绩效优异评估标准：中英对照[M]. 北京：中国标准出版社，2002.

[74] HEDJAZI Y，BEHRAVAN J. Study of factors influencing research productivity of agriculture faculty members in Iran[J]. Higher education，2011，62(5)：635-647.

[75] BECKER G S，MURPHY K M，TAMURA R. Human capital，fertility，and economic growth[J]. Journal of political economy，1990，98(5)：S12-S37.

[76] MCClEllAND D C. Testing for Competence Rather than for "Intelligence"[J]. American psychologist，1973，28(1)：1-14.

[77] IKÄVALKO H，HÖKKÄ P，PALONIEMI S，et al. Emotional competence at work[J]. Journal of organizational change management，2020，33(7)：1485-1498.

[78] WAGNER C S，ROESSNER J D，BOBB K，et al. Approaches to understanding and measuring interdisciplinary scientific research (IDR)：a review of the literature[J]. Journal of informetrics，2011，5(1)：14-26.

[79] 闫卫兵. 外国财政理论与制度[M]. 陕西：西北农林科技大学出版社，2007.

[80] 郭蕾,张香平,高亮,等.国家自然科学基金经费管理改革实践与思考[J].中国科学基金,2022,36(5):798-805.
[81] 韩凤芹,史卫.破解科技创新政策"落地难"[J].中国财政,2019(5):50-52.
[82] 叶雨婷.科技部部长王志刚:"不是什么都包"[N].中国青年报,2019-03-11(6).
[83] 胡春艳,王烨捷."松绑"科研经费 为创新"减负"[N].中国青年报,2019-03-25(8).
[84] 聂常虹.美国政府绩效考评制度及启示[J].财政研究,2012(9):69-71.
[85] 傅小兰,张侃.中国国民心理健康发展报告:2019—2020[M].北京:社会科学文献出版社,2021.
[86] 全国科技工作者状况调查课题组.第四次全国科技工作者状况调查报告[M].北京:中国科学技术出版社,2018.
[87] 顾远东,彭纪生.组织创新氛围对员工创新行为的影响:创新自我效能感的中介作用[J].南开管理评论,2010,13(1):30-41.
[88] WEISS H M. Deconstructing job satisfaction[J]. Human resource management review,2002,12(2):173-194.
[89] MILBOURN G,Jr.,DUNN J D. The job satisfaction audit:how to measure,interpret,and use employee satisfaction data[J]. American journal of small business,1976,1(1):35-43.
[90] VROOM V H. Work and motivation[M]. New York:Wiley,1964.
[91] 王成全.知识型员工主导需要及激励因素的研究[J].北京理工大学学报(社会科学版),2007(4):51-55.
[92] 国务院办公厅.国务院办公厅转发科技部等部门关于国家科研计划实施课题制管理规定的通知[EB/OL].(2016-10-11)[2023-06-20]. http://www.gov.cn/zhengce/content/2016-10/11/content_5117424.htm.
[93] 王宁,杨芮,周密,等.求"表扬"还是求"批评"?反馈寻求性质对创造力的作用机制研究[J].科技进步与对策,2021,38(3):30-39.
[94] 韩小乔."包干制"放出活力还应管住底线[N].安徽日报,2020-08-25(6).
[95] 马凌,王瑜,邢芸.企业员工工作满意度、组织承诺与工作绩效关系[J].企业经济,2013,32(5):68-71.

[96] 付博,于桂兰,梁潇杰.上下级关系实践对员工工作绩效的“双刃剑”效应:一项跨层次分析[J].科研管理,2019,40(8):273-283.

[97] 杨玉梅,李梦薇,熊通成,等.北京市事业单位人员总报酬对工作满意度的影响:薪酬公平感的中介作用[J].北京行政学院学报,2017(1):76-83.

[98] 张廷君,张再生.天津滨海新区科技人员科研绩效影响因素实证分析[J].天津大学学报(社会科学版),2009,11(4):323-328.

[99] 李晓轩,李超平,时勘.科研组织工作满意度及其与工作绩效的关系研究[J].科学学与科学技术管理,2005(1):16-19,38.

[100] 惠调艳.研发人员工作满意度与绩效关系实证研究[J].科学学与科学技术管理,2006,27(5):145-148,156.

[101] 龚敏,江旭,高山行.如何分好“奶酪”?:基于过程视角的高校科技成果转化收益分配机制研究[J].科学学与科学技术管理,2021,42(6):141-163.

[102] 刘慧,张晓东,钱旭红,等.科技成果转化“技术自由岛”构筑的理念与路径[J].科学学研究,2024,42(1):76-84.

[103] ASHENFELTER O,CARD D. Using the longitudinal structure of earnings to estimate the effect of training programs[J]. The review of economics and statistics,1985,67(4):648-660.

[104] GRUBER J, POTERBA J. Tax incentives and the decision to purchase health insurance: evidence from the self-employed[J]. The quarterly journal of economics,1994,109(3):701-733.

[105] CARD D,KRUEGER A B. Minimum wages and employment: a case study of the fast-food industry in New Jersey and Pennsylvania: reply[J]. American economic review,2000,90(5):1397-1420.

[106] MEYER B D. Natural and quasi-experiments in economics[J]. Journal of business & economic statistics,1995,13(2):151-161.

[107] ROSENBAUM P R,RUBIN D B. The central role of the propensity score in observational studies for causal effects[J]. Biometrika,1983,70(1):41-55.

[108] 王忠,文宇峰,孙玉芳,等.创新质量和贡献导向下科研项目绩效评价

体系研究[J]. 管理科学,2021,34(1):28-37.

[109] 高杰,丁云龙. 中国创新研究群体的深层合作机制研究[J]. 公共管理学报,2018,15(3):78-90.

[110] 涂淑娟,黄厚生,王玲.“放管服”背景下的科研经费管理内部控制研究:基于全面预算绩效管理[J]. 会计之友,2020(12):77-83.

[111] 周默涵,朱佳妮,吴菡. 组织支持对高校海归教师科研进展满意度的影响分析:以上海 21 所高校为例[J]. 高教探索,2019(12):101-107.

[112] 张梦琪,刘莉. 新西兰科研绩效拨款(PBRF)计划 2018 年质量评价项目研究及启示[J]. 世界科技研究与发展,2018,40(2):162-171.

[113] 丁宇,黄艳霞. 澳大利亚 RQF 科研评价制度述评[J]. 科学学与科学技术管理,2008,29(5):29-33.

[114] 徐长生,孔令文,倪娟. A 股上市公司股权激励的创新激励效应研究[J]. 科研管理,2018,39(9):93-101.

[115] 申明浩,谢观霞,楚鹏飞. 粤港澳大湾区战略的创新激励效应研究:基于双重差分法的检验[J]. 国际经贸探索,2020,36(12):82-98.

[116] 封海燕. 股权激励与企业技术创新:激励效应还是福利效应[J]. 价格理论与实践,2020(5):137-140,175.

[117] 熊勇清,王溪. 新能源汽车异质性需求的创新激励效应及作用机制:“政府采购”“商业运营”与“私人乘用”需求比较的视角[J]. 财经研究,2021,47(7):48-62.

[118] 何邓娇,孙亚平,吕静宜. 减税降费对企业技术创新的激励效应研究[J]. 财政科学,2021,72(12):117-131.

[119] 王璐,王誉,陈旭东. 增值税优惠对我国文化产业创新激励效应研究[J]. 会计之友,2022(6):64-69.

[120] 靳卫东,任西振,何丽. 研发费用加计扣除政策的创新激励效应[J]. 上海财经大学学报,2022,24 (2):108-121.

[121] 李克强主持召开国务院常务会议 部署进一步改革完善中央财政科研经费管理 给予科研人员更大经费管理自主权等[EB/OL]. (2021-07-28) [2023-06-20]. https://www.gov.cn/hudong/2021-07/28/content_5628001.htm.

[122] 国务院. 国务院关于改进加强中央财政科研项目和资金管理的若干意

见[EB/OL].(2014-03-12)[2023-06-20]. http://www. gov. cn/zhengce/content/2014-03/12/content_8711. htm.

[123] 国务院办公厅.国务院办公厅关于改革完善中央财政科研经费管理的若干意见[EB/OL].(2021-08-13)[2023-06-20]. http://www. gov. cn/zhengce/content/2021-08/13/content_5631102. htm.

[124] 中共中央办公厅 国务院办公厅印发《关于进一步完善中央财政科研项目资金管理等政策的若干意见》[EB/OL].(2016-07-31)[2023-06-20]. http://www. gov. cn/xinwen/2016-07/31/content_5096421. htm.

[125] 财政部,国家自然科学基金委员会.财政部 国家自然科学基金委员会关于印发《国家自然科学基金资助项目资金管理办法》的通知[EB/OL].(2021-09-30)[2023-06-20]. https://www. nsfc. gov. cn/publish/portal0/tab475/info81899. htm.

[126] 审计署.审计署关于审计工作更好地服务于创新型国家和世界科技强国建设的意见[EB/OL].(2016-06-03)[2023-06-20]. https://www. audit. gov. cn/n11/n10165075/n10165161/c10186984/content. htm.

[127] 张耀方.科研项目经费包干制改革试点成效的分析与思考:基于地方政府和高校政策的视角[J].中国高教研究,2022(10):75-81.

[128] 韩凤芹,史卫."包干制"要尊重科研规律[N].北京日报,2019-04-08(16).

[129] 梁勇,干胜道.高校科研经费"包干制":路还有多远[J].财会月刊,2020(18):102-105.

[130] 李静海.国家自然科学基金支持我国基础研究的回顾与展望[J].中国科学院院刊,2018,33(4):390-395.

[131] 习近平.在中国科学院第十九次院士大会、中国工程院第十四次院士大会上的讲话[EB/OL].(2018-05-28)[2023-06-20]. http://www. gov. cn/gongbao/content/2018/content_5299599. htm.

[132] 程建平,陈丽,郑永和,等.新时代国家自然科学基金在国家创新体系中的战略定位[J].中国科学院院刊,2021,36(12):1419-1426.

[133] 刘红凛.回归从"程序管理"到"目标管理"[EB/OL].(2019-12-27)[2023-06-20]. https://m. gmw. cn/baijia/2019-12/27/33433755. html.

[134] 广东省科学技术厅,广东省财政厅.广东省科学技术厅 广东省财政厅关于深入推进省基础与应用基础研究基金项目经费使用"负面清单+

包干制”改革试点工作的通知[EB/OL]. (2022-05-16)[2023-06-20]. https://www. pjq. gov. cn/ztzl/zdlyxxgkzl/kjglhxmjfxxgk/kjjhgl/glzd/content/post_2603002. html.

[135] 张昕竹,赵京兴,张晓. 科研资助的激励机制:理论与实践[M]. 北京:中国社会科学出版社,2012.

[136] 全国哲学社会科学工作领导小组,财政部. 关于进一步完善国家社会科学基金项目管理的有关规定[EB/OL]. (2019-4-30)[2023-06-20]. http://www. nopss. gov. cn/n1/2019/0430/c219469-31060172. html.

[137] 财政部,全国哲学社会科学工作领导小组. 关于印发《国家社会科学基金项目资金管理办法》的通知[EB/OL]. (2021-11-10)[2023-06-20]. http://www. nopss. gov. cn/n1/2021/1110/c431036-32278518. html.

[138] 宋继伟,刘颖. 新文科建设背景下人文社会科学科研转型提升之路径探索[J]. 贵州师范大学学报(社会科学版),2022(2):83-89.

[139] 伍海泉,李天峰,付城. 如何提升高校人文社会科学的研究效率?:基于31个省级面板的混合分析[J]. 现代大学教育,2021,37(6):73-82.

[140] 江苏省科学技术厅,江苏省财政厅. 江苏省科学技术厅 江苏省财政厅关于印发《江苏省政策引导类计划(软科学研究)项目管理办法(试行)》的通知[EB/OL]. (2018-11-30)[2023-06-20]. http://kxjst. jiangsu. gov. cn/art/2018/11/30/art_82571_10103684. html.

[141] 陕西省科学技术厅,陕西省财政厅. 陕西省科学技术厅 陕西省财政厅关于在陕西省财政科技计划中试行项目经费“包干制”的通知[EB/OL]. (2020-09-21)[2023-06-20]. https://kjt. shaanxi. gov. cn/kjzx/tzgg/193708. html.

[142] 中华人民共和国国务院. 国家中长期科学和技术发展规划纲要(2006—2020 年)[EB/OL]. (2006-02-09)[2023-06-20]. http://www. gov. cn/jrzg/2006-02/09/content_183787. htm.

[143] 冯身洪. 国家科技重大专项内涵及定位研究[J]. 中国软科学,2014(9):165-171.

[144] 崔惠绒,梅东滨,杨志锋. 国家科技重大专项预算管理与应用实践[J]. 财会月刊,2015(15):82-84.

[145] 科技部,发展改革委,财政部. 三部门关于印发《进一步深化管理改革

激发创新活力 确保完成国家科技重大专项既定目标的十项措施》的通知[EB/OL].(2018-12-27)[2023-06-20]. http://www.gov.cn/xinwen/2018-12/27/content_5352614.htm.

[146] 张星明,陈小慧,梁毅.国家科技重大专项管理创新体系设计研究[J].科技进步与对策,2014,31(11):1-5.

[147] 国务院.国务院印发关于深化中央财政科技计划(专项、基金等)管理改革方案的通知[EB/OL].(2015-01-07)[2023-06-20]. https://www.most.gov.cn/ztzl/shzyczkjjhglgg/wjfb/201501/t20150107_117294.html.

[148] 王丽,叶小廷,闫宇琪.广州市重大科技专项管理实践与管理优化思考:以首批重点领域研发计划项目为例[J].科技管理研究,2022,42(20):173-179.

[149] 肖洒,郝一峰.基于过程管理的科研项目风险防控与优化机制创新[J].科技管理研究,2016,36(13):176-180,186.

[150] 科技部办公厅,教育部办公厅,财政部办公厅,等.科技部办公厅 教育部办公厅 财政部办公厅 人力资源社会保障部办公厅印发《〈关于扩大高校和科研院所科研相关自主权的若干意见〉问答手册》的通知[EB/OL].(2022-03-08)[2023-06-20]. http://www.most.gov.cn/xxgk/xinxifenlei/fdzdgknr/fgzc/zcjd/202203/t20220308_179673.html.

[151] 科技部,财政部.科技部 财政部关于进一步优化国家重点研发计划项目和资金管理的通知[EB/OL].(2019-01-30)[2023-06-20]. http://www.most.gov.cn/xxgk/xinxifenlei/fdzdgknr/fgzc/gfxwj/gfxwj2019/201901/t20190130_144943.html.

[152] 刘云,杨芳娟.我国高端科技人才计划资助科研产出特征分析[J].科研管理,2017,38(S1):610-622.

[153] 国家科技评估中心.国家自然科学基金2020年度绩效评价报告[R].北京:国家自然科学基金委员会,2021.

[154] 关于印发《厦门大学人文社科项目资金使用“包干制”管理办法》的通知[EB/OL].(2022-06-05)[2023-06-20] https://skc.xmu.edu.cn/2022/0605/c18947a456891/page.htm.

[155] 新中国档案:启动国家重点实验室计划[EB/OL].(2009-10-20)

[2023-06-20]. https://www.gov.cn/test/2009-10/20/content_1443999.htm.

[156] 闫金定.国家重点实验室体系建设发展现状及战略思考[J].科技导报,2021,39(3):113-122.

[157] 两院院士大会开幕,习近平出席并发表重要讲话[EB/OL].(2018-05-28)[2023-06-20]. http://www.xinhuanet.com/politics/2018-05/28/c_11 22898716.htm.

[158] 中共中央关于制定国民经济和社会发展第十四个五年规划和二〇三五年远景目标的建议[EB/OL].(2020-11-03)[2023-06-20]. https://www.gov.cn/zhengce/2020-11/03/content_5556991.htm.

[159] 肖小溪,李晓轩.关于国家战略科技力量概念及特征的研究[J].中国科技论坛,2021(3):1-7.

[160] 李阳,李北伟.国家重点实验室运行驱动力及对策研究[J].科技管理研究,2021,41(21):47-53.

[161] 鲁世林,李侠.国外顶尖国家实验室建设的主要特点、核心经验与顶层设计[J].科学管理研究,2023,41(1):165-172.

[162] 钟兴菊,苏沛涛.信任转化与共生:社区治理共同体秩序构建的逻辑:基于城市锁匠的信任网络变迁分析[J].重庆社会科学,2022(12):66-84.

[163] 刘梦岳.信任何以实现?:人际互动中的风险渐进与信息积累[J].社会学评论,2023,11(1):192-213.

[164] 徐延辉,吴世倩.区块链技术与数字信任建构机制研究:以百度超级链为例[J].南京社会科学,2022(9):55-64.

[165] 孟新,于洪军.基于信任的高校科研经费监管[J].中国高校科技,2018(11):4-7.

[166] 刘文杰.高校科研量化评价何以盛行:基于“数字”作为治理媒介的视角[J].大学教育科学,2022,13(4):102-109.

[167] 江小华,周涛,陆瑜雯.学术晋升中的科研评价:基于10所世界一流大学的比较[J].重庆高教研究,2022,10(5):32-44.

[168] 杨佳乐.交叉学科科研评价:生成逻辑、叠加挑战与系统变革[J].学位与研究生教育,2022(9):17-22.

[169] 谢郁.科研经费制度的法理反思:规范基础与信任关系[J].法学杂志,2020,41(7):56-67.

[170] 胡杰.容错纠错机制的法理意蕴[J].法学,2017(3):165-172.

[171] 陈朋.容错机制的建构逻辑及其效能提升[J].苏州大学学报(哲学社会科学版),2022,43(1):29-37.

[172] 高峰,夏孝瑾,贾蓓妮,等.基于最小颗粒解构的科研诚信政策演化研究[J].科学学研究,2024,42(5):1011-1020,1063.

[173] 陈昭."众创"试验:理解中国政策创新的新视角:基于干部容错纠错机制演化的案例研究[J].公共行政评论,2022,15(1):127-147,199.

[174] 郭威.中国渐进式改革的实践演进、逻辑机理与借鉴意义[J].科学社会主义,2019(5):121-127.

[175] 肖小溪,唐福杰.财政科研项目间接费用的激励约束机制研究[J].科研管理,2021,42(6):159-165.

[176] 张岭,李怡欢,李冬冬.科研人员职务科技成果赋权的困境与对策研究[J].科学学研究,2023,41(4):679-687.

[177] 宗倩倩.高校科技成果转化现实障碍及其破解机制[J].科技进步与对策,2023,40(4):106-113.

[178] 刘鑫,穆荣平.基层首创与央地互动:基于四川省职务科技成果权属政策试点的研究[J].中国行政管理,2020(11):83-91.

[179] 侯秋菊,杨小宇,高铭鸿,等.我国本土青年科技人才成长态势与影响因素研究:以中国科学院青年创新促进会会员为例[J].中国科学院院刊,2018,33(3):330-335.

[180] 陈凯华,盛夏,李博强,等.加强青年科研队伍建设,加速实现科技自立自强:兼论中国科学院青年创新促进会发展经验与展望[J].中国科学院院刊,2021,36(5):589-596.

[181] 崔俊杰.过程视角下的高校青年科研人员激励困境与治理研究[J].科学管理研究,2018,36(5):97-100.

[182] 徐玉娟.高校科研经费管理存在的问题及对策:基于"放管服"背景下的分析[J].中国高校科技,2021(S1):34-36.

[183] 肖滢,罗林波,吴易城,等.高职院校科技成果转化激励政策研究:以近年197所院校的有效政策样本为例[J].中国高校科技,2021(10):

91-96.
[184] 李学书,李爱铭.“双一流”高校青年教师发展困境及其化解之道:基于场域理论视角[J].苏州大学学报(教育科学版),2022,10(3):62-70.
[185] 杨梦婷,潘启亮.我国原创性科研成果产出的影响因素和激励机制研究[J].科技管理研究,2021,41(9):15-20.
[186] 韩凤芹,索朗杰措,陈亚平.中国财政科技投入的特征、问题与趋势判断:基于中长期发展的视角[J].科学管理研究,2023,41(1):139-146.
[187] 章立群,翁清光.政校企三位一体的产学研协同创新机制研究:基于近年福州市的调查状况分析[J].中国高校科技,2020(9):67-70.
[188] 谢文栋.科技金融政策能否提升科技人才集聚水平:基于多期DID的经验证据[J].科技进步与对策,2022,39(20):131-140.
[189] 王荣,叶莉,房颖.中国金融科技发展的动态演进、区域差异与收敛性研究[J].当代经济管理,2023,45(4):83-96.
[190] 刘庆龄,王一伊,曾立.如何推进国家战略科技力量建设?:基于历史经验积累和现状实证分析的研究[J].科学管理研究,2022,40(3):12-21.
[191] 王碗,李薪茹,陈雪平.基于平衡计分卡的高校科研绩效评价体系及应用研究[J].科技管理研究,2022,42(2):52-60.
[192] 邓格致,吴逊,杜迪佳,等.香港与内地科研项目管理的委托代理比较研究[J].科学学研究,2024,42(1):126-135.
[193] 韩凤芹,罗理.构建面向颠覆性创新的财政科研资助体系[J].中国软科学,2020(10):26-35.
[194] 李红锦,李胜会,许林.科技人才分类评价改革能否促进高校科研水平的高质量发展:基于9所高校改革试点的准自然实验[J].中国科技论坛,2021(10):114-123.
[195] 习近平出席国家科学技术奖励大会并为最高奖获得者等颁奖[EB/OL].(2021-11-03)[2023-06-20].http://www.gov.cn/xinwen/2021-11/03/content_5648618.htm.
[196] 习近平.加快建设科技强国 实现高水平科技自立自强[J].求是,2022(9):4-15.

[197] 苑怡,冯勇,谢焕瑛,等. 构建科学基金全面绩效评价体系持续推动科学基金深化改革[J]. 中国科学基金,2022,36(5):806-812.

[198] 沈楠,徐飞. 当今全球科研评价的二难困局及其挑战[J]. 科学学研究,2023,41(6):980-988.

[199] 杨文静. 高校科研经费管理与实践[M]. 北京:北京邮电大学出版社,2022.

[200] 郭蕾,张香平,高亮,等. 国家自然科学基金经费管理改革实践与思考[J]. 中国科学基金,2022,36(5):798-805.

[201] 陈蕴哲,李翔. “中坚青年”压力与动力转化的影响因素研究:以高校青年教师群体为例[J]. 中国青年研究,2021(11):13-23.

[202] 朱晓文. 高校青年教师“内卷困境”的成因与应对[J]. 人民论坛,2022(17):92-95.

[203] 王海妮. “放管服”背景下高校科研经费内部控制管理对策[J]. 中国高校科技,2020(12):40-44.

[204] 何维兴,焦朝辉. 高校科研经费“包干制”实施路径的探讨:基于财务工作视角的分析[J]. 中国高校科技,2020(11):21-25.

[205] 褚珊. 高校科研财务助理制度的研究:基于江苏省 24 所高校科研财务助理制度执行现状调查分析[J]. 中国注册会计师,2019(10):108-111.

[206] 万士林,程九刚. 实施科研项目经费包干制的制约因素及建议[J]. 科技中国,2021(11):5-8.

[207] 吴勇,朱卫东. 科研基金项目负责人信誉评价体系研究[J]. 中国科技论坛,2007(11):90-94,28.

[208] 黄倩,张春萍. 科研经费管理使用与内部审计优化[J]. 中国高校科技,2017(11):31-33.

[209] 苗连琦,袁少茹,胡亚敏. 高校“双一流”建设经费绩效审计问责机制研究[J]. 财会通讯,2020(23):104-107.

[210] 沈凡凡. 大数据时代高校科研经费绩效影响与审计思考[J]. 会计之友,2022(3):92-97.

[211] 潘小娟. 以深化“放管服”改革为抓手推进法治政府建设[J]. 中国行政管理,2021(10):22-24.

[212] 刘德学，刘帷韬. 正负面清单视角下贸易开放度与制造业行业创新绩效[J]. 科技进步与对策，2016，33(23)：57-61.

[213] 徐暾. 科研经费违规使用行为的刑事制裁体系检视与完善思路[J]. 新疆社会科学，2022(1)：113-120.

[214] 刘科. 套取挪用科研经费行为的刑法规制研究：兼论科研经费运行机制的完善[M]. 北京：中国人民公安大学出版社，2020.

[215] 孙连刚. 科研人员违规套取科研经费行为的司法认定：从法益保护视角切入[J]. 北方法学，2021，15(4)：90-102.

[216] 王莹. 科研项目经费实施全过程监管的法规困境及完善策略[J]. 中国高校科技，2018(4)：23-24.

[217] 刘垠. 以科研经费管理“加减法”激活创新创造原动力[N]. 科技日报，2022-05-06(5).

[218] 石泽华. 监察体制改革背景下高校学术惩戒制度研究[J]. 政法论坛，2023，41(2)：180-191.

[219] 蒋悟真，郭创拓. 迈向科研自由的科研经费治理入法问题探讨[J]. 政法论丛，2018(4)：72-81.

[220] 曾鸣. 科研经费“包干制”来了[N]. 河南日报，2021-11-03(3).

[221] 狄小华. 突破科研经费管理困境的法治路径[J]. 社会科学辑刊，2020(5)：74-85.

[222] 郑金武. 负面清单：让新型研发机构“放得开、管得住”[N]. 中国科学报，2021-08-11(3).

[223] 罗舟，王耀中. 负面清单管理模式下的内外资企业投资博弈分析[J]. 河南大学学报(社会科学版)，2022，62(1)：21-27，152-153.

[224] 耿明阳，谢雁翔，金振. 市场准入负面清单与企业信息披露质量：理论逻辑和经验证据[J]. 山西财经大学学报，2022，44(11)：79-93.

[225] 焦方义，李婷. 我国政府预算绩效管理的发展趋向和优化路径[J]. 行政论坛，2023，30(1)：87-93.

[226] 两院院士大会中国科协第十次全国代表大会在京召开 习近平发表重要讲话[EB/OL]. (2021-05-28)[2023-06-20]. https://www.gov.cn/xinwen/2021-05/28/content_5613702.htm.

[227] 蔡亮，陈廷柱. 传承中发展：新中国高等教育试点改革的回顾与展望

[J]. 国家教育行政学院学报,2023,301(1):39-48.

[228] 李霞玲,陈炜,管锦绣. 科研诚信"自律"与"他律"协同建设的内在逻辑及现实路径研究[J]. 科技进步与对策,2022,39(13):124-131.

[229] 徐芳芳. 基于协同治理的政府预算绩效管理研究[J]. 经济体制改革,2022(2):158-164.

[230] 胡伏湘,陈超群. 高校科研诚信存在问题的改进探讨:基于区块链技术的视角[J]. 中国高校科技,2022(9):23-27.

[231] 夏玉辉,彭雪婷,杨帆,等. 国家科技计划项目经费管理改革对人才激励的影响分析[J]. 中国科技论坛,2020(12):22-29.

[232] 李虹,王娟,程立保. 高校科研经费风险防控研究:基于内部控制与外部监管协同视角[J]. 科技管理研究,2019,39(10):74-78.

[233] 王海妮."放管服"背景下高校科研经费内部控制管理对策[J]. 中国高校科技,2020(12):40-44.

[234] 胡素英,郑赟赟. 浙江大学基于业务驱动的高校科研经费信息化管理实践[J]. 财务与会计,2022(3):32-35,38.

[235] 赵庆年,刘克,宋潇. 研究生教育规模扩大的基础研究创新效应及机制:基于 2001—2019 年 30 个省区面板数据的实证分析[J]. 国家教育行政学院学报,2023,303(3):60-69.

[236] 刘太刚,刘邦宇. 零报销的信任制科研经费资助制度初探[J]. 北京行政学院学报,2022(2):39-46.

[237] 夏玉辉,彭雪婷,杨帆,等. 国家科技计划项目经费管理改革对人才激励的影响分析[J]. 中国科技论坛,2020(12):22-29.

[238] 罗珵,杨骁. 中国科研经费政策发展历程回顾及演变逻辑分析[J]. 中国科技论坛,2021(7):15-28.

[239] 王超,段安琪,张淋淋,等. 我国高校科技政策演进创新发展及启示[J]. 中国高等教育,2022(20):10-12.

[240] 国家自然科学基金委员会,科学技术部,财政部. 国家自然科学基金委员会 科学技术部 财政部关于在国家杰出青年科学基金中试点项目经费使用"包干制"的通知[EB/OL]. (2019-12-06)[2023-06-20]. https://www.nsfc.gov.cn/publish/portal0/tab434/info76718.htm.

[241] 贺变变. 基于协同理论的高校科研经费内部控制研究[J]. 经济研究导

刊,2022(1):87-89.

[242] 曹树青.深化科技体制改革背景下高校科研经费管理转型升级研究[J].中国高校科技,2022(3):33-36.

[243] 于毓蓝.高校青年教师职业发展的支持系统构建[J].人民论坛,2021(36):69-71.

[244] 王楠,张莎.构建以跨学科和社会影响为导向的科研评估框架:基于英国“科研卓越框架”的分析[J].中国高教研究,2021(8):71-77.

[245] 杨希,李欢.聘任制改革下高校科研团队青年教师学术产出研究:对长聘与续聘考核政策效果的分析[J].科技进步与对策,2019,36(23):129-137.

[246] 解兆丹,杨永环.“环境-科研效能感”下的高校青年科技人才创新能力研究[J].科学管理研究,2020,38(1):148-152.

[247] 徐滢珺.学术氛围对青年教师科研绩效的影响[J].中国高校科技,2015(12):27-29.

关于科研人员经费管理自主权情况的调查问卷

尊敬的专家、学者：

您好！

非常感谢您在百忙之中填写此问卷！此问卷的主要目的是了解当前科研人员经费管理自主权情况及存在的问题，为提高我国科研经费管理水平，有效推进科研经费改革提供决策参考。此问卷仅用于学术研究，不存在商业用途。您的相关信息将被保密。感谢您的支持！

第一部分　对受访者基本情况的调查

1. 您的专业技术职称？（　　）［单选题］

○ 正高职称

○ 副高职称

○ 中级职称

○ 助教及以下

2. 您所属的学科领域？（　　）［单选题］

○ 理科

○ 工科

○ 医学

○ 人文与社会科学

○ 交叉学科

○ 其他

3. 您所在单位性质：（　　）［单选题］

○ 高校

○ 科学研究机构

○ 其他

4. 您从事哪方面的工作？［多选题］

□ 科研单位负责人

□ 科研管理人员

□ 财务管理人员

□ 项目负责人

□ 项目参与者

□ 行政管理人员

□ 其他

第二部分　对科研项目经费管理情况的调查

5. 您对国家以及所在单位的科研经费管理制度是否了解？（　　）［单选题］

○ 非常了解

○ 比较了解

○ 一般了解

○ 不太了解

○ 非常不了解

6. 您对当前我国试点推行的科研经费“包干制”政策是否了解？（　　）［单选题］

○ 非常了解

○ 比较了解

○ 一般了解

○ 不太了解

○ 非常不了解

7. 您所在的单位是否已经开始实行科研经费“包干制”？（　　）［单选题］

○ 是

○ 否

8. 贵单位领导对开展科研经费“包干制”的态度如何？（　　）［单选题］

○ 非常支持

○ 比较支持

○ 一般支持

○ 比较不支持

○ 非常不支持

9. 您认为目前科研经费管理中间接费用比例应该提升还是降低？（　　）［单选题］

○ 提升

○ 降低

○ 保持在现在水平

10. 您认为影响科研经费“包干制”推广的主要因素是什么？（　　）［多选题］

□ 制度设计及落实

□ 预算编制与执行

□ 相关部门配合与监督

□ 项目负责人能力与态度

11. 您认为目前科研经费管理中存在哪些问题？（　　）［多选题］

□ 不能按照批准的项目预算开支费用

□ 分级重复提取管理费

□ 超预算发放劳务费

□ 超标准发放专家咨询费

□ 借合作之名“以拨代支”

□ 其他

12. 您认为在科研经费管理方面，需要改进的方面是(　　)[多选题]

□ 经费预算编制的准确性

□ 经费拨付的及时性

□ 经费使用与预算安排的一致性

□ 经费拨付与研究进度的协调性

□ 经费使用过程中合理、及时、规范地调整预算

□ 明确经费使用和管理的责任主体

□ 其他

13. 对于加强单位科研经费工作，您认为最需要完善的方面是(　　)[多选题]

□ 加强监督

□ 加强绩效考核

□ 简化经费报销及相关审核手续

□ 增加灵活性

□ 加强信息化、网络化服务

□ 其他

14. 您对目前科研人员经费自主管理权满意如何？(　　)[多选题]

□ 很满意

□ 比较满意

□ 基本满意

□ 不满意

□ 非常不满意

15. 您认为科研人员经费自主管理权方面应进一步放开哪些权利？(　　)[多选题]

□ 简化经费预算编制

□ 科目之间经费调整

□ 下放预算调剂权

□ 扩大“包干制”实施范围

□ 自主决定项目经费使用

16. 您认为影响科研人员创新积极性的主要因素有哪些?( )[多选题]

☐ 个体受教育的程度

☐ 成就动机

☐ 创新自我效能感

☐ 组织创新氛围

☐ 科研管理制度

☐ 岗位聘任情况

☐ 学术交流

☐ 其他

17. 您认为从哪些方面采取措施可以进一步激发科研人员的积极性?( )[多选题]

☐ 优化科研项目评审管理机制

☐ 完善科研机构评估制度

☐ 改进科技人才评价方式

☐ 加强监督评估

☐ 加强科研诚信体系建设

☐ 其他

18. 您认为下面哪些方面可以让科研人员有更多的获得感?( )[多选题]

☐ 以增加知识价值为导向的分配政策

☐ 减轻科研人员预算编制负担,简政放权

☐ 强化激励机制,加大科研人员激励力度

☐ 遵循科研规律,完善管理政策

☐ 改进学风作风,倡导科学精神

☐ 其他

第三部分 对其他问题的调查

19. 您对科研经费管理及科研经费“包干制”有什么意见和建议?[问答题]

____

____

____

20. 您对扩大科研人员经费管理自主权有什么意见和建议?[问答题]

____

____

____

问卷到此结束,再次感谢您的大力支持!

附录 2

科研经费“包干制”实施现状调查

尊敬的专家、学者：

您好！

非常感谢您在百忙之中填写此问卷！此问卷主要为国家社科基金项目《科研经费“包干制”的创新激励效应与推进机制研究》（项目编号：20BGL235）研究之用，了解当前我国科研经费“包干制”实施现状及存在的问题，为提高我国科研经费管理水平，有效推进科研经费“包干制”提供管理参考。此问卷仅用于学术研究，不存在商业用途。您的相关信息将被保密。再次感谢您的支持！

第一部分　对受访者基本情况的调查

1. 您的专业技术职称？（　　）［单选题］

○ 正高职称

○ 副高职称

○ 中级职称

○ 助教及以下

2. 您所属的学科领域？（　　）［单选题］

○ 理科

○ 工科

○ 医学

○ 人文与社会科学

○ 交叉学科

○ 其他

3. 您所在单位性质（　　）［单选题］

○ 高校

○ 科学研究机构

○ 其他

4. 您从事哪方面的工作？（　　）［多选题］

□ 科研单位负责人

□ 科研管理人员

□ 财务管理人员

□ 项目负责人

□ 项目参与者

□ 行政管理人员

□ 其他

第二部分　对项目经费管理情况的调查

5. 您对国家以及所在单位的科研经费管理制度是否了解？（　　）［单选题］

○ 非常了解

○ 比较了解

○ 一般了解

○ 不太了解

○ 非常不了解

6. 您对所属学科领域实行的科研经费“包干制”政策是否了解？（　　）［单选题］

○ 非常了解

○ 比较了解

○ 一般了解

○ 不太了解

○ 非常不了解

7. 贵单位是否已开始实行科研经费“包干制”？（　　）[单选题]

○ 是

○ 否

8. 贵单位领导对开展科研经费“包干制”的态度如何？（　　）[单选题]

○ 非常支持

○ 比较支持

○ 一般支持

○ 比较不支持

○ 非常不支持

9. 从您承担的科研项目类别来看，经费效益评价的主要内容有（　　）[单选题]

○ 以论文、专利、著作等学术水平为主

○ 以促进经济增长，推动社会发展等指标为主

○ 以上两者相结合

10. 您认为应将设备费排除在外还是应包含在内？（　　）[单选题]

○ 排除在外

○ 包含在内

○ 视具体科研项目决定

11. 科研经费的初期规划与后期运作中产生的偏差，您认为应该如何有效处理这部分开支？（　　）[单选题]

○ 明确使用用途后获得审批通过

○ 识别偏差发生的权责对象后针对性解决

○ 交由经费管理部门直接进行处理

12. 您认为影响施行科研经费“包干制”的主要因素是什么？（　　）[多选题]

□ 制度设计及落实

□ 预算编制与执行

□ 相关部门配合与监督

□ 项目负责人能力与态度

13. 在进行跨单位合作时您所遇到的困难有哪些？（　　）［多选题］

□ 工作时间协调困难

□ 项目资金分配不合理

□ 人员责任与义务划分不清

□ 信任机制确立难

□ 研究理念融合难

14. 您认为目前科研经费管理中存在哪些问题（　　）［多选题］

□ 不能按照批准的项目预算开支费用

□ 分级重复提取管理费

□ 超预算发放劳务费

□ 超标准发放专家咨询费

□ 借合作之名“以拨代支”

□ 其他

15. 您认为在科研经费管理方面，需要改进的方面是（　　）［多选题］

□ 经费预算编制的准确性

□ 经费拨付的及时性

□ 经费使用与预算安排的一致性

□ 经费拨付与研究进度的协调性

□ 经费使用过程中合理、及时、规范地调整预算

□ 明确经费使用和管理的责任主体

□ 其他

16. 对于加强单位科研经费工作，您认为最需要完善的方面是（　　）［多选题］

□ 加强监督

□ 加强绩效考核

□ 简化经费报销及相关审核手续

□ 增加灵活性

□ 加强信息化、网络化服务

□ 其他

17. 您认为科研项目绩效考核的内容有(　　)[多选题]

☐ 以完成任务书要求为重要依据

☐ 以项目结题验收为重要时间节点

☐ 应考虑课题组发表的学术论文、专利、著作等

☐ 其他

18. 您认为影响科研人员创新积极性的主要因素有哪些?(　　)[多选题]

☐ 个体受教育的程度

☐ 成就动机

☐ 创新自我效能感

☐ 组织创新氛围

☐ 科研管理制度

☐ 岗位聘任情况

☐ 学术交流

☐ 其他

19. 您认为从哪些方面采取措施可以进一步激发科研人员的积极性?(　　)[多选题]

☐ 优化科研项目评审管理机制

☐ 完善科研机构评估制度

☐ 改进科技人才评价方式

☐ 加强监督评估

☐ 加强科研诚信体系建设

☐ 其他

20. 您认为下面哪些方面可以让科研人员有更多的获得感?(　　)[多选题]

☐ 以增加知识价值为导向的分配政策

☐ 减轻科研人员预算编制负担,简政放权

☐ 强化激励机制,加大科研人员激励力度

☐ 遵循科研规律,完善管理政策

☐ 改进学风作风,倡导科学精神

☐ 其他

第三部分 对科研经费管理工作评价的调查

21. 您对所在单位项目经费管理现状是否满意?（ ）[单选题]

○ 满意

○ 比较满意

○ 一般

○ 不满意

22. 您对财务管理部门、科研管理部门人员的服务态度、工作效率是否满意?（ ）[单选题]

○ 满意

○ 比较满意

○ 一般

○ 不满意

23. 您认为财务管理部门、科研管理部门在科研经费管理工作中存在什么问题?（ ）[多选题]

□ 工作效率不高

□ 与其他单位及部门沟通不够

□ 管理及服务手段落后

□ 其他

24. 在项目经费管理方面,您希望财务管理部门、科研管理部门在哪些方面给予工作支持?（ ）[多选题]

□ 政策引导

□ 业务指导

□ 技术提供

□ 人员培训

□ 信息服务

□ 其他方面

第四部分　对其他问题的调查

25. 您对科研经费管理和科研经费“包干制”有什么意见和建议?［问答题］

____

____

26. 科研经费“包干制”实施中您认为应该下放哪些权力给项目负责人?［问答题］

____

____

27. 科研经费“包干制”实施中您认为最主要的困难是什么?［问答题］

____

____

问卷到此结束,再次感谢您的大力支持!

科研经费"包干制"实施影响因素访谈提纲(针对科研人员)

尊敬的专家、学者：

本次访谈旨在探究科研经费"包干制"实施过程中存在的问题，进一步推动科研经费"包干制"的有效实施，营造良好的科研氛围；提升科研人员的科研自主权，充分释放科研经费"包干制"的激励效应。本次访谈采取不记名的形式，受访者的个人信息我们将严格保密。

1. 您主持或参与的哪类项目实行了科研经费"包干制"？在科研经费"包干制"政策试点后，您觉得在经费使用中还存在哪些问题？

2. 您觉得影响科研经费"包干制"有效落地的因素有哪些？

3. 目前科研经费管理制度或政策还有哪些需要进一步优化的地方？您有哪些相关建议？

科研经费“包干制”实施影响因素访谈提纲(针对管理人员)

尊敬的专家、学者：

本次访谈旨在探究科研经费“包干制”实施过程中存在的问题，进一步推动科研经费“包干制”的有效实施，营造良好的科研氛围；提升科研人员的科研自主权，充分释放科研经费“包干制”政策的激励效应。本次访谈采取不记名的形式，受访者的个人信息我们将严格保密。

1. 目前贵单位是否已经实行科研经费“包干制”？哪些科研项目需要实行科研经费“包干制”？

2. 您觉得作为科研管理单位来说，科研经费“包干制”跟以往的科研经费政策有什么不同？

3. 作为科研项目/科研经费管理部门，科研经费“包干制”下您的工作流程是否得到优化？

4. 针对以上问题，您觉得当前科研经费“包干制”还有哪些需要优化的地方？请谈谈您的意见或建议。

后记

该学术专著的顺利出版得到国家社科基金项目(20BGL235)、江苏省社科基金项目(24ZHB003)和中国矿业大学公共管理学院(应急管理学院)学科建设经费资助项目以及中国矿业大学公共管理学院(应急管理学院)基础、人文与新兴交叉建设项目学科建设经费的大力支持,也得益于中国矿业大学出版社提出的宝贵修改建议,在此深表感谢!在该学术专著写作过程中,在观点提炼、框架构建、研究方法等方面得到了很多专家建设性的建议,也得到了研究生们的鼎力帮助,他们为该专著付出了宝贵时间和精力。杨光、辛颖、葛蕊、李月、高冬祺、朱白雪、徐晋、赵怡然等同学积极参与了本专著的创作,其中,杨光博士参与本专著撰写约 8.5 万字,并带领其他研究生进行不断完善。

最后,要真挚感谢我的父母,感谢我的妹妹、弟弟及全家对我的帮助,还要特别感谢我的妻子陈娟女士、长子赵嘉程和次子赵嘉旭。在科研和学术的道路上，家人时刻陪伴和鼓舞着我，不断鞭策我前进，他（她）们多年的支持和无私的奉献是我努力奋斗的精神源泉和支柱。谨以此学术专著向亲人献礼！

赵立雨

2024年1月